U0175107

自 然 文 库
N a t u r e
S e r i e s

# The Drunken Botanist

## The Plants That Create the World's Great Drinks

# 醉酒的植物学家

## 创造了世界名酒的植物

〔美〕艾米·斯图尔特 著

刘夙 译

2020年·北京

THE DRUNKEN BOTANIST:

The Plants That Create the World's Great Drinks

by Amy Stewart



Published by arrangement with Algonquin

through Big Apple Agency, Inc., Labuan, Malaysia.

2020, The Commercial Press Ltd.

献给

我的丈夫 P. 斯科特·布朗（P. Scott Brown）

# 目录

## 上篇　PART I

在果酒、啤酒和烈酒的酿造过程中，有两种密不可分的“点金术”——发酵和蒸馏，它们就是这一篇的主题。

首先，让我们按英文字母表的顺序，介绍那些用来酿造经典酒饮的植物，从龙舌兰（3 页）开始，到小麦（129 页）结束。

然后，再在全世界范围内选介一些不太常见的酿酒原料植物：奇酿略览（134 页）。

## 中篇　PART II

接着，让我们把自然界慷慨提供的万千风味，冲融于这些佳酿之中。

芳草和香料（156页），花卉（228页），树木（250页），水果（282页），坚果和种子（328页）。

## 下篇 PART III

最后，让我们到花园中探幽，在那里我们采撷各种季节性的植物性辅料和装饰物，用在调制鸡尾酒的最后阶段。

这些植物按如下顺序简单排列：芳草（341页），花卉（348页），树木（353页），浆果和藤类（360页），水果和蔬菜（363页）；其中也包括各种配方和充分的园艺栽培指南。

RECIPES

# 配方

## 鸡尾酒

## 糖浆、浸剂和装饰物

*APERITIF*

# 餐前酒

我是在俄勒冈州波特兰举办的一次园艺作者会议上巧逢机会，从而产生写作这本书的灵感的。当时我在酒店大厅里和斯科特·卡尔霍恩坐在一起，他是来自图森的一位龙舌兰和仙人掌专家。有人刚给了他一瓶“飞行”，这是上好的当地产金酒。“我几乎不喝金酒，”他说，“我不知道该拿这瓶酒怎么办。”

但我知道该拿这瓶酒怎么办。

“我有一个调酒配方，这个配方会让你喜欢上金酒的。”我说。他满腹狐疑地看着我，但是我继续说道：“我们需要找一些新鲜的墨西哥辣椒，一些芫荽籽，几个樱桃番茄……”

“好了，”他说，“这足够了。我愿意试试。”的确，图森是个靠近美墨边境的城市，那里的人都无法抵抗以墨西哥辣椒为主要辅料的鸡尾酒。

我们花了一个下午的时间在波特兰逛街，收集配方里的材料。在路上，我让斯科特一直听我唠叨金酒的种种优点。“任何一个人，只要对植物学有兴趣，哪怕只是三分钟热度，又怎么能不对这种酒感到痴迷呢？”

我说，“看看它的制作材料吧。刺柏！这是一种松柏植物。芫荽籽，它当然就是芫荽的果实了。所有金酒里面都加了柑橘皮。这一种里面还有薰衣草芽。金酒这东西不是别的，就是所有这些来自全世界的疯狂植物的酒精提取物——有的植物用树皮，有的用叶子，有的用种子，用花，用果实。”这时我们走到了酒水店，我伸手向我们周边的酒架用力一挥：“这是园艺！所有瓶子里都有园艺！”

我在搜寻我需要的材料——合适的汤力水，要用真正的金鸡纳树皮和真正的学名为*Saccharum officinarum*（甘蔗）的植物制作，绝不能是人造的冒牌货。这时，斯科特正在浏览琳琅满目的瓶装*Agave tequilana*（特基拉龙舌兰）。他有在墨西哥徒步寻找罕见的龙舌兰和仙人掌的习惯，而他现在已经遇到了他所珍视的那些植物中的好多株，它们都来自一个手工制作的瓦哈卡蒸馏器的出液端。

在离开之前，我们在门口处小站了一会儿，打量着四周。这家店里没有一瓶酒是不能把它归给一个属或一个种的。波本酒？*Zea mays*（玉米），一种极为繁茂的禾草。苦艾酒？*Artemisia absinthium*（苦艾），一种多被误解的地中海芳草。波兰伏特加？*Solanum tuberosum*（马铃薯），这是一种茄科植物，要说植物的科里哪个最古怪，那就是茄科了。啤酒？*Humulus lupulus*（啤酒花），一种黏人的攀缘藤本植物，它恰好是大麻的近亲。突然，我们不再置身于一家酒水店，而是身处一个梦幻般的温室之中，这是世界上最奇异的植物园，是我们只在梦里才能遇到的千奇百怪、空翠沾衣的玻璃暖房。

我要调制的那种鸡尾酒（马马尼金酒兑汤力水，见261页）对于园艺作家来说是个暗示。那天晚上，斯科特和我先是在出版社的书亭里签售我们各自的书，放下笔之后，我们便转而拿起厨具，切辣椒，研芫荽籽。就在那时，在喝下两三杯这种毫无疑问带有植物学色彩的鸡尾酒之后，这本书的大概框架便形成了。我本来应该将这本书题献给把那瓶“飞行”送给斯科特的那个人的——要是我俩中有谁能记得他是谁就好了。

在17世纪，现代化学的奠基人之一、英国科学家罗伯特·波义耳出版了《哲学文集》，这是一部讨论物理学、化学、医学和博物学的三卷本文集。他非常明白酒与植物学之间的关系，这同样也让我十分着迷。下面这段话就是他对这个主题的论述的精简版本：

> 加勒比海群岛的居民，就如何把木薯有毒的根部转变为饼和酒而言，为我们提供了非凡的示例：他们咀嚼木薯根，再把它唾到水里，很快它里面的毒素就排清了。他们还在我们的美洲种植园里种植玉米这种印第安人的谷物，发现玉米发不出能酿酒的好芽来，于是他们先把玉米做成饼，然后便可用玉米饼酿造出一种极好的酒饮。在中国，人们用大麦酿酒；在华北地区，他们还使用稻米和苹果酿酒。在日本，人们同样用稻米酿造一种高度数的酒。我们英格兰人也一样，用和国外相比品质较差的樱桃、苹果和梨等水果酿造出多种多样的果酒来。在巴西和其他地方，人们用水和甘蔗酿造烈酒；在巴巴多斯，当地人喝的很多酒对我们来说都是闻所未闻的。在土耳其人那里，虽然他们的法律查禁了葡萄酒，但是犹太人和基督徒却在他们的酒馆里储藏一种用发酵的葡萄干酿造的烈酒。在东印度，窣罗酒是用可可树流出的汁液酿造的；在那个国家，水手们常常饮用由植物的切口处获得的发酵汁液酿造的烈酒，一醉方休。

云云。看起来，全世界没有哪株乔木、哪棵灌木或哪朵漂亮的野花没有被收获、酿造和装瓶的经历。植物学考察和园艺科学的每一次进展，都带来了与之相应的醇浓烈酒的品质提升。醉酒的植物学家？如果考虑到他们在创造世界最伟大的饮料的行动中所扮演的角色，那么让人好奇的就是，这世界上是否还有哪位植物学家是没醉过的。

我想在这本书中用植物的眼光审视酒饮，讲一点历史，讲一点园艺，甚至也给想要自己栽种植物的读者提供一点农学方面的建议。我先从我们实实在在地把它们转变为酒精的植物——比如葡萄和苹果，大麦和稻子，甘蔗和玉米——讲起。它们都可以在酵母的帮助下转变为令人沉醉的乙醇分子。然而这只是开始。无论是高档的金酒，还是上好的法国利口酒，都要用不计其数的芳草、种子和水果来调味，有些在蒸馏的时候加进去，有些在装瓶的前一刻才加进去。一旦一瓶酒来到了酒吧里面，第三拨植物就要上场了。它们是鸡尾酒的辅料，包括薄荷、柠檬以及——如果酒会在我家进行的话——新鲜的墨西哥辣椒。我就是按着这条从打浆桶、蒸馏器、酒瓶直到玻璃杯的旅程来组织书里的内容的。在每一篇中，所介绍的植物都按其英文普通名的字母顺序排列。

要描述所有曾用于给酒精饮料调味的植物是不可能的事情。我可以确定，就在我写这句话的时候，纽约布鲁克林的某个手工蒸馏师正从人行道的缝隙里拔出一棵杂草，好奇它是否能做一种好的调味品，然后用来加工成一系列新的苦精。马克·武赫是一位阿尔萨斯的生命水蒸馏师，有一次他曾告诉记者："除了继母，我们什么都拿来蒸馏。"如果你曾去过阿尔萨斯的话，你会知道他绝不是夸大其词。

所以我不得不从世界上丰富的植物中挑选出一些种类。尽管我试图让这本书涵盖一些我们喝过的较罕见的、异域的、已被忘记的植物，也想讲述一些你得周游全球才能品尝到的奇酿，但是你在这本书中看到的大多数植物是欧美人十分熟悉的种类。我一共收录了160种植物，本来还可以再轻松地介绍好几百种。这些植物大多有丰富的植物学、医药和烹饪历史，寥寥数页的篇幅是介绍不完的——事实上，其中的几种植物，比如金鸡纳树、甘蔗、苹果、葡萄和玉米早就有了和它们的地位相当的长达一本书的研究专著。在这本书里，我希望做到的事情仅仅是让你略微品味一下进入到吧台后面所有那些酒瓶里的植物的富足、复杂而美味的灿烂生命。

在我们开始探索植物世界之前，按例我需要先声明几点。饮酒的历史里充满了传说、讹传、野史和明显的谎言。以前我觉得没有任何一个研究领域会比植物学更容易迷失在神话和讹传的雾霾里，但是在我开始研究鸡尾酒之后，我发现这个领域有过之而无不及。和好多种酒品相关的事实都很容易被歪曲得面目全非，而酒水公司也完全没有坚持真相的必要——这样一来，他们的秘方就可以继续秘而不宣，而他们放置在蒸馏坊周围的那一麻袋一麻袋的芳草实际上只是起着烘托气氛，甚至误导他人的作用。如果我明白地说某种利口酒包含了某种特别的芳草，那是因为这种酒的制造者，或是其他掌握了其加工工艺第一手直接材料的人曾经如此说过。有时候，我们则只能去猜测那些秘密材料了，所以如果我的某个说法只是猜测的话，我会明确指出的。同样，如果某种酒品的起源故事看上去十分可疑，或者除唯一一份发黄的剪报之外就没有别的任何材料能够证实，我也会明确告诉你。

如果你对蒸馏或调酒并不只是抱有偶尔为之的兴趣的话，我要提醒你，在拿陌生植物来调酒时一定要小心谨慎。我曾经写过一本介绍有毒植物的书，我可以负责任地告诉你，如果是为了提取活性成分的目的而在蒸馏器或酒瓶中加入了错误的植物，那么这很可能就是你创造力的最后一次展现。我在书里已经针对一些长相和无毒植物近似的致死性植物以及那些和无毒植物有亲缘关系的危险植物提出了警告。切记！植物合成各种活性化学物质的目的，本来正是为了抵御你要对它采取的行动，包括把它从地上拔起和以它为食的行为。在你摄食植物之前，请一定要找一本权威的野外手册，严格遵照它来行事。

同样重要的一点是，蒸馏师通过采用复杂精密的设备，可以在从植物中提取风味成分的同时，把较为有害的分子留在残液中，但是一个简单地把一把叶子浸泡在伏特加中的业余爱好者却做不到这一点。这本书里介绍的一些植物或者有毒，或者为法律禁止使用，或者受着严厉的管控。蒸馏师能够安全地处理它们绝不意味着你也可以。有些事情最好还是留给专家去做。

最后，我还要就那些药用植物向你提个醒。这本书里介绍的许多芳草、香料和水果的应用历史实际上就是医药史。其中有很多种植物在传统上用来治疗一系列疾病，很多在今天也仍然继续入药。我觉得这些医药史很引人入胜，所以在书里讲了一些，但这绝不表示我对你提出了什么医疗建议。有一种意大利餐后酒能够治疗胃病或精神疾病，这颇令人惊奇；但除此之外，我并不愿意再暗示什么。

所有佳酿都源于植物。如果你是一名园丁，我希望这本书能激起你办一场鸡尾酒会的兴趣。如果你是一位调酒师，我希望我能说服你建造一间温室，至少是做一个窗台花箱。我希望每一个走过植物园或者在山岭上徒步的人都能意识到他们看在眼里的不只是青翠的草木，同时还有这些草木能提供给我们的生命之灵药——美酒。我向来觉得园艺是一项足以使人怡然沉醉的事业，我希望你也有这样的感觉。干杯！

# 关于配方

本书介绍的大都是简单的、经典的配方，能最好地展现某种植物在烈酒中的运用方式。也有几个配方是原创的，但它们也都是经典配方的变式。如果你是调酒的新手的话，下面是一些窍门。

**一客的分量：**鸡尾酒不应该是大份的酒饮。现代马天尼杯可谓庞然大物，如果灌到杯沿的话，它可以装8盎司的酒水。这相当于4至5客鸡尾酒，已经超过单独一轮饮用中每个人所能强咽下去的分量了。（即使你能把它喝完，在喝完之前杯里的酒也成温的了。）

一客纯酒的分量是1½盎司，这个分量很容易用量杯量出来，因为它相当于量杯大头的容量。（量杯的小头叫“彭尼”，容量为¾盎司。）往里面加入利口酒或味美思酒之后，一客酒劲不太大的鸡尾酒含有差不多2盎司的纯酒精。

本书中的配方都符合这个标准。对于比例适当的鸡尾酒来说，在它还冷的时候品尝是一件乐事。喜欢的话，也不妨再来一杯，但是建议你一定要养成每次只调制体面的一小杯的习惯。为了促成这个习惯，请在每一次加料前都称量；请一定不要再用那些大得吓人的鸡尾酒杯（或者只在饮用几乎是纯果汁的饮料时使用）；请打开钱包买一套有更适宜容量的高脚杯。哦，说到杯子，就本书中的配方而言，你可以用香槟杯、葡萄酒杯或下面3种杯子盛装调制后的成品：

**古典杯**——6到8盎司的矮阔平底杯。

**高球杯**——可以装12盎司的较高的玻璃杯。

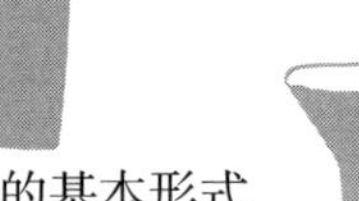

**鸡尾酒杯**——圆锥形或碗形的有脚杯；马天尼杯的基本形式

**其他一些术语、材料和需要进一步解释的观点：**

**冰：**在往酒饮里加冰或倒水时可不要胆怯。它们并不会冲淡酒味；恰恰相反，这样可以提升酒味。水事实上减弱了酒精对芳香分子的控制，不仅不会稀释风味，反而还能加强风味。

**研磨：**研磨是把芳草或水果在鸡尾酒摇酒器的底部捣碎，通常用名为"研杵"的钝头木制工具进行。如果你没有这种工具，也可以用一把木勺。用需要研磨的材料调制的鸡尾酒都需要过滤，以免研碎的植物物质出现在玻璃杯中。

**单糖浆：**单糖浆是等量水和食糖的混合物。把它们加热到沸腾，让糖溶解，冷却后即可制得。糖水会招引细菌，所以不要一次制备一大份——它保存不了太长时间。有需求的时候，只要混制少许就可以了。时间上来不及的话，可以使用微波炉和冰箱，能明显加快沸腾和之后冷却的速度。

**关于作为标准配置的蛋清的提醒：**有些配方要求使用生蛋清。如果你担心食用生鸡蛋可能会带来的健康问题，请略过这些配方。

**汤力水：**不要用糟糕的汤力水糟蹋高品质的烈酒。要寻找像“发热树”或“Q汤力”这样的一流品牌，它们是用真材实料制作的，而不是用人造调味品和高果糖玉米糖浆勾兑的。

---

请访问drunkenbotanist.com了解更多的配方和调酒术。

---

**书中涉及的单位换算**

1蒲式耳（美）=35.239升

1盎司（美液）=2.9574厘升

1品脱（美）=4.7318分升

1磅=0.4536千克

1英尺=0.3048米

1英里=1.609344公里

注：“甩”是饮料调制行业的专用量词，非定值，泛指少于1/8茶匙的量。

# 上篇

在果酒、啤酒和烈酒的酿造过程中，有两种密不可分的“点金术”——发酵和蒸馏，它们就是这一篇的主题。

植物界为人类制造了大量的酒精。更准确地说，植物制造了糖，而当糖遇上酵母的时候，酒精就产生了。植物吸收二氧化碳和阳光，把它们转化为糖并释放氧气。一点也不夸张地说，为我们提供了制造白兰地和啤酒的原材料的化学过程，正是让整个地球的生命得以维系的化学过程。

## 经典酒饮

首先，让我们按照英文字母表的顺序，考察那些最常用来酿酒的植物，

从**龙舌兰**开始，到**小麦**结束。

## *Agave tequilana* 龙舌兰 [龙舌兰科]

人们对龙舌兰的错误认识，比对它的正确认识还多。有些人以为它是仙人掌类植物。实际上，龙舌兰是植物学中叫作“天门冬目”的分类群的成员，这意味着它和芦笋（大名石刁柏，是天门冬科植物的一种）更为相近。其他与龙舌兰近缘的植物还有喜阴的园艺植物玉簪，开蓝色花的宿根花卉风信子，具尖刺的沙漠植物丝兰，等等。

另一个有关龙舌兰的误解是，它每一百年才开一次花，所以俗名又叫“百年兰”。实际上，很多龙舌兰每八到十年就会开一次花，只不过“十年兰”这名字听上去不那么浪漫罢了。不过，龙舌兰那万众瞩目的花朵实在是太重要了——通过蒸馏或发酵，这种奇特的、喜热的多肉植物所产出的原料可以用来酿造特基拉、梅斯卡尔酒和数十种其他酒饮。

## 普逵酒

第一种用龙舌兰酿造的酒是普逵酒，这是用它的汁液——在墨西哥当地叫“蜜水”——发酵而成的低度数酒精饮料。龙舌兰本身在墨西哥则叫作“马盖”（maguey），从考古发掘出的遗迹中我们可知，8000年前人们就已经栽培、烘焙和食用这类植物了；当然，那时的人们也一定会饮用它甘甜的汁液。墨西哥乔鲁拉金字塔有一些年代被断定为公元200年的墙壁，上面就描绘着人们饮用普逵酒的场景。在寥寥数部没有被西班牙人毁灭的前哥伦布时期的阿兹特克古文献中，有一部现在定名为《费耶尔瓦里—迈尔法典》，其中描述了龙舌兰女神玛雅韦尔用乳房哺育她那沉醉的兔宝宝的形象，从她乳房流出的很可能不是乳汁，而是普逵酒。她一共生育了400个孩子——在阿兹特克神话里叫“四百兔”——他们便是司管普逵酒和醉酒的兔形神祇。

证明普逵酒有古老起源的最奇怪证据之一，来自一位叫埃里克·卡伦的植物学家。在20世纪50年代，他率先对人们在考古遗址发现的人类粪便开展研究，这就是所谓的粪化石分析。他的这一古怪专长遭到了同行们的揶揄，然而在复原古人的食谱方面，他真的做出了一些令人惊讶的发现。他声称自己仅通过实验室中脱水样品的气味就可以证实2000年前的粪便中有“马盖啤酒”成分存在——这如果不是因为他有敏锐的嗅觉，就是因为粪便里那些极为古老的普逵酒历经千年依然香气袭人。

为了酿造普逵酒，龙舌兰的花莛在刚开始抽出的时候就被砍下来。这种植物用尽一生力气，就是为了等待开花的时刻，所以在它长出这唯一的生殖结构之前，就已经预存了十年或更长时间的糖分。砍去花莛可以迫使花莛残存的基部变得膨大，而不再往高生长；这时候，人们把龙舌兰的伤口包好，留给它几个月的时间用于形成汁液。然后，再把伤口刺破，让其心部开始腐烂。把这腐烂的内心挖出来之后，再反复划伤孔洞的侧壁，通过这种强烈的刺激让龙舌兰充沛的汁液开始向外溢流。一旦龙舌兰开始流液，就要每天都提取它的汁液，如今是用橡胶管，以前则是用一种由瓠子制作的名叫“阿科科特”的吸管。（如果你想自己制作这种吸管的话，那不妨了解如下信息：阿科科特通常是用长颈葫芦的长而纤瘦的部分制作的，长颈葫芦学名*Lagenaria vulgaris*，是一种常见的瓠类植物，常用来做碗和乐器。）

单独一棵龙舌兰可以连续数月每天都产出一加仑的汁液，最后一共产生超过250加仑的汁液，远远多于这棵植物在任一时刻所含有的汁液的量。最后，汁液流干，龙舌兰也皱缩而死。（不过，龙舌兰是一次结实植物，也就是说它一生只开一次花，之后便死去，所以采汁液到死这件事听上去并不像我们通常想象的那么悲惨。）

在历史上，人们把龙舌兰汁放在木桶、猪皮或山羊皮中发酵，这发酵连一天时间都用不了，之后就可以饮用了。人们通常把上一次发酵的酒取出一点作为“酒母”加到容器中，开启发酵过程。龙舌兰汁的发酵之所以如此迅速，部分原因在于一种叫运动发酵单胞菌（学名 *Zymomonas mobilis*）的天然细菌的存在，它生活在龙舌兰以及其他可用来酿酒的热带植物——比如甘蔗、海枣和可可——上面。（正是因为这些细菌干起制造乙醇的活儿来如此有效率，如今它们也被用来生产生物燃料。）然而，在其他酿造过程中，这种微生物却完全不受欢迎。它可以导致“苹果酒病”这种次生的发酵过程，让苹果酒的酿造前功尽弃。它还会破坏啤酒的酿造过程，让被污染的啤酒散发出一种令人厌恶的硫黄气味。不过，对于把龙舌兰汁转变为普逵酒来说，它却实在是一种完美的催化剂。普通的酿酒酵母（学名 *Saccharomyces cerevisiae*）以及另一种叫肠膜明串珠菌（学名 *Leuconostoc mesenteroides*）的细菌也对普逵酒的发酵有所贡献，后者生长在蔬菜之上，可用于腌菜——包括德国酸菜——的发酵。

上述几种微生物，以及其他一些微生物引发的发酵过程很迅速，而且伴随有泡沫的产生。普逵酒的度数很低，按酒精体积百分含量来说的话，只有4~6度，还略带有酸味，就像过了最佳风味期的梨和香蕉。不是所有人都习惯普逵酒的味道。16世纪的西班牙历史学家弗朗西斯科·洛佩斯·德·戈马拉就写道：“无论是死狗还是炸弹，都不具备像（普逵酒的）气味那样的开路能力。”不过戈马拉估计会喜欢“调味普逵酒”，这是用椰子、草莓、酸豆、开心果或其他水果调味的普逵酒。

因为没有添加防腐剂，普逵酒总是要趁新鲜时喝。这是因为其中的酵母和细菌还葆有活性，酒味在几天之内就会改变。虽然也有封装的、经加热灭菌的普逵酒，但因为微生物都被杀死了，风味不免会有损失。毕竟，正是因为其中混有活菌，普逵酒才能在和酸奶以及啤酒的比较中胜出。因为普逵酒含有大量维生素B、维生素C和铁，人们索性把它看成是一种健康饮品。虽然墨西哥人已经喝了几十年的啤酒，但如今喝普逵酒的风气又在回升，不光在墨西哥是如此，在美国靠近美墨边境的那些城市——比如圣迭戈——也是如此。

### 梅斯卡尔酒和特基拉

很多有关特基拉和梅斯卡尔酒的流行书籍都声称，当西班牙人到达墨西哥时，他们需要一种烈性的饮料来提振精神，以便面对即将到来的漫长而血腥的斗争，于是引入了蒸馏法，把普逵酒转化成酒精含量更高的烈酒。事实上，龙舌兰有很多种，用来酿造特基拉和梅斯卡尔酒的龙舌兰根本就不是用来酿造普逵酒的龙舌兰。其收获方法和蒸馏方法也完全不同。

事实证明，即使把普逵酒放在蒸馏器中，要从中蒸馏出酒精含量更高的酒也是非常困难的。龙舌兰蜜汁中复杂的糖类分子在发酵过程中并没有被完全分解，来自蒸馏过程的热量只能引发令人不快的化学反应，产生像硫黄和烧橡胶一般的恶劣气味。要提取供蒸馏之用的龙舌兰糖分，需要另一项技术，而这项技术在西班牙人到来之前就已经发展得很成熟了。

考古证据——包括前面提到的由埃里克·卡伦和其他人进行的粪化石

**梅斯卡尔酒的英文是mezcal还是mescal?**

虽然欧美人喜欢mescal这个拼法，但墨西哥人却总是把它拼成mezcal，这是墨西哥法律规定的合法名称。

## 归拢派、分割派与霍华德·斯科特·詹特里

也许你还从未有过拿着一本野外手册在墨西哥荒漠中漫游，试图把那儿生长的野生龙舌兰逐一鉴定到种的经历。和观鸟之类活动不同，这种经历几乎没法算是娱乐，因为许多龙舌兰的种基本上是没法区分开的。看上去截然不同的植株，彼此之间的生物学差异实际上可能并没有大到应该划分为不同的种类的地步——它们可能不过是不同的品种罢了。我们不妨拿番茄为例：樱桃番茄和牛排番茄这两类品种虽然看上去或吃起来有所差别，但它们仍然都是番茄这个种（学名*Solanum lycopersicum*）的成员。

龙舌兰的情况也一样。霍华德·斯科特·詹特里（1903~1993）是世界上研究龙舌兰的顶级权威。作为美国农业部的一位植物资源考察者，他采集了24个国家的龙舌兰活体标本。他相信分类学家（有时可以把他们分成两类：一类叫归拢派，倾向于把太多的种归并成一个种；另一类叫分割派，倾向于把太多的品种都分离成独立的种）已经把龙舌兰分割得太过苛细了。在他看来，特基拉龙舌兰（学名*Agave tequilana*）这个种和其他一些种之间的区别并没有那么重要，所以特基拉龙舌兰似乎不应该作为一个独立的种。他喜欢按花的特征对龙舌兰进行分类，这就逼迫分类学家必须等到龙舌兰标本开花之后才能正确地鉴定它们，有时候一等就是30年。

他的同事安娜·瓦伦瑞拉·萨帕塔和加里·保罗·纳卜汗在他去世之后继承了他的工作。他们认为，从纯粹的科学观点来看，包括特基拉龙舌兰在内的许多种都应该归并到一个较广义的种——狭叶龙舌兰（学名*Agave angustifolia*）中。但是他们也承认，历史、文化以及特基拉龙舌兰在墨西哥酒法中的法定地位都让人们难以接受这种做法。有时候，传统的确胜过了植物学——特别是在墨西哥荒漠里。

分析——证明，在西班牙人入侵之前，墨西哥的原住民就已经在享受一种历史悠久的传统——把龙舌兰的茎心烘烤后食用。陶器的碎片、早期的工具、绘画和实际存在的龙舌兰的消化残余物都表明这个传统无可置疑。烤龙舌兰实在是一种美食家的经验，你可以把它想象成是烤一种更浓郁、更肥美的菜蓟心。这道菜本身就足以充当一顿好饭了。

然而，烤过的龙舌兰茎心同样还可以用来制造高度数烈酒。烘焙过程以另一种方式破坏了糖类分子，产生了一种怡人的焦糖风味，可以用来酿造一种醇厚、带烟熏味的烈酒。当西班牙人到来的时候，他们观察到当地人常常在龙舌兰田里密切地监视着这些植物，在它们发育的恰当时机——刚好是在花芽要从基部长出形成花莛之前——收获它们。这一回，他们并没有像酿造普逵酒那样划伤茎心，强迫龙舌兰的汁液外流，而是把龙舌兰的叶片砍掉，露出里面叫作“龙舌兰心”的致密部位，它看上去就像是菠萝或是菜蓟心。把这些龙舌兰心收割回来，就可以在烤炉里烧烤。这些烤炉是在地面上挖的坑，里面用砖或石块铺衬。最后，把烤炉密封起来，以便让龙舌兰在里面阴燃几天。

现在已经知道得很明确，美洲原住民们发明了栽培和烘焙龙舌兰的方法。如今在墨西哥和美国西南部地区仍然能见到为了这个目的建造的石坑。还有一些考古学家把一些考古遗存指认为简陋的蒸馏器，这意味着原住民们可能不光烘焙龙舌兰，还可能早在与欧洲人接触之前就发明了蒸馏烈酒的方法。

在学术界，这还是一个有高度争议的观点。我们所能确切知道的是，西班牙人的确引进了新工艺。墨西哥许多最古老的蒸馏器都是菲律宾式蒸馏器的变种，这是些简单得令人惊叹的设备，完全是用当地的材料——基本上都是植物材料——制作的。之所以把这些蒸馏器的制作归于西班牙人的贡献，是因为正是他们通过航行在马尼拉和阿卡普尔科之间的西班牙大帆船把菲律宾式蒸馏器带到了墨西哥。利用有利的风势，这些贸易船只仅用4个月的时间就能从菲律宾直航阿卡普尔科。从1565年至1815年，在长达250年的时间里，贸易船只把香料、丝绸和其他奢侈品从亚洲不断带到新世界，又把墨西哥的白银带回亚洲，作为通货使用。在墨西哥和菲律宾文化之间的“异花授粉”一直持续到今天，菲律宾式蒸馏器只是代表这两个地区之间联系的一个例子罢了。

这种简单的蒸馏器由一段挖空的树干（通常用学名为*Enterolobium cyclocarpum*的豆科乔木象耳豆的树干）构成，它被放在一个在地上挖掘的、以砖为内衬的烤炉之上。烤龙舌兰发酵后的混合物被置于树干之中，并烧到沸腾。在树干之上扣有一个浅铜盆，这样沸腾的液体就可以升至铜盆里面，这很像用锅盖来收集蒸汽。蒸馏后的液体再滴落到一个放置在铜盆之下的木制酒槽里，并通过一根竹管或一枚卷起来的龙舌兰叶流出蒸馏器。另一种叫阿拉伯式蒸馏器的更为传统的铜制西班牙式蒸馏器也在很早的时候就传入了美洲。

不管拉丁美洲的蒸馏术到底是什么时候出现的，那里的人到1621年的时候就已经普遍从事这项工作了。那一年，哈利斯科的一位叫多明戈·拉

**关于麦司卡林**

梅斯卡尔酒（mezcal）这个词有时会和麦司卡林（mescaline）相混淆，后者是从乌羽玉属仙人掌植物乌羽玉（学名*Lophophora williamsii*）提取的精神活性物质（即致幻性物质）。事实上，虽然乌羽玉在19世纪以“麦司卡尔芽”（muscale buttons）的名义售卖，由此引发了持续至今的语言学上的误解，但梅斯卡尔酒和乌羽玉实在完全没有关系。

萨罗·德·阿雷基的传教士写道，烤龙舌兰心能制造“一种蒸馏酒，比水还清，比甘蔗烈酒还烈，而且很受当地人的喜爱”。

最近几百年来，以龙舌兰酿造的烈酒被看成是根本无法和优质的苏格兰威士忌或干邑相比的劣等货，这个局面到差不多最近十年才有改观。1897年，《科学美国人》的一位记者写道：“梅斯卡尔酒的味道，据描述就像是汽油、金酒和电的混合。特基拉甚至更糟，据说可以激起凶杀、骚乱和革命。”

虽然金酒和电听上去像是鸡尾酒里的绝好成分，可这样的说法完全不是对龙舌兰酒的赞颂。不过，今天哈利斯科和瓦哈卡的手工蒸馏坊通过结合古法和现代酿酒工艺，正在酿造柔顺精致的烈酒。最好的梅斯卡尔酒是

CLASSIC MARGARITA

### 经典玛格丽特酒

1½盎司特基拉

½盎司鲜榨来檬汁

½盎司君度利口酒或其他高品质橙味利口酒

一甩龙舌兰糖浆或单糖浆

来檬切片

请使用优质100%龙舌兰特基拉。银标等级的银标特基拉是经典选择，但也不妨尝试陈酿特基拉。把来檬片以外的原料加冰摇和，直接倾入鸡尾酒杯，或倾入加冰的古典杯。用来檬片做装饰物。

一种精致的、纯手工酿造的烈酒，是在墨西哥的乡村中用古法工艺和许多品种的野生龙舌兰酿造而成的，一次只酿造很小的分量。人们仍然要砍伐龙舌兰心，在地下烤炉中慢慢烘焙，并用当地的栎树、牧豆树或其他木材点燃生成的烟熏制数天。之后，人们用一种叫“塔霍那”的石轮把这些龙舌兰心研碎。这种绕着一个圆坑旋转的石轮在过去是用驴来拉的，尽管在今天，人们有时候也用一些更为精密的机器来代替它。（顺便说一句，这种石轮和欧洲历史上一度用于酿造苹果酒的碾压苹果的石轮有惊人的相似性。这种“塔霍那”石轮是否由西班牙人引入墨西哥，现在在考古学家和历史学家那里还是一个激烈争论的问题。）

烘烤过的龙舌兰心一旦被研碎，要么它的汁液被管子吸走，加水和野生酵母发酵，用来酿造味道较清淡的梅斯卡尔酒；要么把包含研碎的龙舌兰在内的糊浆整个拿来发酵，这样可以酿制出味道较醇厚而有烟熏味的梅斯卡尔酒，足以让任何苏格兰威士忌的饮家陶醉其中。在有的村落里，蒸馏还是用传统的黏土和竹子制作的蒸馏器进行。其他村落的蒸馏师则用略有些现代色彩的铜制蒸馏罐，看上去和用于蒸馏上好威士忌和白兰地的蒸馏器非常相像。为了改善风味，很多梅斯卡尔酒都要双蒸或三蒸。

有的蒸馏师对他们的加工过程非常挑剔，游客如果身上打了香皂，都不被允许靠近蒸馏器，因为他们害怕一点点的芳香分子都可能会污染他们的产品。较好的梅斯卡尔酒会贴有写着龙舌兰种名和村庄名的标签，这也是法国的优质葡萄酒的做法。今天，按照墨西哥法律，只有在瓦哈卡州、邻近的格雷罗州以及北边的杜兰戈、圣路易斯波托西和萨卡特卡斯三州出产的烈酒才能冠以梅斯卡尔酒之名。

有一种成分可以把梅斯卡尔酒与威士忌或白兰地区别开来—— 一只死鸡。名为“鸡胸”的酒是一种特别少见的绝妙的梅斯卡尔酒，在蒸馏时加有当地的野生水果，使酒带上了轻轻的一丝甜味；在蒸馏器里酒蒸汽经过的地方还挂着一整块去皮洗净的生鸡胸肉。据说鸡肉可以和水果的甜味相平衡。不管挂鸡肉的目的是什么，它的确是奏效了——千万不要错过品尝这种“鸡胸梅斯卡尔酒”的机会！

特基拉和梅斯卡尔酒又有什么不同呢？曾有几百年的时间，“梅斯卡尔酒”是个通用的名字，用来指所有由烤龙舌兰心酿造的墨西哥烈酒。在19世纪，“特基拉”仅仅是指哈利斯科州特基拉市里或周边地区酿造的梅

**特基拉和梅斯卡尔酒的品鉴指南**

**100%龙舌兰：**必须完全用原产地的“韦伯蓝”特基拉龙舌兰酿造，不加糖。必须用墨西哥制造的酒瓶灌装。也可以称为“100%源自龙舌兰”“100%纯龙舌兰”等。对梅斯卡尔酒而言，必须用原产地被认可的若干种龙舌兰中的一种酿造，不加糖。

**特基拉：**简单标为“特基拉”的瓶装酒是一种“混合酒”，意味着它可能加有最多达49%的非源自龙舌兰的糖分。在某些情况下，它可以在原产地以外装瓶。请你帮自己一个忙，略过这些混合酒吧。

**银标（blanco或plata级别）**：未陈化。

**金标（joven或oro级别）**：未陈化。对特基拉而言，可以用焦糖色、橡木天然提取物、甘油和（或）糖浆调味上色。

**陈酿（reposado级别）**：在法国橡木或白橡木桶中陈化至少两个月。

**特别陈酿（añejo级别）**：在600升或更小的法国橡木或白橡木桶中陈化至少一年。

**超级陈酿（extra añejo级别）**：在不超过600升的法国橡木或白橡木桶中陈化至少三年。

斯卡尔酒。虽然那时的特基拉可能用的是另一种龙舌兰，但是酿造方法总的来说还是一样的。

在20世纪中，特基拉逐渐用来指今天意义上的这种酒饮：只能在哈利斯科附近的指定地区酿造；用特基拉龙舌兰的一个叫“韦伯蓝”的品种酿造；通常在大田中栽培，而不是取诸野生；要在烤箱中蒸制，而不是在地下的坑中缓慢烘烤。（在今日的特基拉蒸馏坊里，20吨重的高压灭菌器是常见设备。）不幸的是，“特基拉”的外延也常常扩展到包括“混合酒”在内，这是用龙舌兰和其他来源的糖分的混合物蒸馏而成的特基拉，其中最多可含有49%的非源自龙舌兰的糖分。大多数美国人咕咚喝下的玛格丽特酒中的特基拉都是混合酒；想要买一瓶100%龙舌兰的特基拉还是要稍花一点功夫。但如果你花了这点功夫，纯龙舌兰特基拉实在是值得一品。有的像陈酿朗姆酒一样甜，有的像好威士忌一样带烟熏味和森林气息，还有的会带有意想不到的花香味调，就像法国利口酒一般。这些纯龙舌兰特基拉单喝就足够好了，没有必要用来檬汁和盐去污染这样上好的手工酿造特基拉。

如今，梅斯卡尔酒和特基拉都有各自的法定产地（在墨西哥叫“原产地”，西班牙文是Denomicación de Origen，缩写为DO），而其他由龙舌兰酿造的烈酒也都在确定其各自的道地产地。“莱西拉”酒产自巴亚尔塔港附近；“巴卡诺拉”酒产自索诺拉；还有一种叫“索托尔”的酒，是用一种和龙舌兰近缘的沙漠植物猬丝兰（学名*Dasylirion wheeleri*）酿造的，它产自奇瓦瓦。

### 保护龙舌兰

随着这些烈酒越来越流行，墨西哥的蒸馏师们遇到了一个新问题：龙舌兰和它们所生长的土地需要得到保护。许多非特基拉烈酒是用野生龙舌兰酿造的。有些酿造这些烈酒的蒸馏师以为野生龙舌兰居群几乎无穷无尽，不可能被毁灭；不幸的是，导致当地人去毁灭北美红杉林和其他野生植物居群的也是这同一套信仰体系。尽管有些龙舌兰可进行营养繁殖，产生名为“狗仔芽”的侧枝，在收获之后可以重新生长，但这种收获处理本身却阻止了它们开花。因为人们不许龙舌兰开花、生殖和结子，龙舌兰的遗传多样性遭到了严重的冲击。就因为人们不让龙舌兰顺其自然地开花，甚至连替龙舌兰传粉的野生蝙蝠的种群也衰退了。

The French Intervention

## 法国的干涉

虽然大多数梅斯卡尔酒的蒸馏师都不理解为什么会有人把他们酿造的烈酒和别的东西兑和起来调制鸡尾酒，但是美国的调酒师们却忍不住他们要进行试验的冲动。事实上，特基拉和梅斯卡尔酒在任何本来以威士忌、黑麦酒或波本酒为基酒的鸡尾酒中都表现出色。下面这个法国和墨西哥原料的混合配方就以1862年法国对墨西哥的入侵来命名，那次入侵把韦伯博士——正是他把特基拉龙舌兰的学名命名为*Agave tequilana*——带到了这个国家。

1½盎司陈酿（reposado级别）特基拉或梅斯卡尔酒
¾盎司“利莱白”利口酒
一甩绿色沙特勒兹酒
葡萄柚皮

把除葡萄柚皮之外的原料加冰摇和，滤入鸡尾酒杯。用葡萄柚皮做装饰物。

## “韦伯蓝”龙舌兰中的“韦伯”是谁?

你看过的任何有关特基拉的流行书籍（或是在因特网上浏览的酒友网站）大概都会告诉你，*Agave tequilana*这个种是由一个叫弗兰茨·韦伯的德国植物学家命名的，他曾在19世纪90年代到墨西哥考察。然而，植物学文献给出的说法却与此有异。植物学家可能不会就一种植物应该在它的家谱树中置于什么位置，或是应该采用哪个学名达成一致意见，但是他们通常都会对另一件事达成一致意见：第一个命名描述一种植物的人。一些希望为世界上每一种命过名的植物都提供标准信息的植物学家联合起来，这些遍布全球的学者共同劳动的结晶之一，就是国际植物名称索引（英文缩写为IPNI）。在这个索引中，每一种植物都按其学名罗列，在学名之后放在括号中的文字则是描述了这种植物的植物学家名字的标准缩写。

多亏IPNI，我们知道*Agave tequilana*（F. A. C. Weber）最早为弗雷德里克·阿尔贝尔·贡斯当丹·韦伯所描述，相关论文发表在1902年的一份巴黎博物学杂志上。从他1903年去世之后发表的讣告中，我们知道他生于阿尔萨斯，1852年完成了医学博士训练，发表了论脑出血的博士论文，很快就加入法军，在部队中肯定发挥了他的医学技能。就在拿破仑三世为了追缴未偿还债务下令法国与英国和西班牙一同入侵墨西哥的时候，他被派到了墨西哥。欧洲强加给墨西哥的那位来自奥地利的皇帝马西米连诺一世的统治十分短暂，之后这位皇帝又被枪队执行死刑，这未能给韦伯博士留下太多时间，满足他沉迷于采集植物的嗜好。不过，他还是设法获得并描述了许多仙人掌类和龙舌兰新种。在他返回巴黎之后，这些新种的名单都在植物学期刊上开列出来。他晚年担任了法国国家驯化学会会长之职，这是一个研究自然保护的学会。他的同事在1900年用他的姓氏命名了一个叫

*Agave weberi*的新种，在那篇文献中，他们更详细地介绍了韦伯在墨西哥的经历，证实他在1866年和1867年到那里是执行公职——在闲暇的时候也采集植物。

那么，弗兰茨·韦伯又是谁呢？假定在19世纪90年代真有一个叫这个名字的德国植物学家在墨西哥工作的话，那么在科学文献中，他的名字从来都没有被附在任何一种植物的学名之后——所以我们肯定不能说特基拉龙舌兰是他命名的。

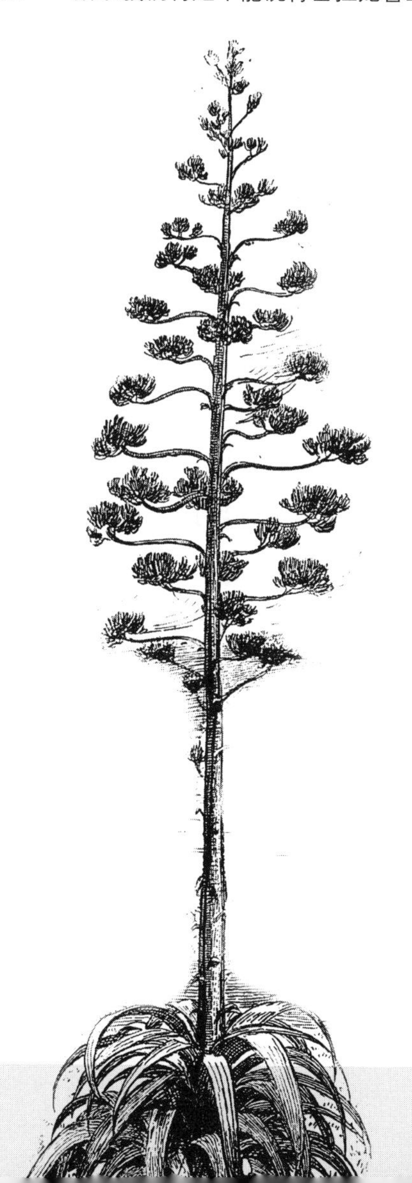

对于特基拉来说，情况就更糟了。特基拉通常是用栽培的植株，而不是从野外收获的植株酿造的。既然只有特基拉龙舌兰这一个种可用于酿造这种酒，它因此成为像北加利福尼亚的葡萄那样的单一栽培作物。大卫·苏罗·皮涅拉是“谢姆布拉·阿苏尔”特基拉蒸馏坊的所有者，也是特基拉历史保护和特基拉酿造工业可持续发展的宣传者，他说：“我们一直在无节制地利用这种植物。我们不让这种植物在野外生殖。从遗传上说，它的能量已经被耗尽了，非常容易患病。我对此非常忧虑。”在他看来，龙舌兰变得脆弱的原因，在于杀虫剂、杀真菌剂和除草剂的使用日益增长。同样，水也是特基拉和其他烈酒中的重要成分；不断增长的化学品的使用和土壤的退化都污染了酿酒所用的水。

实际上，瘟疫一般的病虫害已经毁灭了驯化的龙舌兰作物，很像是灾难性的“爱尔兰马铃薯饥荒”或是摧毁了欧洲葡萄园的葡萄根瘤蚜入侵。对于龙舌兰来说，龙舌兰象甲（学名 *Scyphophorus acupunctatus*）可传播细菌，而且它产的卵可孵化成微小的幼虫，以龙舌兰为食，导致龙舌兰从内向外腐烂。因为这种象甲在植株内部产卵，杀虫剂对它几乎不起作用。

要加强龙舌兰的抗病能力，保护野生龙舌兰资源，需要采取一套综合措施，包括作物间种（把龙舌兰和其他植物混种），保护野生龙舌兰分布区以提高遗传多样性，减少化学品使用，以及逐步恢复土壤健康。

**怎样品尝**

上好的特基拉或梅斯卡尔酒应当单独品尝，就像你品鉴好威士忌一样，请使用古典杯，可以加少许水或一大块冰。不需要加来檬汁和盐：它们的唯一用途是掩盖劣质烈酒的味道。

## 龙舌兰和用龙舌兰酿造的酒饮选列

并非所有的龙舌兰都能酿出相同品质的酒。有些种汁液产量高，更宜于酿造普逵酒，另一些种能产出肥厚多纤维的茎心，很适于烘焙和蒸馏。很多龙舌兰的种完全不能用于酿酒，因为它们含有毒素和皂苷。皂苷是容易起泡沫的肥皂般的化合物，具有类固醇和激素性质，因此摄入体内是不安全的。下面列出的只是一部分种，有的已经应用了数千年之久。

| | |
|---|---|
| 阿伽瓦酒 | *Agave tequilana*（南非酿造） |
| 巴卡诺拉酒 | *A. angustifolia* |
| 100%蓝龙舌兰烈酒 | *A. tequilana*（美国酿造） |
| 科库伊利口酒 | *A. cocui*（委内瑞拉酿造） |
| 梅斯卡尔酒 | 根据法律，必须用下列种酿造：*A. angustifolia*（狭叶龙舌兰），*A. asperrima*（山丘龙舌兰），*A. weberi*（梅斯卡尔龙舌兰），*A. potatorum*（棱叶龙舌兰），*A. salmiana*（宽叶龙舌兰）。但有时候也会用同一个州中被其他确立了原产地的酒所指定的种以外的其他种酿造。 |
| 普逵酒 | *A. salmiana*（异名*A. quiotifera*），*A. americana, A. weberi, A. complicata, A. gracilipes, A. melliflua, A. crassispina, A. atrovirens, A. ferox, A. mapisaga, A. hookeri* |
| 莱西拉酒 | *A. lechuguilla, A. inaequidens, A. angustifolia* |
| 索托尔酒 | *Dasylirion wheeleri*（猬丝兰，与龙舌兰有亲缘关系） |
| 特基拉 | 根据法律，必须用“韦伯蓝”特基拉龙舌兰（学名*Agave tequilana* ‘Weber Blue’）酿造。 |

## 酒中虫豸：关于梅斯卡尔酒里的虫子

有时候，我们会在一瓶梅斯卡尔酒的底部发现一种叫“酒虫”的虫子，它是龙舌兰象甲（学名*Scyphophorus acupunctatus*）或龙舌兰蛾（学名*Comadia redtenbacheri*）的幼虫。很多有关酒的文献都说它是另一种学名为*Hypopta agavis*的蛾子的幼虫，实际上并不是。这后一种蛾子虽然的确也以龙舌兰为食，但并不会造成大的危害。

把这些虫子加到酒里只是一种广告噱头，它们并不是配方里的传统成分。这种掺了虫子的酒通常是价格低廉的梅斯卡尔酒，瞄准的是不怎么懂行的饮者。上好的梅斯卡尔酒的酿造商曾经试图游说政府完全禁绝添加虫子的行为，因为他们觉得这把整个行业都连累了，可惜他们没有成功。虽然这些虫子好像并没有对梅斯卡尔酒的风味造成什么明显的影响，但是2010年的一项研究显示，在添加了虫子的瓶装梅斯卡尔酒中可以检出这些幼虫的DNA，证明这种“加虫梅斯卡尔酒”的每一口的确都带了一点虫子味。

另一种愚蠢的花招，是在一瓶梅斯卡尔酒里加一只拔去螯针的蝎子。还好，监管特基拉的委员会并不允许在瓶子里添加这种无聊的玩意儿。

*Malus domestica*

苹果 [蔷薇科]

最适合用来酿造苹果酒和白兰地的苹果这个树种的果实，本来是会让我们难以下咽的——这是一种又苦又涩的水果，每个吃到它的人的第一本能就是从嘴里吐掉，环顾四周寻找能够压过舌头上的异味的甜东西——一杯根啤，一块蛋糕，什么都行。你可以想象一下吃了一口软的青核桃、未成熟的柿子或一把铅笔屑的感觉，这些在让人难以下咽的东西中算是佼佼者了。既然这样，人们又是怎样从这样一种水果中鼓捣出像清爽的苹果酒和柔暖的卡尔瓦多斯酒这样的饮料的呢？

答案就藏在苹果树古怪的遗传信息中。苹果的DNA比人类的更复杂：最近对“金元帅”（也叫“金蛇果”）苹果基因组的测序揭示，苹果基因组含有5.7万个基因，这比人类的2万至2.5万个基因的两倍还多。我们人类的遗传多样性已经足以保证我们的子女全都多少有些独特性——也就是说，他们绝不是父母的精确复制，只是和家庭里的其他成员有些相像罢了。苹果显示出的“极端杂合性”则意味着它们的子代和亲本没有相似之处。种下一粒苹果种子，等上几十年时间，你就会得到这样一棵树：它结的果实在长相和味道上和亲本完全不同。事实上，由实生苹果树结出的果实，在遗传上与古往今来世界上任何其他地方曾经结过的苹果都不一样。

说到这里，再来看看另一个事实吧。苹果树在地球上已经有大约5500万年到6500万年的历史了，它们出现的时候，差不多就是恐龙灭绝、灵长目动物登场的时候。几千万年来，苹果树在没有人类干涉的情况下自由生

**把酿酒用苹果树作为遗产保存**

要把全世界巨大的苹果酒多样性都保存下来不是易事。在第一次世界大战期间，德国和同盟国军队的战斗前线恰好经过法国梅斯附近著名的“西蒙·路易兄弟”苹果苗圃。1943年的库尔斯克会战摧毁了莫斯科南部繁盛的苗圃和果园行业。今天，康奈尔大学的果树学家正在纽约州内地的果园里保存各种苹果品系，这是为古老的苹果品种编目并提供庇护的全球性运动的一部分。

殖，把它们繁杂的基因重组来重组去，仿佛是赌徒在掷骰子。当灵长目动物——以及后来的早期人类——碰到一棵新苹果树，并且咬食它的果实的时候，它们从不知道这些果子会有什么样的用途。幸运的是，我们的祖先还是发现，哪怕是味道糟糕的苹果，也能酿造好酒。

## 苹果酒

用苹果酿造的第一种含酒精的饮料是苹果酒，或音译为“西打”（cider）。在美国，“苹果西打”指的是未过滤的苹果汁，通常用肉桂棒调味后趁热饮用。但是，世界其他地方的“西打”却不是这样，你会发现它们要好喝得多——这是一种像香槟一样没有甜味的冒泡酒饮，而且要像啤酒一样趁其冷而新鲜时饮用。全北美洲也都在喝这种苹果酒，只不过把它称为“硬西打”，以与不含酒精的西打相区别，但是这样的区别在世界其他地方是不必要的。

古希腊人和古罗马人酿造苹果酒的技艺可谓炉火纯青。当罗马人在大约公元前55年入侵英格兰时，他们发现当地人已经在享用苹果酒了。在那个时候之前很久，苹果树已经从哈萨克斯坦附近的森林迁徙出来，种遍了欧洲和亚洲。用来发酵这种水果的工艺——后来还有蒸馏工艺——是在英格兰南部、法国和西班牙这一带得到完善的。今天，在欧洲的乡村你还能见到这种古代工艺的遗迹，那些用来把苹果磨碎的巨大圆形苹果石磨，仍然半埋于田野之中。

因为最古老的果园都是实生树果园——也就是说，其中的每一棵树都是由种子种出来的，这导致它们结出的苹果是前所未有的全新面貌的大杂烩——最早的苹果酒大概是把果园里所有吃起来不够甜的果子混在一起酿造成的。让受人欢迎的苹果品种繁衍下去的唯一方法，是把它嫁接在以

## 西洋梨

*Pyrus communis*

蔷薇科

## 怎样把梨装在瓶子里？

只要你能喝到，梨酒——或叫“梨西打”——一定可以愉悦你的味觉。最适合酿造梨酒的梨（酿酒用梨）通常又小又苦又干，比供鲜食的梨含有更多单宁。梨酒比苹果酒少见得多，这是因为梨树易于遭受一种叫作火疫病的细菌感染的危害；这种病害是难于控制的，可以把许多古老的梨园悉数摧毁。此外，梨树生长缓慢，在其生命较晚的时期才开始结果，这让梨树成了一种长期投资品，而不是能够即种即收的作物。这就是农谚“为你子孙种梨树”的由来。

梨酒比较少见的另一个原因在于，梨在从树上摘下来之后必须马上发酵；它们不像酿酒用苹果那么容易储藏。梨还含有一种叫作山梨醇的非发酵性糖，它可以增加梨的甜度，但同时也有一大缺点——对肠胃敏感的人来说，这是一种泻药。有一个常见的英格兰梨的品种叫作“布莱克尼红”，别名叫“闪电梨”，便是形容它穿越肠道的迅捷速度。酿酒用梨的这种古怪特性，反映在另一条谚语中：“梨酒入口如绸缎，入肠如疾雷，出肠如闪电。”

话虽是这么说，真正的梨酒——不是那种加了梨的风味的苹果酒——还是值得一寻的。它甜而不腻，也没有某些苹果酒的那种尖酸味道。

梨白兰地和“梨生命水”的酿造方法很大程度上与苹果白兰地相同，也是蒸馏发酵的梨浆或梨汁。“威廉斯”梨是用“威廉斯”品种的梨——在美国叫作“巴特列”梨——酿造的一款常见的法国白兰地。酿造一瓶这样的白兰地需要大约30磅梨——如果你觉得这样的劳动强度已经很大了，那不妨想想有些梨白兰地在售卖时，酒瓶里甚至还有个梨。当这些梨果还小的时候，人们就小心地把它们塞进瓶口，把瓶子悬挂在附近枝条上以承载其重量。等到树上的梨在瓶子里面成熟的时候，这样的梨园就变得格外难照看了。

另一棵树充当的砧木之上，这项技术在公元前50年以后才断断续续得到应用。苹果果农自此开始通过嫁接创造苹果的无性系，最终这些受欢迎的品种又有了各自的名字。16世纪后期，在诺曼底已经有了至少65个得到命名的苹果品种。几百年来，很多最适合用来酿造苹果酒的品种都源自这一地区，它们全都是通过对产量以及酸度、单宁、芳香物质和甜度的平衡度的选择才脱颖而出的。

在美国，投掷遗传骰子的游戏继续进行，19世纪前期，约翰·查普曼——那个我们都知道绰号叫“苹果籽约翰尼”的人——在西部边疆的前线创立了苹果苗圃。他认为用嫁接的方式种苹果树是一种邪恶的行为，所

*Cider Cup*

## 苹果酒之杯

在中世纪，人们把苹果和其他水果浸入水中，让其汁液自然发酵，由此就酿造出了一种叫作“花费”的粗发酵饮料。这一款鸡尾酒则要精致得多，它的度数不高，足可在整个夏日下午接连饮用。

2份苹果酒

苹果、甜橙、甜瓜或其他应季水果切片

冻覆盆子、草莓或葡萄

1份姜啤或姜汁汽水（不含酒精）

在一个大罐子中混合苹果酒和切片的水果，让它们浸泡3至6小时。过滤，除去水果切片。在高球杯中装满冰和冻浆果，再在杯中倒入¾满的苹果酒，用姜啤做盖顶之后品尝。

以他一直用种子种树，这是大自然采取的方法。这就意味着西部那些早期的移民种的全都是美国苹果，而不是在大西洋两岸久负盛誉的英格兰和法国的品种——自然，他们也都是用这些美国苹果来酿造苹果酒。

历史学家喜欢炫耀20世纪以前美国苹果酒消费量的统计数字，借以显示我们的祖先都是酒鬼。在种植苹果的地区，每天人们要喝一品脱或更多的苹果酒——不过他们几乎别无选择。那时候人们是不敢把水当成饮料的，因为它会传播霍乱、伤寒、痢疾、致病大肠杆菌和许多其他令人厌恶的寄生虫和疾病；那时的人对这里面很多疾病的病因知之甚少，只有一点是明确的：它们都源于疫水。而像苹果酒这样的低度数酒精饮料不利于细菌生存，可以贮藏较短一段时间，因此饮用起来比较安全，而且还挺爽口，即使在早餐时饮用也很相宜。包括儿童在内，人人都喝苹果酒。

苹果酒的酒精含量总是很低的，因为苹果本身的含糖量就很低。即使是最甜的苹果，含糖量也不及葡萄之类的其他水果。在苹果酒酒罐中，酵母吃掉了所有的糖，把它转化为酒精和二氧化碳，但一旦糖都消耗殆尽，酵母就会因为缺乏食物而死光，留下的是只含大约4~6度酒精的发酵苹果酒。

**酿酒用苹果的分类**

**甜型：**低单宁，低酸度

（金元帅 Golden Delicious，红比奈 Binet Rouge，威克森 Wickson）

**酸型：**低单宁，高酸度

（史密斯奶奶 Granny Smith，布朗斯Brown's，金哈维Golden Harvey）

**苦酸型：**高单宁，高酸度

（金斯敦黑Kingston Black，斯托克红Stoke Red，狐狸仔Foxwhelp）

**苦甜型：**高单宁，低酸度

（皇家泽西Royal Jersey，达比奈特Dabinett，穆斯卡德·德·迪耶普Muscadet de Dieppe）

今天，一些苹果酒酿造者把成品装入瓶中，再额外加入一些糖和酵母，让二氧化碳在瓶内积聚，这样就得到满是气泡的香槟风格的苹果酒。和这样的实践完全相反的是工业化苹果酒的酿制。它们是由大规模的商业蒸馏厂酿造的，其中可能会含有像糖精或阿斯巴甜这样的非发酵性甜味剂，可以为苹果酒赋予大众市场所需要的甜度。

## 卡尔瓦多斯酒和苹果白兰地

不过，苹果能酿造的酒可不只是苹果酒。1555年，一个叫纪伊·德·古贝尔维尔的法国人在日记中写道，有一位访客告诉他怎样用苹果酒制取澄净的高度数烈酒。他指出，在苹果酒发酵完成之后，可以将它加热，使酒精随蒸汽逸出，再收集到铜锅里，然后就可以把提纯后的酒装瓶了。如果能在橡木桶里放置一小段时间则更好。这种烈酒的名称，最早可能是叫作"苹果酒生命水"——"生命水"（eau-de-vie）是法语里对各种蒸馏酒的最早统称——但很快就被称为"卡尔瓦多斯酒"，这是用它所出产的诺曼底那个地区的名字命名的。

美国人几乎立刻就酿造出了他们自己的卡尔瓦多斯酒。美国在1780年颁布了第一个蒸馏坊许可证；获得这个足可用来夸耀的"一号许可证"的，是新泽西的"莱尔德及其合伙人蒸馏坊"。按照莱尔德家族的记录，亚历山大·莱尔德于1698年从苏格兰抵达北美洲，开始种植苹果树，并为其朋友和邻居酿造"苹果烈酒"，即苹果白兰地。当罗伯特·莱尔德加入乔治·华盛顿的军队为美国独立而战时，这个家族把苹果白兰地作为劳军的礼品。莱尔德家族宣称，华盛顿因为很喜欢他们的酒，曾向他们索取配方在他的农场自行酿造。虽然在华盛顿故居弗农山庄并没有蒸馏苹果白兰地的记录，但是华盛顿家族、手下和奴隶倒的确以酿造苹果酒为常事。

缺乏制造铜蒸馏器技能的殖民者找到了另一种“蒸馏”的方法——他们在冬天把桶装的苹果酒置于室外，让其中的水分结冰，再把未冻结的酒精含量更高的液体吸出来。这种“冷冻蒸馏”法是很危险的，因为在真正的蒸馏过程中通常能够除去的浓缩的有毒化合物利用这种方法是无法去除的，因而成酒中所含的有毒物质足以毒害肝脏或导致失明。这本来可能会让这种美式苹果冻酒变得臭名昭著，不过幸运的是，后来更好的蒸馏方法就流行开了。

苹果也可以用来酿造上好的“生命水”。生命水这种烈酒不是通过在蒸馏器中蒸馏发酵的苹果汁制取的，典型的酿造方式是把整个的苹果碾碎成糊浆，发酵之后再蒸馏成澄净的高度烈酒。按照康奈尔大学果树学家伊安·默温的说法，使用整个苹果来发酵可以产生更高含量的芳香物质，为苹果烈酒赋予其风味。“通过果浆发酵酿造的上好生命水，品尝起来要比卡尔瓦多斯酒更像苹果。”他说。此外，生命水通常用更为精致的柱式分馏器来蒸馏，这可以让芳香物质更精确地保留下来。按照法国法规，卡尔瓦多斯酒必须用老式的蒸馏罐制备，这个方法虽然更为传统，却不是更精确的蒸馏法。

生命水并不需要用木桶陈化，这意味着其风味完全来自苹果，而没有来自橡木的成分。“卡尔瓦多斯酒的酿造，”默温说，“实际上是拿源自苹果的乙醇作为溶剂，把它放在橡木桶中，然后从桶木里提取出橡木风味——无可否认，这种橡木风味本身是很不错的。但是，当把它从桶里倒出来时，剩下的苹果风味却不多了。”

千万可别把这话讲给卡尔瓦多斯酒的狂热爱好者。陈化良好的卡尔瓦多斯酒拥有一种只能来自苹果的金色的、洒满阳光的品质，最好是在正餐前后，甚至是一顿饭的中间单独饮用。在诺曼底有个习语叫“trou

## 苹果烈酒

**苹果白兰地：**由发酵的苹果汁或苹果糊浆蒸馏而得的烈酒的统称，装瓶时的最低酒精体积百分含量是40度，通常在橡木桶中陈化。

**苹果冻酒：**这是苹果白兰地在美国的另一个称呼。“混合苹果冻酒”包含至少20%的苹果白兰地，其余则是中性酒。

**苹果利口酒：**一种较甜的低度餐前酒（通常酒精体积百分含量为20度），可以通过许多方法用苹果酿造。一种方法是把苹果白兰地加到处于发酵过程中的苹果酒里，这时酵母还没有把所有糖分消耗光。较高的酒精含量可杀死酵母、终止发酵，从而制得非常类似甜点酒的带鲜苹果风味的甜味酒饮。苹果利口酒可以在装瓶前置于橡木桶中陈化。

**苹果果酒：**“苹果果酒”本来是苹果酒的一个非常陈旧的称呼，但它现在却用来指称一类添加了额外的糖和酵母的苹果酒，其酒精含量变得更高，按体积百分含量来说，通常至少达到7度。典型的苹果果酒是不含二氧化碳的。

**卡尔瓦多斯酒：**在法国北部一个专门地区出产的苹果白兰地，所用的苹果来自指定的果园，这些苹果要包含至少20%的本地品种，至少70%的苦型或苦甜型品种，以及不超过15%的酸型品种。装瓶时的最低酒精体积百分含量是40度。

**栋夫龙卡尔瓦多斯酒：**这种苹果白兰地在其他冠名条件上与卡尔瓦多斯酒相同，但必须含有至少30%的梨。在柱式分馏器中进行单次蒸馏后，在橡木桶中陈化至少三年。

**奥日地区卡尔瓦多斯酒：**这是特产于奥日地区的卡尔瓦多斯酒；除了要满足卡尔瓦多斯酒的全部冠名条件外，还必须在传统铜蒸馏器中进行双蒸，并在橡木桶中陈化至少两年。

**生命水：**从发酵的水果制取的澄净烈酒，不在橡木桶中陈化，以40度或更高的酒精体积百分含量装瓶。它是“白威士忌”的水果版本。

**波莫酒：**或译“开胃苹果酒”，是由未发酵的苹果汁和苹果白兰地调制的怡人的法国调和酒，以大约16~18度的酒精体积百分含量装瓶。

normand”，直译是“诺曼底洞”，指的就是在两道菜之间饮用的一杯卡尔瓦多斯酒，它可以让你的胃口再出现一个“洞”，给这顿饭剩下的菜肴腾出空间。

*The Vavilov Affair*

## 瓦维洛夫事件

俄国植物学家尼古拉·瓦维洛夫为了保存苹果树的野生祖先冒了种种危险。在20世纪前期，为了确定像苹果、小麦、玉米和其他谷物这样的重要农作物的地理起源地，他到全世界去旅行，收集了数以十万计的植物品种的种子，建立了一个种子库，推动了遗传学的研究。他的目标是让俄国农民能提升其农作物产量，但是约瑟夫·斯大林却认为他是国家的敌人。斯大林对科学有一些滑稽的想法：他相信一个人的行为会改变其遗传组成，因此一个人一生中习得的习惯可以通过其DNA向后代传递。凡是不同意这个观点的科学家都被他投进监狱。

瓦维洛夫因为其科学信仰而在1940年被捕。在生命的最后日子中，他为其他囚犯讲授了遗传学课程，而他们中的许多人很可能希望斯大林能多逮捕一些锁匠和炸药专家，而不是植物学家。

下面的配方是“古典杯”鸡尾酒的一种，兑和了等量的苹果白兰地和波本酒，因而把苹果、玉米和其他谷物结合在一起，用来向瓦维洛夫致敬。

1块方糖

2甩安戈斯图拉苦精

¾盎司苹果白兰地

¾盎司波本酒

2片“史密斯奶奶”或“富士”之类酸苹果的切片

把方糖置于古典杯底部，在方糖上浇上苦精和几滴水，研碎。加入冰、苹果白兰地和波本酒，充分搅和。用柑橘榨汁机榨取1片酸苹果的果汁作为盖顶。再用第2片酸苹果作为杯中的装饰物。

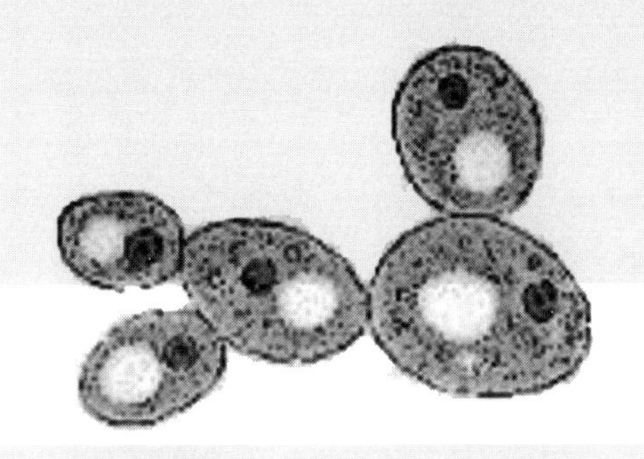

## 酵母 [ 一个爱情故事 ]

## *Saccharomyces* spp.

人类最早驯化的生物不是马，不是鸡，也不是玉米或小麦。它是一种野生的无性单细胞生物，具有保存食物、发面包和酿酒的能力。这就是酵母。

酵母无处不在。它飘浮在空中，生活在我们体表和体内，还麇集于水果的外皮之上形成一层覆被，冀望从中汲取一些糖分。你根本用不着去费力搜寻野生酵母——把一碗面粉和水的混合物放在厨房柜台上，野生酵母自己就会找上门来。不过，有一些特别的酵母的种——特别是那些属于酵母属（学名*Saccharomyces*）的种类——的发酵能力实在太强了，人们学着去延续它们的生命，大量繁殖它们，最后又把它们卖给发酵师和蒸馏师。全世界都有实验室在仔细照看着他们的酵母株系。葡萄酒坊、发酵坊和蒸馏坊常常拒绝改造、搬迁或更换设备，怕的就是把已经定居此间、为其产品增添独特风格的本地酵母毁掉。对同一批次酿造的苹果酒的试验表明，酵母的特别株系可以在根本上影响风味，向最终的酿造成品中引入独特的水果香和花香味调。

发酵的科学解释简单得令人惊奇——就是酵母吃糖罢了。它们排泄出两种废物：酒精和二氧化碳。如果诚实来说的话，我们必须承认酒水店里面卖的东西从化学成分上说几乎就是数以亿计的驯化酵母的茅坑，只不过是用贴着高价标签的漂亮瓶子包装起来罢了。

不过，酵母制造的这些废物的用处多得实在数不完。在酿酒过程中，我们首先会舍弃二氧化碳。如果发酵过程发生在发酵罐中，二氧化碳会自然逸出。不过啤酒酿酒师会让一些二氧化碳保留下来，用来产生啤酒泡沫。他们也可能在装瓶阶段再另外添加一点二氧化碳。对于葡萄汽酒来说，在瓶中会再加一点酵母进行二次发酵，这样可以产生气泡，并积聚对瓶塞的压力。（面包师和发酵师有很多的共同之处，因为二氧化碳正是让面团发起来的动力。）

不过，另一种废物——酒精（又名乙醇）又如何呢？经过一番简单的处理，它将成为一份了不起的饮品，但对酵母来说却不是这样。当酵母分泌出酒精之后，它就为自己挖掘了坟墓。当酵母自己排泄的废物达到高浓度时，它们是无法存活的，因此在酒精含量上升到大约15度的时候，酵母就会死绝。这就是为什么在蒸馏术发明之前，没有人品尝过比啤酒或果酒更烈的酒饮的原因。

由此我们便看到了酵母的结局：要么它们因为耗光了糖分而死于饥饿，要么它们吃下的糖分太多，以致被自己排泄的酒精杀死。不管是怎样的死法，它们都在死前完成了一件出色的工作——为我们制造酒饮。

如果在糖分发酵罐中，酵母分泌的产物只有乙醇这一种的话，全世界白兰地和伏特加蒸馏师的工作就会变得轻松无比。他们只需简单地把乙醇稀释、调味和装瓶就可以了。然而酵母毕竟是生物，是不完美的造物，而它们所栖息的碾碎的葡萄或磨成糊浆的苹果同样也是高度不完美、高度复杂的造物。一罐葡萄中绝非只有酵母能消化的糖分，里面还充斥着单宁、芳香物质、有机酸以及酵母无法消化的另一些形式的糖分（也叫非发酵性糖）。这么多样的东西都混杂在发酵容器里，错误是常常会发生的。

这些“错误”里面，有很多发生在酵母细胞内部的酶试图发挥它们调控化学反应的作用之时。我们可以把酶想象成一把寻找钥匙的锁。当分子在发酵容器里跳动的时候，它们可能会试图像钥匙一样“插入”并不合适的锁中。这种不完美的锁和钥匙的配对会产生不完美的化合物——正是这些化合物让发酵饮料变得复杂多变，有时甚至会毒害人的身体。

这些意外的副产物叫作同源化合物（congeners）——就像“先天的”

（congenital）这个词一样，从其词根可知这些化合物从发酵饮料刚在发酵罐中“诞生”的时候就已经存在了。其中一些化合物毒性相当大，必须在蒸馏过程中小心除去。

如果在发酵的过程中会产生这样的毒素，为何啤酒和果酒没有成为致命的饮料呢？首先，通过对设备、所使用的特别的酵母株系和保证发酵发生的温度的细心选择，发酵师可以控制发酵过程。像葡萄酒酿造者一样把发酵后的酒饮贮藏在橡木桶中——也就是陈化——可以引发进一步的化学反应，从而破坏某些化合物的分子。

当然，还是会有些同源化合物遗留下来，但是它们的含量已经小到了我们的肝脏通常可以耐受的程度。凡是喝了太多果酒的人都会经历上头的痛苦，这种上头的感觉，部分就是由我们的身体一时无法迅速除去的那些毒素积聚之后产生的。

因此，蒸馏工艺所面临的挑战，就是要把酒精从类似于啤酒或果酒的发酵糊浆中提取出来，在得到酒精度数较高的烈酒的同时，又使其中的同源化合物不发生类似的浓缩过程。幸运的是，这些同源化合物各自的沸点不同，所以蒸馏的秘密也很简单，就是加热混合物，在不需要的分子因为沸腾逸出的时候把它们分离出来。

在啤酒或果酒的发酵罐下面点一把火，有毒的杂醇油最先被蒸出来。蒸馏师管这些杂醇油叫“酒头”。它的气味闻上去就像卸甲水。在普利茅斯金酒的蒸馏坊，人们把酒头回收，作为工业清洁剂使用。接下来，随着温度攀升，蒸出的是“酒心”，也就是蒸馏的目标产物酒精。蒸馏过程最后蒸出的是较重的分子，其中有些是毒素，但是另外一些则是让威士忌和白兰地变得香醇的更具风味的化合物。这一段称之为“酒尾”的蒸馏产物也必须除掉，但是蒸馏师为了让烈酒带上风味，可能会在酒心里面留少许酒尾。

知道在什么时候切掉酒头和酒尾，是优秀蒸馏师的标志。自行私酿的烈酒——包括所谓的“澡盆金酒”以及其他类似的蒸馏副产物在内——喝下去可能要命，原因就在于这些危险的化合物不能被恰当地提取出来。同样，如果这些毒素未能恰当地提取出来或过滤掉的话，较为便宜的大量酿造的烈酒也可能会让人产生较为强烈的上头感觉。有些烈酒是双蒸或三蒸过的，也就是说，一蒸后的酒心还要再重新经过蒸馏器，除去更多的酒头和酒尾；还有一些烈酒——比如伏特加——要用木炭过滤，连其中最轻微的杂质也要除去，这样就得到了几乎无杂味无杂臭的澄净烈酒，在成分上几乎接近纯粹的乙醇水溶液了。

## 酒中虫豸：六条腿的酵母递送系统

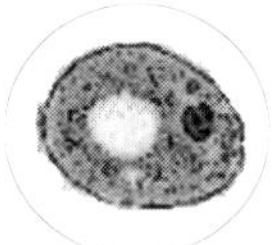

酒中有虫子？这是个由来已久的问题了。发酵必须在开放的容器中进行，否则由二氧化碳产生的压力会积累到危险水平。但是，如果把一罐果汁或谷物糊浆放在陈旧的谷仓或货仓中任其发酵的话，虫子肯定会找到钻进去的路。这倒并不总是一件坏事——布鲁塞尔的兰比克啤酒发酵师发现一些最好的酵母株系就来自从椽条上掉落的昆虫。事实上，酵母会产生醚类吸引昆虫，希望它们携带自己到处散播。这就让虫子在糖和酵母的舞蹈中成了不经意的同谋。

## 栽培你自己的苹果

全光照

不频繁的深浇

可耐–25°F / –32°C

**选择树苗：**好的果树苗圃都会选种一批“酿酒用苹果”，并且能够在挑选适合某种气候的正确品种方面向你提供建议。不同的苹果品种需要长短不均的“低温时数”——即11月和2月之间低于7摄氏度的小时数——来打破休眠，所以让苹果树与本地的冬季天气条件相适应是很重要的。苗圃还会告诉你一棵苹果树是否需要在附近种植另一棵苹果树来为它进行异花传粉；并不是所有的品种都需要传粉树。

**砧木：**苹果树要嫁接在砧木之上，这可以控制其生长、调节生殖、抵抗疾病。M9是一种常用的矮化砧木，可以使嫁接上去的苹果树只长到10英尺高。嫁接到砧木EMLA7的苹果树也只长到15英尺高。

**疏花和修剪：**如果不进行疏花处理的话，酿酒用苹果易于出现大小年现象（它们在两年一度的大年才结果）。大型果园会在大多数苹果花开放之后在花上喷洒化学药剂，这样可以杀死开放的花，显著减少结果的数量。家庭园艺爱好者则只需在苹果长到大约葡萄那么大时从每个果簇中摘除几个果实就行了。请向苗圃或县农业推广站咨询有关修剪和疏花的建议；此外，他们也会举办相关的培训会。

**杀虫剂：**酿酒用苹果的明显优势之一，是它们天然就能抵抗害虫；即使它们确实遭受了害虫的少量侵害，问题也不大，因为果实反正都是要碾碎的。

*Hordeum vulgare* 大麦 [ 禾本科 ]

想象一个没有啤酒、威士忌、伏特加或金酒的世界吧——简直让人无法忍受！然而，一点也不夸张地说，如果没有大麦，这些酒真的都不会存在。在各种谷物中，大麦是唯一最适合发酵的，它甚至还能促进其他谷物的发酵——这才让人们能够从大多数本来难以用来酿酒的原料中鼓捣出酒精来。

要理解大麦近乎奇迹的力量，首先要知道如下事实：谷类作物——大麦、黑麦、小麦、稻，等等——并不像苹果或葡萄那样满是可发酵的糖分。谷粒中充满的是淀粉，这是一种贮藏养分的物质，可以让植物把通过光合作用制造的糖分贮藏起来，供以后使用。要用谷粒制造酒精，首先要把淀粉重新转化为糖分。

幸运的是，不需要别的什么东西，单是水就可以促使植物表演这个戏法。每一粒谷粒毕竟都是一枚种子。当种子萌发的时候，它会需要一些维持其生长的食物，直到它长大到扎下根、展开叶片之后，才能够自己制造大餐。这就是种子要贮藏糖分的原因。发酵师所要做的仅仅是把谷粒泡湿——这步加工的术语叫“制麦”。泡湿后谷粒就开始萌发，促使它内部的酶把淀粉降解为糖，满足微小幼芽的养分需求。然后的事情似乎就简单了，只消把酵母加进去，让它们大吃特吃糖、排出酒精就行了。不过，真是这么简单吗？那可不一定。

蒸馏师们费了很大的劲才知道，并不是每一种谷物都能轻松释放出糖分。这时候就需要让大麦发挥作用了：大麦中把淀粉转化为糖的酶含量异乎寻常的高。它可以和小麦或稻米之类的另一种谷物混合，启动这些谷物的糖化过程。因为这个原因，大麦芽是发酵师最好的朋友——至少在一万年前它就已经赢得这个尊贵地位了。

## 啤酒植物学

大麦是一种高大而非常健壮的禾草，耐寒、耐旱、耐贫瘠土壤，这让它能广泛适应全世界的环境。在野生状况下，大麦穗里的麦粒只要成熟到足以萌发就会马上散落，但是一些有胆识的早期人类注意到，偶然会有某株大麦能够紧紧“抓”住麦粒，不让它们散落。这只是一种普通的遗传突变，对植株本身来说本来并没有太多好处，但它却是一个令人喜爱的突变——如果麦粒能够留在茎秆上，人们就能更容易地收获它们。

这正是大麦被驯化时发生的事情。人类选择出了拥有他们喜欢的性状的种子，然后这些种子就传遍了全世界。大麦起源于中东，在大约公元前5000年时传到西班牙，公元前3000年时传到中国。在欧洲，它成了一种主食作物。哥伦布在他第二次航行去美洲时，又把它带到了美国，但直到16世纪后期和17世纪前期，在西班牙探险者把它带到拉丁美洲、英格兰和荷兰定居者把它带到北美洲之后，大麦在新世界才开始得到持续栽培。

我们可以很容易想象引发人们发明啤酒的那场古老而美妙的意外。不妨想象有这么一桶大麦，为了软化它坚硬的外层谷壳，人们把它浸泡了整整一晚。野生酵母很碰巧地飘进了桶里，然后便有人想要尝尝这种古怪的、起泡沫的混合物，它是酵母在处理了桶里所有那些糖分之后的产物。对了，这就是啤酒！有酵母味的、起泡的、酒力温和的啤酒。在石器时代即将谢幕时，围绕制造啤酒这种美好的灾祸之物的需求，人类社会自身在一个大尺度上发生了重组，那时候人类优先考虑的事情肯定也经历了快速变化。（接下来进入的就是有大型金属容器的铜器时代，这岂会让我们感到惊奇？）

根据考古学标准，更精细的啤酒酿造工艺没花什么时间就发展出来了。帕特里克·麦克伽文是宾夕法尼亚大学博物馆的考古学家，专门研究发酵和蒸馏的历史。他分析了伊朗西部戈丁丘遗址陶器碎片上的残余物，结果发现了饮器上大麦啤酒的残余，而且可以把它定年到公元前3400年到公元前3000年。他相信那时的啤酒和我们今天所饮的啤酒很可能没有太大差别，唯一的差别可能是这种原始啤酒并未经过细致的过滤。洞穴壁画和陶器上的图案也描绘了人们坐在一大罐啤酒周围用长长的麦秆吸饮的场景。麦秆的一端插入到啤酒的中部，这样不管酒中渣滓是沉到底部还是升到顶部，都不会被人吸到嘴里。

古罗马时代的啤酒酿造工艺越发精细了。古罗马历史学家塔西佗在描述日耳曼部落时写道："他们的饮品是一种用大麦或小麦制作的酒，因为经过发酵，这种酒与葡萄酒有某种相似之处。"在此之后没过多久，可能早在公元7世纪，大麦栽培区的居民就意识到，啤酒也能像葡萄酒和苹果酒一样蒸馏成一种酒劲猛得多的烈酒。到15世纪后期，英伦三岛也开始酿造威士忌了——那时候还用拉丁文叫"生命水"，这是对蒸馏酒的通称。

### 种植完美的大麦

尽管爱尔兰人和苏格兰人之间关于谁发明了威士忌的争论可能永远不会停息，但威士忌诞生于这一地区却是不争的事实，因为这里的气候和土壤太适合种植大麦了。斯图尔特·斯万斯顿是苏格兰作物开发研究所的大麦研究者，他相信苏格兰寒冷的气候对于大麦这种当地最著名的作物来说可谓完美。"我们苏格兰东海岸带具备的优势是，我们靠近北海。"他说，"我们有温和的冬天和糟糕的夏天——那是一个漫长、冷凉、潮湿的生长季。这就意味着麦粒中会积累大量淀粉，这可以提高酒精含量。"然而，如果天气条件不理想，麦粒中的淀粉积累得不好，它们就只能用来喂

## 啤酒和威士忌的颜色从哪儿来?

威士忌在出桶的时候并不一定都是深琥珀色，而啤酒在发酵罐中也并不总是像它在酒瓶中那样具有深色色泽。有些啤酒和烈酒使用了焦糖色，确保每一批酒都具有同样的色泽。颜色还常常用来指示特定的装瓶年代：虽然一瓶8年的苏格兰威士忌和一瓶20年的苏格兰威士忌在出桶时颜色可能一样，但年代更久的那瓶苏格兰威士忌的颜色会被染得更深一些，暗示它的陈化时间更长。对于啤酒来说，它的颜色和品牌推广密切相关。琥珀啤酒应该是红色的，而司陶特啤酒应该是深褐色的。

纯正主义者认为焦糖色是没有必要的添加剂，应该弃用。那种所谓的“啤酒焦糖色”，也即第三类150c焦糖色，在制备过程中使用了铵盐；因为可能含有致癌物，它成为消费者群体批评的两类焦糖色之一。（第四类“碳酸饮料焦糖色”是另一类在制备过程中使用了铵盐的焦糖色。）

威士忌则与啤酒不同，按照标准应该用“烈酒焦糖色”也即第一类150a焦糖色染色，而它不是用铵盐制备的。尽管人们认为这种色素无害，表面上似乎也没有改变酒饮的风味，但是一些威士忌纯正主义者还是鼓吹要回归到不添加多余色素的“纯正威士忌”。“高地公园”苏格兰威士忌的酿造者就夸口说他家的酒绝没添加色素；还有很多小型手工蒸馏坊也避免使用焦糖色。在美国，只有混合威士忌允许含有焦糖，但“纯威士忌”或“纯波本酒”则不允许添加。

动物，这时苏格兰最优秀的蒸馏师将不得不从法国或丹麦进口达到他们所需品质的大麦。

哪一种大麦最适合发酵和蒸馏，也是一个多少有些争议的问题。大麦可以分为二棱大麦和六棱大麦（普通大麦）两种。二棱大麦在穗头两边各结一列麦粒，六棱大麦在两边则各结三列麦粒。六棱大麦是遗传突变的结果，在新石器时代广受欢迎，因为种植这种大麦每亩可以产出更多麦粒，它还含有更多的蛋白质。与此相反，二棱大麦所含的蛋白质较少，但淀粉含量却较高，可以转化成更多的糖。这让它不适合作为食物，但却极为适合用来发酵和蒸馏。不过，尽管欧洲发酵师和蒸馏师传统上都用二棱大麦酿酒，他们的很多美国同行却钟爱六棱大麦，这部分是因为六棱大麦的种植更为广泛。六棱大麦还可以耐受全美国的多种气候条件，这让它更容易大规模种植。

根据生长季的不同，大麦还可以进一步分为春型和冬型。冬大麦在秋天播种，春天收获；春大麦则在春天播种，夏天收获。发酵师习惯使用春大麦

**威士忌的英文拼写是whiskey还是whisky？以及如何把一位鸡尾酒作家逼疯**

英文中“威士忌”这个词来自盖尔语uisgebeatha，本义为“生命水”。后来这个词变成了类似whiskybae这样的形式；它有像whiskie这样的缩略形式，还有一个看上去更欢快的缩略形式whiskee，它们都在18世纪前期被使用过。到19世纪，whisky成为苏格兰和不列颠的拼写，而whiskey则是爱尔兰和美国喜用的拼写。（不过，美国酒法用的拼写却是whisky，只有一处例外。）加拿大、日本和印度也使用whisky这个拼法。

有些作者几乎是不惜一切代价要在这两种拼法之间跳来跳去，甚至在同一个句子里也是如此，这取决于他们提及的是哪家蒸馏坊的酒。其他人则坚持一以贯之地使用本国习惯的那一种拼法，理由是美国人不会用colour（颜色）这个拼法指称一块英国地毯的色调（他们用color这个拼法），或是用aubergine（茄子）这个词指代伦敦人吃的茄子（他们用eggplant这个词）。但在本书英文版中，我仍会使用whisky这个拼法，但只用于特别指称由那些有意略去词中字母e的国家蒸馏的威士忌。

## 栽培你自己的大麦

全光照

少量灌溉

可耐–10°F / –23°C

即使是工作最投入的发酵师，也很可能不会麻烦地亲自种植大麦，不过这活儿不妨一做。一块100平方英尺的麦地可以产出大约10磅大麦，一次足以酿出可观的5加仑自制啤酒。

要在花园中开辟一小块地种植谷物，相关的农活最好从秋天开始。请清除地里的杂草，但不要深挖。与此相反，你要在地上重叠地覆盖几层硬纸板或报纸（请使用整版的报纸，这样的话，纸层至少要有20页厚）；在纸上浇足水，让它们能贴在原地不动；在纸上再覆盖几层粪肥、堆肥、剪下的草屑、枯叶、稻秸或袋装的混合土。这一层肥土要有一英尺高或更高。在整个冬天，它会明显下沉。

到了春天，请清除掉肥土上任何可能萌发出土的杂草，再覆以一薄层堆肥。在土壤表面变干的某一天播下种子，轻轻把它们耙入土中，浇水。（你需要大约¾磅种子。）一直浇水直至夏末，然后等待植株变成金褐色。

当麦粒变硬变干的时候，把大麦砍下来，将茎秆捆绑成束。一旦麦粒完全干燥，就可以进行脱粒，方法是把麦穗置于清洁的地面，用任何钝头的木制工具击打它们。（扫帚把就够用了。）把干净的麦粒分离出来的传统方法叫作"扬场"，是在有风的日子里把脱下的麦粒拿到室外，从一个桶倒到另一个桶里，这样干燥的麦秸就可以被风吹跑了。

酿酒，但是现代遗传学已经展示，这两类品种之间实际上基本没有区别。

真正对酒的品质有重要影响的是天气和土壤。甚至在麦田里所用肥料的类型也能造成品质差别：土壤中的氮如果过量，就会让麦粒中的氮也过量，这会提高蛋白质含量，降低淀粉含量。“太多的蛋白质对酿造传统艾尔啤酒和威士忌来说可是件坏事，”斯万斯顿说，“不过，如果你只是要制备加到别的谷物中的大麦芽的话，蛋白质含量高反而是好事。因为这时候酶的含量也多，可以更好地帮助其他谷物降解淀粉。”

### 论制麦

为苏格兰威士忌的非凡特性做出贡献的另一种重要的自然资源是泥炭。苏格兰的沼泽是成千上万年来植物残骸缓慢腐烂的产物。千百年来，从酸沼中挖出并整齐切成片的泥炭木一直被用作一种燃烧缓慢的燃料资源，在蒸馏用大麦的制麦过程中也扮演着关键角色。

按照传统方法，泡湿的大麦粒要在制麦房的地板上平铺开来，给它们大约4天时间发芽。在这期间，麦粒中的酶会把氧气狼吞虎咽下去，帮助自己降解糖分，把糖分子中贮藏的一些碳以二氧化碳的形式释放出来。在这步加工过程中，麦粒会自然发热，所以工人们要不断深耙麦粒、反复翻动，让它们冷却下来，同时还能避免幼根彼此纠缠在一起。这个阶段的麦芽称为青麦芽。

在麦粒泡湿、发芽之后，就必须加热，阻止它们进一步萌发，其本质是把正在利用新释放出来的糖的幼苗杀死。在差不多8天的时间里，人们用泥炭木点起的文火慢慢烘干麦粒，烟气便把麦粒熏出悦人的深色色泽和泥土般的风味，而这正是上好的苏格兰威士忌颇负盛名的特色。至少，在过去这一步骤是非常管用的。如今只有寥寥可数的蒸馏坊——包括“拉弗

*Rusty Nail*

## 锈钉

“杜林标”酒是一款醇厚华丽的利口酒，系用苏格兰威士忌、蜂蜜、番红花、肉豆蔻和其他神秘香料调制而成。就像很多类似的调和酒一样，杜林标酒也不可避免会和一个只有营销专员才喜欢的所谓传说故事捆绑在一起——1745年，以“美王子查理”这一绰号著称的查尔斯·爱德华·斯图尔特在他父亲被反对者流放之后，试图重新夺回王位。据说他逃到了斯凯岛寻求庇护，并把自己珍爱的酒饮配方透露给庇护者作为答谢。这个配方后来辗转数人之手，最终在今天得到了商业化生产。

且不去管什么废黜的王子，杜林标酒无论是作为餐后酒加冰单独饮用，还是作为全世界最简单却最怡人的鸡尾酒之一的原料，都是非常出色的。对于还不太能接受苏格兰威士忌那种令人振奋的森林味道的人来说，“锈钉”鸡尾酒是极好的入门饮品。（不甘人后的爱尔兰人也制作了他们自己的威士忌利口酒。爱尔兰轻雾酒的背景故事甚至比杜林标酒还要云遮雾罩，这故事说有一个神秘的旅行者把一份古代手稿带到了爱尔兰，然后这份手稿就代代相传。爱尔兰轻雾酒是一种类似杜林标酒的甜香利口酒，虽然不像杜林标酒那么流行，但爱好爱尔兰威士忌的人应该品尝一下。）

这款鸡尾酒的配方结合了苏格兰威士忌和以苏格兰威士忌为基酒的利口酒，它因而展现了调酒师的一项睿智技术：只要有可能，就把烈酒和以这种烈酒为基酒的利口酒调在一起。

1盎司杜林标酒

1盎司苏格兰威士忌

在古典杯中装入半杯冰块，加入这两种原料酒，搅拌。“黑钉”是这款鸡尾酒的爱尔兰版，用的原料酒是爱尔兰轻雾酒和爱尔兰威尔忌。

格”“云顶”和“齐侯门”——还在运用名为“传统地板制麦”的工艺自行制麦、熏制麦芽。大多数苏格兰的蒸馏坊都从商业化的大型制麦坊订购麦芽，在这些大型制麦坊里，泥炭木的烟通过管道导向麦芽，可以把它们熏制到蒸馏坊所需的任何程度。这可以减少泥炭木的用量，有利于酸沼的保护。全世界的威士忌酿造者如果想要获得这种独特的风味，都会从苏格兰订购用泥炭木熏制的麦芽。

一旦大麦经过制麦并得到干燥，在与水和酵母混合打制成糊浆之前，通常还要再放置一个月左右。打制出的糊浆要发酵几天，然后把啤酒样的液体——酒醪——与剩麦粒分离开来。酒醪在进入蒸馏器时含有大约8度的酒精，通过蒸馏器的蒸馏，就成为威士忌。

## 繁育更好的麦粒

全世界的植物学家都在研究如何培育大麦的新品种，好让它更适合用来制造啤酒、威士忌或麦芽提取物。苏格兰作物开发研究所正在研究如何对付霉菌引发的病害——镰刀菌就是这些致病霉菌中的一类，玫瑰上的黑斑也是它造成的。特别是对于欧洲农民来说，他们能够在庄稼上喷洒的化学药剂的种类十分有限，所以抗霉菌的大麦品种是极为有用的。在美国明尼苏达大学，植物学家们同样在对付镰刀菌病，并向美国的发酵师引介新品种。在美国生产的所有啤酒中，有大约三分之二是用这家大学的大麦品系生产的。

今天的育种进程其实不过是最近一万年来人类干涉活动的延续。斯图尔特·斯万斯顿说过：“大麦从北斯堪的纳维亚一直种到喜马拉雅山脚，从加拿大一直种到安第斯山。大麦已经完成了它非比寻常的旅程——从新月沃地出发，靠惊人的适应性分布到了整个世界。”

## 苏格兰威士忌加水的魔法，以及有关冷过滤的争议

饮用威士忌的最佳方式——也是饮用其他任何高度数烈酒的最佳方式——是往里加少许的水。苏格兰威士忌的鉴赏家建议每盎司加5至6滴水。水并不会稀释酒的风味；事实上，它反而还会凸显风味。

要理解这一点，需要考虑如下事实：大多数的风味分子是较大的脂肪酸分子，来自蒸馏过程接近结束的时候。它们在水存在的情况下容易与酒精分子解离，形成悬浊液。所以，少许水会让一些威士忌变混浊——而正是这些悬浮的分子团显现出了最醇厚的风味。（往苦艾酒中滴入冰水也可以让它变混浊，在很大程度上是为了同样的目的，对此我们后面还会详述。）

甚至把威士忌放在低温下储藏也能让它变混浊。售卖的威士忌的酒力通常并没有它还在酒桶中时那么威猛；出桶的威士忌度数较高，在装瓶之前，要加水把度数降下来，比如说要降到酒精体积百分含量为40度的程度。一旦加入这些水，脂肪酸分子在低温下会更容易松动解离出来，在瓶中形成雾状的悬浊液，蒸馏师管它叫“冷霾”。

为了避免出现冷霾，很多威士忌酒商会对自家产品进行冷过滤加工。在加工过程中故意保持低温，迫使这些脂肪酸团聚在一起，这样就可以用金属漏斗滤去。虽然这步加工解决了酒变混的问题，但是一些威士忌爱好者却相信冷过滤就和焦糖色一样是另一种不必要的人为处理，它会影响到酒的风味，因此这步工艺应该完全废除。“阿德贝”是产自艾雷岛的一款苏格兰威士忌，它的标签上坦承这款产品没有经过冷过滤加工；“布克氏波本酒”的酿造者也吹嘘说它并未过滤。

下次你再坐在酒吧里的时候，不妨往威士忌里加点水，检验一下长链脂肪酸分子是否存在，这样可以炫耀一下你的化学知识——然后嘛，请举起杯来慢慢享用吧。

## 酒中虫豸：蚯蚓

苏格兰威士忌的鉴赏家在品鉴的时候，时不时就会冒出一个奇怪的术语。他们可能会把一种特别刺激、厚重、带麦芽味的烈酒描述成具有一种独特的蚯蚓风味。对苏格兰威士忌来说，泥土味的泥炭烟实在是过于明显的风味，如果考虑到这个事实，似乎也不难让我们的思维再延伸一下，想象会有几条蚯蚓也被加到了酒中。

但是对蒸馏师来说，“蚯蚓”（worm）这个词指的是浸没水中的盘绕紫铜管。专门运用这种“蚯蚓管”的冷凝工艺，正是另一种微妙地改变烈酒风味的方法，在其中起作用的是蒸馏器的形状以及提取风味物质的方式。有些蒸馏师声称这种“蚯蚓管”的确让最终产品带上了更多的肉一般的风味——但是在威士忌的酿造过程中，并没有蚯蚓真止受到伤害。

不过，要说蚯蚓从来没有用在酒饮和药用汤力水中也是不对的。下面这个19世纪50年代的配方被记录在肯塔基农民约翰·B.克拉克的档案里，它就被用来治疗“埃雅司病”（很可能就是雅司病，这是皮肤和关节的一种严重的细菌感染）。配方中不光用到了蚯蚓，还有其他一些令人生畏的原料。不管它是不是能够治病，它肯定可以让病人不得不再多卧床几天。

**治疗埃雅司病的配方**

取1品脱猪油

1把蚯蚓

1把烟草

4个红辣椒

1勺黑胡椒

1整块生姜

把它们放在一起充分炖煮，用的时候配上白兰地。

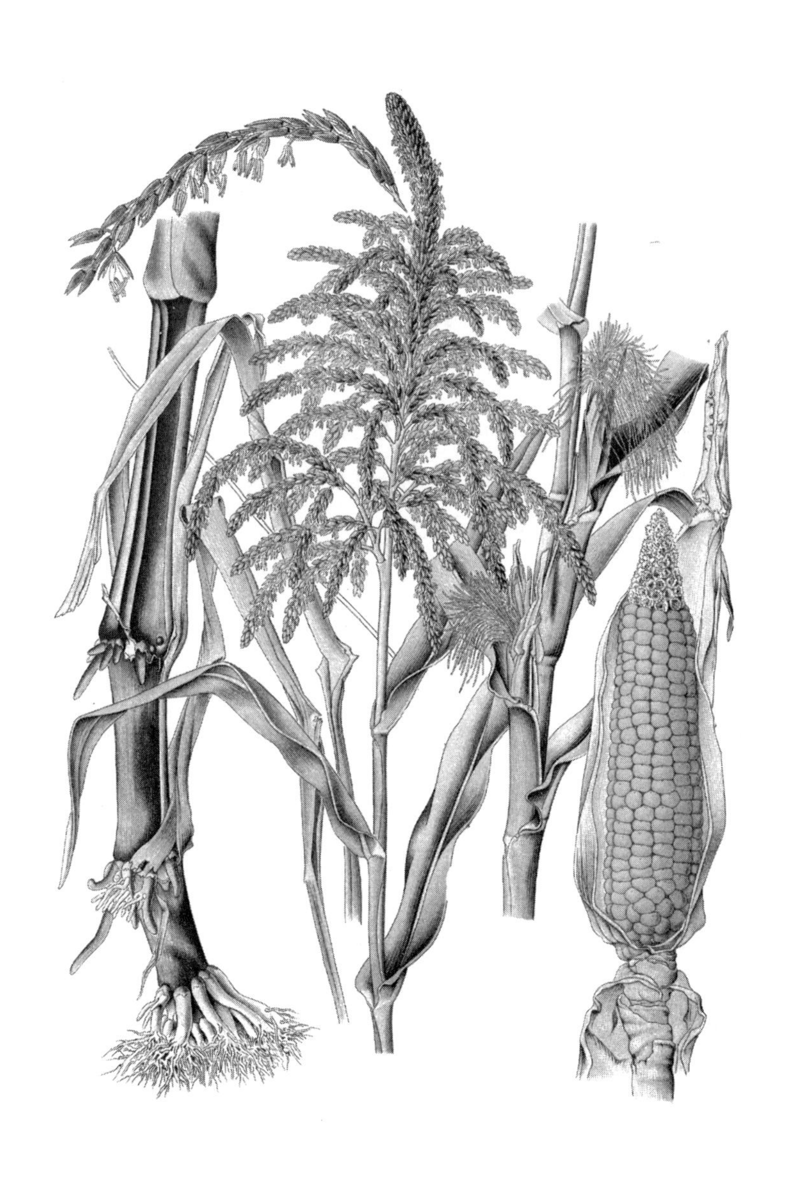

*Zea mays* 玉米 [ 禾本科 ]

在詹姆斯敦殖民地的早年岁月中几乎没有传出过什么好消息。定居者遭受了饥饿、疾病、干旱和可怕意外的多重折磨。带过去的庄稼歉收了，而从英格兰来的援助也到得十分缓慢。因此，当约翰·史密斯这位创建定居地的组织者之一在1620年从殖民者乔治·索普那里收到报喜的信时，他一定甚感欣慰。在这封信中有这样几行喜气洋洋的文字："我们已经找到了一种办法，可以把印第安谷物变成好酒。我要申明，我有好几次都拒绝饮用上好的英格兰浓啤酒，却选择饮用这种酒。"显然，在殖民者获得的微薄物资中，刚好有足够的铜可供制作蒸馏器。玉米威士忌因而成了艰苦奋斗的弗吉尼亚殖民地最早的创新之一。

玉米（corn）被哥伦布叫作"maize"，他大概是从加勒比海地区的塔伊诺人那里听到了mahis这个词。对欧洲人来说，玉米是上天赐予的意外之喜。（当时，corn这个词可以指任何谷物，所以欧洲人管它叫"印第安谷物"，以便把它和小麦、黍粟、黑麦、大麦和其他谷物区别开来。）哥伦布在回程中把玉米带回了欧洲，很快它就在欧洲、非洲和亚洲得到了广泛栽培。玉米易于生长、适应性强，更重要的是收获的籽粒可以贮藏过冬。而且正如索普发现的，它还可以用来酿造好酒。

### 奇恰酒和玉米秸酒

墨西哥的考古证据指出，玉米早在公元前8000年时就已经是膳食主粮了。它的栽培范围包括中美洲和南美洲的几个地区，那里的所有文化都给玉米找到了许多不同用途。当西班牙人到来之时，有两种发酵饮料已经广为流行：一种是用成熟的黄玉米粒酿造的玉米啤酒，另一种是用玉米茎秆中的甜汁酿造的玉米秸酒。这样的酿酒传统具体从何时起源，那时人们用的野生玉蜀黍属（学名*Zea*）植物是哪一种，现在都还是困扰考古学家的问题。

玉米驯化的时间已经太久远了，它的祖先都没有存活下来。植物学家推测早期的玉米穗要小得多，可能只有一根手指大。它们很可能近似于玉蜀黍属的那些野生兄弟种，这些野生种中有很多只是平凡的高大禾草，结的穗也貌不惊人。“类蜀黍”是人们给这些杂草般的野生种起的通称。它们长得一点不像现代玉米，并不会只长出一根坚固的中央茎秆，而是长成疏阔的、灌木般的一大丛。它们的穗头上只有5~10枚微小的种子，在笔直的中轴上排列，而不像玉米穗那样，围绕着中间的玉米芯能结出几百枚种子。

由不列颠哥伦比亚大学的迈克尔·布雷克领导的一支考古队现在相信，人类驯化早期的玉米可能不是为了获取籽粒，而是为了获取汁液。在定年为公元前5000年的考古遗址中发现了玉米秸嚼块——这是植物纤维的小块，人们在咀嚼之后再把它吐掉——这意味着当时人更重视这种植物的甜味。对这些遗址中的人类遗留物的分析也显示，他们的膳食中有玉米糖，却没多少玉米粒。

随着时间的推移，通过人类选择、偶然杂交和突变的共同作用，玉米的形态逐渐接近我们今天熟悉的样子。当哥伦布第一次见到玉米时，它的穗可能要小一些，但是它的真正价值来自籽粒而不是茎秆中的糖却可能是显而易见的。哥伦布为美洲人带去了一种取自甘蔗的新甜味剂，然后从那时起，玉米秸糖就变得无足轻重了。

但是玉米秸酒却完全没有消失。几个世纪之后，本杰明·富兰克林曾写道：“像压榨甘蔗一样压榨玉米茎秆，可以得到一种甜汁，发酵和蒸馏之后能得到一种很好的烈酒。”这就表明酿造这种酒的技艺到那个时候仍然存在。甚至今天，诸如西北墨西哥的塔拉乌马拉人等一些部落将其作为一种传统的部落技艺，仍然继续酿造这种酒。把玉米茎秆在石头上敲烂，可以提取出其中的汁液，将汁液与水和其他植物混合，然后就可以自然发酵，几天之后就能饮用了。

玉米啤酒又叫奇恰酒，是欧洲人遇到的另一种玉米饮料。它的详细起源多少还是个谜，但是当西班牙人到来时，那种相当精细的加工过程已经有千百年的历史了，这一传统同样相沿至今。和其他谷物一样，玉米中的淀粉必须先转化为可发酵性糖，然后才能得到酵母的处理。在秘鲁和周边地区，人们把生的、碾成粉的玉米粒嚼烂吐出来，再与水混合。唾液中的消化酶可以有效地把淀粉转化为糖，所以口水是这一加工中的必需原料。

考古学家帕特里克·麦克伽文专门研究酒精饮料的古代起源。他与特拉华州的"角鲨头"发酵坊合作，用传统方法酿造了一批奇恰酒。这个实验乍听上去很像是某个老掉牙笑话的开头：两名考古学家、一名发酵师和一名《纽约时报》记者走进了酒吧。但是接下来发生的事就不是笑话了。在吧台后面是一份碾成粉的紫色秘鲁玉米，按照计划，他们要咀嚼玉米粒并吐出，然后与由大麦、黄玉米和草莓组成的传统配方混合。不过，嚼玉米粒简直是件让人无法忍受的事：那位记者就把生玉米的质地与未煮过的

**玉米的性**

你下一次鲜食玉米棒子、从齿间拉出一根玉米须的时候，不妨这样想：我吐出的是一根输卵管。玉米的解剖结构非常奇特：植株顶上的缨状物是它的雄花；成熟之后，每一朵雄花可以产生200万到500万枚花粉粒。风会吹起这些花粉粒，让它们漫天飞舞。

玉米的谷穗实际上是一簇雌花。一枚幼穗含有大约一千枚胚珠，每一枚都可以发育成一个玉米粒。这些胚珠会产生一直到穗尖的"须"。如果某根玉米须捕捉到了一枚花粉粒，花粉就会萌发，产生一根管子，沿着玉米须向下直通胚珠。在那里，卵和花粉粒最终会合在一起。一旦受精，卵就会膨胀成丰满的玉米粒，这便是玉米的下一代——当然你也可以把它们看成是一瓶波本酒。

燕麦粉相比，而他们吐出的东西“看上去很像是养猫人非常熟悉的一种东西，如果猫排泄的这种东西是紫色的话”。这次实验只酿造了很少一批奇恰酒，实验到此也就结束了。面对满是现代设备的发酵坊，人们实在不值得费功夫去咀嚼生玉米。

显然，“角鲨头”不是唯一一家得出这个结论的发酵坊。今天在拉丁美洲售卖的奇恰酒使用的酿造方法更类似于现代啤酒的酿造方法。就像用龙舌兰酿造的啤酒普逵酒一样，奇恰酒也是少量酿造，趁鲜时饮用，通常还用水果和其他甜味剂调味。

### 波本酒的诞生

从玉米啤酒到玉米威士忌只需要一小步。早期定居者发现，在他们自己寻得的陌生土地上，玉米是最容易种植的谷物。幸运的是，本地有经验的印第安农夫又是他们可资学习的榜样。仅仅使用手工打造的工具把田地完全清理干净是足可累断脊骨的工作，所以定居者在发现玉米可以在树桩之间播种之后，他们的劳累程度一定大大减轻了。把庄稼运到市场上也很困难，农夫们只好为自家的庄稼寻找一些家用用途。在早期，把玉米酿成玉米啤酒——其中可能还加了从加勒比海地区进口的糖蜜——是一种颇为流行的解决方案。就是从这种玉米啤酒出发，人们新制得了一种相当粗糙原始的威士忌——它离波本酒也就不远了。

因为玉米的种植十分容易，定居者如果要声明他们的土地归自己所有，把它变成玉米田是标准做法。一些早期的土地授予——特别是在肯塔基——的条件是，定居者要么修建一栋永久建筑，要么种上玉米。肯塔基州和波本酒的一些起源神话便是由这段历史引发的。蒸馏师和波本酒的狂热爱好者喜欢说时任弗吉尼亚州州长的托马斯·杰斐逊曾经拿出了60英亩土地，授予任何想要种植玉米的人。事实上，在杰斐逊就职前一个月通过的《弗吉尼亚州土地法》规定，政府将向能够证明土地归属自己的定居者授予400英亩土地，而种植玉米只是许多种证明他们已经在这片土地上定居的方法之一。然而，如果说有一位美国国父把肯塔基变成了今日的波本

**玉米的种类**

**马齿玉米**（学名*Zea mays* var. *indentata*）：
马齿玉米是硬粒玉米和粉质玉米的杂交，是一类在籽粒两边各有一齿的较柔软的玉米。马齿玉米是美国栽培最广的玉米种类，所以也叫大田玉米。

**硬粒玉米**（学名*Zea mays* var. *indurata*）：
这类玉米的籽粒外层坚硬，但胚乳柔软。硬质玉米产量低，但比其他品种成熟都早。

**粉质玉米**（学名*Zea mays* var. *amylacea*）：
一类主要磨制成粉的软质玉米。

**有稃玉米**（学名*Zea mays* var. *tunicata*）：
古老的秘鲁品种，每个籽粒外面都有壳覆被。

**爆裂玉米**（学名*Zea mays* var. *everta*）：
这类玉米的胚乳很大，在加热的时候会爆开，让玉米粒内外颠倒，原本在外的半透明的种皮反而会跑到玉米花里面。

**甜质玉米**（学名*Zea mays* var. *saccharata*或*Zea mays* var. *rugosa*）：
一种柔软、高糖的玉米，供制罐头或鲜食。

**蜡质玉米**（学名*Zea mays* var. *ceratina*）：
1908年在中国发现的品种，含有另一种类型的淀粉。可供制造黏合剂，或是在食品加工中作为增稠剂和稳定剂。

酒荣耀之地，这样讲出来的故事自然会显得更好听一些。

除了丰富的玉米之外，肯塔基州还有其他一些有利于波本酒诞生的条件。这个州的早期移民里面有很多人来自苏格兰和爱尔兰，所以他们非常通晓蒸馏器的用法。（当然，信息交换是双向的。到19世纪60年代，对于苏格兰本土的蒸馏师来说，玉米也成了首选谷物。）这个州还有一项有利于威士忌酿造的自然资源——丰富的石灰岩沉积，从中可以流出澄清凉爽的泉水。定居者更喜欢在泉边建立营地，所以毫不奇怪的是，早期的蒸馏坊也都建在泉边。在“石灰岩水”的众多好处中，有一个事实是它涌出地面时的温度是大约10摄氏度，这是在制冷技术发明之前的年代中进行冷却和浓缩加工所需的完美温度。水的高pH值还可以避免铁离子给威士忌带上苦味。水里又有较高浓度的钙、镁和磷酸根，这可能促进了乳杆菌这种在发酵过程起作用的细菌的生长。虽然当时全美国仍继续把玉米酿成粗劣的“月光酒”，但是肯塔基州却因其自然资源而得天独厚，开始建立可观的威士忌工业了。

全世界生产的波本酒中，有90%是肯塔基州出产的。波本酒最近突然有了一波大流行，创造了一个繁荣的出口市场，蒸馏师于是全力以赴生产，还有一条欢迎观光者的肯塔基波本酒铁路把很多游客吸引到这个州。水质仍然是肯塔基州的宣传卖点，但现在已经不是所有波本酒都用天然泉水酿造了——替代泉水的是用更大型的设备过滤后的河水。肯塔基大学的水文地质学家阿兰·弗莱亚分析过水质在波本酒中扮演的角色；他相信说石灰岩水更优质是有一定科学基础的，特别是如果它能减少水中的铁含量的话，然而，其大部分价值是无法量化的。“这就涉及一个概念：风土条件。”他说，“浇玉米也是用我们的水，冷却也是用我们的水，制浆也是用我们的水。水质在多大程度上改变了酒的风味是几乎不可能量化的事——但它肯定是重要因素。”世世代代的蒸馏师都非常珍爱肯塔基州的好水质：波本酒酿造业专家詹姆斯·奥莱尔曾经说过一句后来被人引用过的话：“波本酒里的石灰岩让你在第二天早晨醒来的时候感觉自己像个绅士。”

### 选择完美的玉米

虽然葡萄酒主要根据所用的葡萄品种命名分类，但是直到最近，蒸馏坊才开始挖掘传统玉米中的独特品系。玉米仍然被看作是一种商品；典型的威士忌系用“1号黄色大田玉米”或“2号黄色大田玉米”酿造，这种名

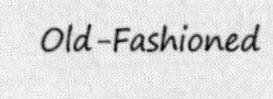


**古典杯**

1½盎司波本酒

1块方糖

2到3甩安戈斯图拉苦精或橙味苦精

马拉斯奇诺樱桃或橙皮（可选）

把方糖置于古典杯底部，在它上面加入几甩苦精。加入少许水，用研杵把这些原料捣碎。沿杯壁旋搅这些混合物，加入波本酒和冰，搅拌。尽管一些鸡尾酒圈子认为往这款鸡尾酒里加入水果是糟蹋它，但是一枚真正的意大利马拉斯奇诺樱桃对于波本酒的天然甜味来说是锦上添花。

称是标准的玉米商品名，只能大致指示谷物的颜色和“完整度”——1蒲式耳谷物中未受损、未感染和不带碎屑的谷粒总量。可是，为什么不用传统的、土种的玉米品种来酿造波本酒呢？大师级蒸馏师克里斯·莫里斯是“伍德福德珍藏”蒸馏坊那些屡获大奖的非凡波本酒生产线背后的智囊，他说：“我们只需要又大又干又洁净的玉米。淀粉是我们从它那里想要得到的全部东西。玉米差不多就是我们用来酿造酒精的全部实力。我们已经蒸馏过各种各样的玉米品种，不管什么品种，玉米就是玉米。我们甚至还用有机玉米做过实验，但说不出来它有什么差别。”

然而，纽约州加迪纳“塔西尔敦烈酒”蒸馏坊的乔尔·埃尔德却不这么认为。“人们说酿酒的工艺水平体现在蒸馏过程中，我完全不同意。在我看来，蒸馏是最容易的一步。在烈酒的加工过程中，你往回追溯得越远——蒸馏之前是发酵，是谷物处理和贮藏，是作物栽培——工艺性也就越强。看看葡萄酒吧。对葡萄酒来说，我们几乎只谈葡萄。可是却没有人这样谈论波本酒。”他对许多不同的土种玉米做过实验，其中包括以能结出红色籽粒著称的“瓦普西谷”。（有一个和“瓦普西谷”玉米有关的传说是，在给玉米剥皮的时候，任何找到红色籽粒的男子都可以亲吻他看中的姑娘，“瓦普西谷”玉米就这样把简单无害的聚会变成了一场混战。）他还种植了“明尼苏达13号”，这是禁酒时期普遍用来私酿月光酒的马齿玉米品种。“我们从这些品种中获得了很浓的黄油般的爆米花风味，”他说，“玉米的品种之间是否有区别呢？我可以就用这两个品种单独进行蒸馏，让任何人都变成我的信徒。”

## 来一杯好玉米

**混合威士忌：**尽管在全世界的定义不尽统一，但混合威士忌是可以含有一些玉米原料的。譬如说，三得利公司的“响”和“洛雅”品牌就含有玉米和其他谷物原料。

**波本酒：**也叫波本威士忌，是用玉米为原料、在美国酿造的威士忌，在新制的焦橡木桶中陈化。必须含有至少51%的玉米原料。“纯波本酒”要陈化至少两年，不另加任何颜色、风味和其他烈酒。“混合波本酒”必须含有至少51%的纯波本酒，但可以添加颜色、风味或其他烈酒。

**霍拉奇恰酒：**南美洲的一种发酵玉米啤酒。“紫奇恰酒”是其不含酒精的款式。

**玉米啤酒：**有些啤酒把玉米作为辅助原料，在糊浆中可占到10%至20%。含有玉米的啤酒品牌包括中国的“哈尔滨啤酒”、墨西哥的“科罗娜特酿”“肯塔基普通啤酒”等。“肯塔基普通啤酒”是一款含有大约25%玉米的啤酒，今天仍然有专门的发酵师酿造它。

**玉米伏特加：**手工蒸馏师正在用玉米酿造品质卓越的伏特加。美国得克萨斯州奥斯汀的“提托氏手工伏特加”就是其中的典范。

**玉米威士忌：**与波本酒类似，但必须含有至少80%的玉米原料。不陈化，或者在旧的或未烧焦的新橡木容器中陈化。

**月光酒或白狗酒：**未陈化威士忌的统称，在历史上系用玉米酿造，今天通常也还是如此。

**帕西基酒：**墨西哥的一种玉米秸啤酒。

**奎布兰塔韦索斯酒：**这个名字的意思是“断骨者”。一种用发酵玉米秸汁、烤玉米和肖乳香树（学名*Schinus molle*）种子酿造的墨西哥饮品。

**特哈特酒：**由玉米、可可和少数其他原料制成的不含酒精的饮料，产于瓦哈卡州及周边地区。

**特胡伊诺酒：**用玉米面团发酵制得的墨西哥冷饮（只含有非常少的酒精），是今天的畅销酒饮。

**特斯古伊诺酒：**北墨西哥的一种传统玉米啤酒。

**提斯文酒：**由美国西南部的普埃布罗印第安人最早酿制的玉米酒，有时还添加仙人掌果、烤龙舌兰的汁或其他原料。

**翁孔波提酒：**南非的一种用玉米和高粱酿造的啤酒。

# 栎树

*Quercus* spp.

壳斗科

没有别的任何东西可以像栎树那样驯服粗野的烈酒。在木桶中陈化威士忌或葡萄酒的实践，最开始可能只是一种为了解决贮藏问题的实用方法，但是很快人们就发现，当酒精和桶木——特别是橡木接触之后，会发生一些奇妙的事情。

栎树俗名橡树，其木材通称橡木。栎树诞生于大约6000万年前。在恐龙集体灭绝之后没过多久，栎属作为一个独特的属就在地球上出现了。对于栎树的精确种数，分类学家还没有一致意见；被承认的种数从67种到600种不等，取决于你咨询的是哪位分类学家。不过，这里我们只需考虑用于制作盛放葡萄酒和烈酒的橡木桶的那十来种美洲、欧洲和日本的栎树也就够了。

根据考古证据，木制酒桶已经被人们使用了至少4000年，而橡木很可能从一开始就是人们的自然选择。橡木坚硬致密，但仍然有足够的柔韧性，可以弯出轻微的弧度。橡木可用于造船，而贮有供船员饮用的葡萄酒的酒桶毫无疑问是船上最早的必须装载的货物之一。

有一件事可能是第一位桶匠所不知道的：橡木的解剖结构使之不仅极适于贮藏酒饮，而且还能为所贮藏的酒饮增添极好的风味。橡木是“环孔材”，也就是说，木材中向上运输水分的维管分布在外层树轮中。在树木成年之后，较旧的维管便被名为“侵填体”的结晶状结构所充填，结果，木材的中心——心材——便完全不再输导水分，因而很适合用来制作防水的木桶。比起欧洲栎树来，美国栎树的木材含有更丰富的侵填体。事实上，欧洲栎树的木材必须仔细顺着纹理的方向而不是横断纹理的方向切开，才能避免造成维管破裂，做出漏水的木桶。

栎树碰巧还能合成一系列惊人的风味化合物，它们在酒精存在的时候便能摆脱木材的桎梏。欧洲的栎树——特别是夏栎（学名*Quercus robur*）——单宁含量很高，可以赋予葡萄酒一种圆润醇厚的品质。另一方面，美国白栎却能释放出与香草、椰子、桃、杏和丁子香相同的风味分子。（事实上，人工香草香精就是用锯末加工物制备的，因为其中香兰素的含量很高。）这些香甜的风味物质可能不是葡萄酒商想要的，但在波本酒中，它们却表演了完美的魔术。

对橡木陈化烈酒施加的最重要影响可能并非来自栎树，而是来自桶匠。他们发现，要把橡木长板鼓捣得轻微弯曲需要两个条件——时间和热量。新鲜切制的橡木板需要干燥一段时间，这不光让它更易加工，也可以让那些重要的风味物质浓缩起来。接下来还要把橡木板稍微煮一下，让它们在弯制成形的时候能更柔韧一些；用火烧一下木板则可以让一些风味物质发生焦糖化反应，这样就产生了焦糖、黄油硬糖、扁桃仁和烤面包似的风味，以及温暖、木质、烟熏般的品质。

有些威士忌桶的内侧面要全部烧焦。没有人知道这种工艺是怎么起源的。可能桶匠只是不小心点燃了一场大火，而不是有意决定要这么处理木桶；也许蒸馏师只是比较节俭，在拿曾经装过咸鱼或腌肉的旧木桶装威士忌之前，先把内面烧一下除掉原来的气味。无论如何，烧焦后形成的木炭层起到了过滤威士忌、为威士忌增味的作用，特别是在桶木随着天气变化胀缩的时候。有一种威士忌加工方法叫“林肯县加工法”，因为“杰克·丹尼尔氏”威士忌而广为人知。这种加工法更进一步，还要把糖槭木烧焦，用10英尺厚的木炭过滤威士忌，之后才把它装入桶中。

桶匠还做出了另一项贡献：在禁酒时期结束之后，当政府觉得有必要出台新的法律管理如今已经合法的酿酒工业时，他们便帮助政府确定，在1936年7月1日以后生产的波本酒（以及其他威士忌）必须在烧焦的新橡木容器中贮藏，这样才能使用“波本酒”这个名称。新成立的“联邦酒精管理局”声称，这个规定可以把“美国式威士忌”和加拿大产品区分开，后者的风味比较淡，因为它们蒸馏出来的度数较高，又被贮藏在用过的酒桶里。尽管这项法律后来又经历了一些修订和质疑，为每批波本酒起用新木桶的要求却延续至今从未改变，只是在1941年至1945年间，因为战时的物资短缺，这个规定才暂停执行。

美国法律中的这个古怪规定引发了一个后果，就是人们可以买到大量待售的用过的波本酒桶。苏格兰威士忌蒸馏师很喜欢这些酒桶：他们把用过的波本酒、波尔图酒和雪利酒桶混合使用，为其生产的上好威士忌赋予美好的复杂风味。事实上，“拉弗格”蒸馏坊就夸耀说他们从来只用“美格”威士忌酒桶。用过的波本酒桶还可以用来陈化朗姆酒和其他混合威士忌。

橡木吸收和释放烈酒的独特方式引发人们做了大量实验。桶匠会用在某种特别的气候或土壤类型下生长的橡木做酒桶，这些自然条件会影响纹理的密实程度，以及单宁和风味分子的含量。他们甚至还试着用橡木的边材而不是较致密、吸收性较差的心材制作酒桶。蒸馏师现在还开始在市场上出售用栎树的这个或那个特定部位制作的酒桶陈化的威士忌，知道鉴赏家们一定会欣然接受这些威士忌，把每一滴酒都舔光。

## 西班牙栓皮栎

葡萄牙的本土栎树西班牙栓皮栎（学名*Quercus suber*）为葡萄酒和烈酒提供了另一种必不可少的原料：木栓。西班牙栓皮栎可以活200多年，在它长到大约40年的时候，就可以出产足量的海绵状厚树皮，能用来制作4000个木栓瓶塞。剥取这种树的树皮并不会伤害到它们，因为树皮可以再生。事实

上，栓皮栎种植者声称，这种树出产树皮的本领为人类提供了可观的经济激励，让他们愿意留下大片的老栎林不去破坏。

如今，螺旋瓶盖和合成瓶塞的用量不断增长，这已经损害了分布有最多的西班牙栓皮栎林的葡萄牙、西班牙和北非的木栓工业。种植者坚持认为，天然的木栓瓶塞不仅是真品，更适合葡萄酒使用，而且比起合成的替代品来，事实上也对环境更为友好。

**天使的份额**

在贮藏过程中，有少量酒精会通过蒸发从酒桶中逸出。蒸馏师管这部分逸失的酒精叫“天使的份额”。威士忌和白兰地酿造者估计，每年天使会从酒桶里拿走大约2%的酒精，尽管具体数字会因湿度和温度不同而上下浮动。幸好他们还是能承受部分酒精的损失的，因为大多数烈酒都要以比最终装瓶时更高的度数陈化。（同时逸失的还有一些水分，这可以让酒精的总比例不至于降得太多。）

酒精这种缓慢的泄漏造成了一个后果，就是它会吸引一种在蒸馏坊外很难见到的陌生生物。这是一种名为酒气菌（学名*Baudoinia compniacensis*）的黑色真菌，以乙醇为食，在贮藏苏格兰威士忌和干邑的酒窖和仓库的墙上可以形成黑色的污迹。欧洲蒸馏师一点都不嫌弃酒气菌；事实上，他们把它看成一位友好的伴侣，看成证明酿酒坊货真价实的标志。

## 栎树的分类指南

*Quercus alba:* 美国白栎，生于美国东部，用于威士忌和葡萄酒。

*Quercus garryana:* 俄勒冈栎，为太平洋西北地区的一些葡萄酒坊和蒸馏师所使用。与法国橡木较为接近。

*Quercus mongolica:* 蒙古栎，为日本蒸馏师普遍使用。

*Quercus petraea:* 无梗花栎，其木材即法国橡木；分布于法国孚日和阿列地区。是葡萄酒商偏爱的橡木。

*Quercus pyrenaica:* 葡萄牙栎，常用于波尔图酒、马德拉酒和雪利酒。

*Quercus robur:* 夏栎，生于法国里莫森地区。陈化干邑和雅文邑酒的首选。

## 酒中虫豸：红蚧

[ *Kermes vermilio* ]

介壳虫是一类微小的昆虫，它们紧紧攀附在枝条上，把自己隐藏在保护性的外壳之下。这里要介绍的红蚧就是一种介壳虫，专门以地中海地区的栎树树种胭脂栎（学名*Quercus coccifera*）为食。其雌性不断吮吸树液，直到身体变得又大又圆，像是蜱虫，又会分泌出一种猩红色的胶质分泌物。几千年前的某一天，在把这种介壳虫从栎树上刮下来的过程中，有人注意到这种红色色素沾染了衣服和双手。古希腊医师迪俄斯科里德对这件事非常熟悉，他在《本草》（成书于公元前70年至公元前50年间）中写了一条古怪的条目，谈到在栎树上生长的小昆虫“在外形上像是小蜗牛，妇女们在树下用嘴采集它们”。我们现在知道迪俄斯科里德的记载有几处错误：古希腊妇女不太可能真的用嘴把这种虫子采集下来，用一根棍子就足够了，而且就是用棍子采集也是很讲技巧的。采下来的虫子必须多少保持完整，然后把它们杀死（通常蒸死或用醋淹死），再经干燥，就可以拿到市场上作为纺织染料售卖了。

就像自然界中最为奇怪和不寻常的事物一样，这种红色色素也在意大利利口酒中找到了它的新用途。红蚧利口酒的配方可以追溯到8世纪的一种叫“红蚧调和酒”的药用汤力水，其制备方法是取一长束用这种昆虫染红的丝，浸泡在苹果汁和玫瑰水中把染料提取出来，再加入一些极为珍稀的香料，包括龙涎香（抹香鲸的胆汁）、金屑、碎珍珠、芦荟和肉桂。随着时间推移，这个配方也发生了变化，其中加入了丁子香、肉豆蔻、香草、柑橘皮等更常见的香料，而其中的红色染料也改成了胭脂虫红染料——这是从美洲传入的另一种昆虫染料，颜色比红蚧染料更亮，也更容易收获。

到19世纪，意大利已经有几家蒸馏坊生产红蚧利口酒这种亮红色的利口酒，作为餐后酒饮用，而不再当成药酒。它还成了一种叫“英格兰汤糕”的层状松糕甜点的调料。现在，在意大利仍然可以见到现代红蚧利口酒，在意大利土产食品店中也可以买到它。佛罗伦萨古老的“新圣母”药房还保守着他们的秘方。可惜的是，用真正的红蚧制作的红蚧利口酒已经是过去的事情了；现在，欧盟唯一允许使用的来自昆虫的红色食品染料是E120，它是用胭脂虫制造的。

*Vitis vinifera* **葡萄** [ 葡萄科 ]

请你别多想，马上说出一种用来酿酒的水果的名字。什么水果第一个被我们想到呢？很有可能是葡萄。然而，信不信由你，葡萄能取得今天这种地位，本来实在是件不太可能的事情。化石记录显示，在5000万年前，葡萄属植物广泛分布于亚洲、欧洲和美洲。但是当末次冰期于大约250万年前的更新世开始的时候，在葡萄的分布范围中大部分地方都被广大的冰盖覆盖了，几乎把葡萄推到了灭绝的边缘。在世界上未被冰封的角落里苟活、设法熬过了这个苦难年代的葡萄，成为残存下来被早期人类所邂逅的仅有的种类。如果冰期之前繁盛一时的葡萄能都存活下来，那么它们所能提供的多样性和趣味肯定要比我们今天种的这些葡萄品种多得多。

让葡萄大获成功变得更不太可能的另一个因素是，这些藤本植物最早结出的果实压根就不是我们今天熟悉的那种甜果累累、大如弹珠的样子。在冰期后孑遗下来的葡萄是雌雄异株植物，也就是说，每一株藤要么是雄性，要么是雌性。它们依赖昆虫为之传粉，如果一株雌藤离雄藤太远的话，传粉就不可能实现。这些葡萄伉俪产出的果实性状也无法预计。就像苹果一样，葡萄的子代所结的果实可能和亲代迥然不同。有的葡萄藤甚至会结出又小又苦、满是口感恶劣的种子的果实。

既然这样，那又是什么事情促成了葡萄的荣显呢？原来是一个改变了它的性取向的突变！在雌雄异株植物中，雌株之所以是雌株，是因为有一个基因抑制了雄性结构的形成；对雄株来说情况也类似。但是有时候这些基因却乱了套，结果天然产生了雌雄同花的变异。这种突变导致同一植株同时具有雄性和雌性生殖结构。因为葡萄的花粉不会传播太远，这种雌雄同株的葡萄藤可以结出多得多的果实。最早的农人很可能并不懂为什么有的葡萄藤会变得如此多产，但他们会把这些变异植株选择出来，栽种到住地附近。这个选择过程从大约8000年前就开始了，自那时起，剩下的工作就仅仅是选择最美味的果实、扦插其枝条形成遗传上的无性系罢了。凑巧的是，差不多这个时候，陶器制造术也得以发明，这样就最终导致了如下事情的出现：农人们把果实榨碎，在容器里一直贮藏到它们被野生的酵母所发现——这真是一个令人愉快的场景。

另一个幸运的技术突破使葡萄酒的酿造成为可能。大约5000年前，有一种特殊的以栎树树皮分泌液为生的野生酵母设法钻进了早期的葡萄酒罐，在发酵工作上发挥了出色的作用。在葡萄皮上本来天然生活着其他种类的酵母，但是它们却都不怎么胜任发酵的工作。然而不知怎么回事，栎树酵母混了进来。

这件事是如何发生的呢？科学家提出了几种理论。有可能是葡萄藤偶然攀爬到了栎树之上，于是沾上了这种酵母。也有可能是人们同时采摘橡子和葡萄的时候把彼此的微生物混到了一起；或是昆虫在栎树上沾上酵母之后，因为被葡萄中不断积累的糖分吸引，便把酵母带到了葡萄藤上。不管怎样，这种名为酿酒酵母（学名*Saccharomyces cerevisiae*）的酵母终于找到了进入葡萄酒的路径。今天，它已经是一种几乎被完全驯化的生物，虽然在野外难得一见，但是已经在全世界范围内被培育成了多种特化的菌株，用于发面包、发酵葡萄酒或啤酒。

**警告：不要加水**

---

在美国禁酒时期，胆大的加利福尼亚葡萄果农忙于售卖所谓的“果砖”——用葡萄干压成的砖状物，与一袋酿酒酵母包装在一起。果砖上有个标签，警告购买者不要把果砖在温水中溶开，也不要把酵母加进去，否则会导致发酵，产生酒精，而这是违法行为。

---

## 贵腐病

一种名为灰葡萄孢（学名*Botrytis cinerea*）的真菌会感染葡萄，形成一种叫“葡萄孢腐病”的严重病害。如果它在早春侵害葡萄的话，会使葡萄叶枯萎，花朵从藤上脱落。在年幼未成熟的果实上，这种病害则会形成严重的褐色病变，病变部位后变黑色，并使果实开裂。腐烂的葡萄里面充满了真菌，落到地上之后，便等待着重新感染葡萄的时机。植物学家管死掉的、被感染的果实叫“木乃伊”。

但是有些时候，只要天气条件刚刚好，灰葡萄孢会在葡萄生长季的后期侵害葡萄，导致一些引人注目的事情发生。如果温度保持在20至25.5摄氏度之间，湿度非常高，而葡萄也刚好完全成熟，那么这种真菌将只是侵害葡萄，但不会毁灭它们。接下来，为了魔法能发生，湿度必须降到大约60%。换句话说，当葡萄成熟的时候，天气需要先凉爽多雨，然后雨要停。

如果所有这些都刚好发生在恰当的时候，这种真菌会使葡萄脱水，浓缩其中的糖分，但不会毁灭它。这样的病害叫“贵腐病”（直译是“高贵的腐烂病”），用感染这种病害的葡萄能酿出世界上一些很不错的贵腐葡萄酒。在波尔多的专门地区用沙美龙、白苏维翁（长相思）和密斯卡岱葡萄酿造的苏玳酒，是葡萄贵腐病的最精致表现。这是一种甜而有微弱香辛味的葡萄酒，具有独特的蜂蜜和葡萄干风味。贵腐葡萄酒的价格可能比较昂贵，这是因为贵腐病的发生是不可预测的，染病的葡萄必须逐个手工采摘，一整棵葡萄藤可能只能产出相当于单独一杯葡萄酒那么多的染病葡萄。贵腐葡萄酒的出产地还包括德国、意大利、匈牙利以及全世界其他的葡萄栽培地区，但因为这种真菌感染实在无法预测，危害又非常大，几乎没有葡萄酒商愿意承担风险，主动让它感染自家的葡萄藤。

## 最早的葡萄酒

考古学家帕特里克·麦克伽文分析了全世界的古代陶器碎片，在中东发现了可以定年为6000年前的葡萄酒酿造的证据。加利福尼亚大学洛杉矶分校的一支考古队伍在亚美尼亚也挖掘出了属于同一时代的整套葡萄酒酿造设备。麦克伽文又在公元前7000年的中国陶器碎片上发现了可能是山葡萄（葡萄属植物）残余物的东西。唯一没有发展出用本土葡萄酿酒的深厚传统的古代族群是美洲原住民——要不然，就是他们把这种传统的证据隐藏得太深了。特别是南美洲印第安人，他们虽然用玉米、龙舌兰、蜂蜜、仙人掌果、豆荚和树皮酿酒，却几乎不会——如果不说从来不会的话——把葡萄也混到原料里面。

随着时间推移，古埃及人、古希腊人和古罗马人成了世界上手艺最精细的葡萄酒酿造者。在中世纪，很多早期的科学进展都被人们遗忘了，唯独葡萄酒酿造技术留传下来，这要归功于基督教僧侣的努力，以及葡萄酒和宗教之间的深刻联系。到16世纪的时候，葡萄园开始从教会产业转变为私人产业，常常由贵族经营。在接下来的几个世纪中，英国人常常会设法忘记他们正在和法国人打仗的现实，然后从敌人那里采购巨量优质的葡萄酒。很显然，当殖民者到达新世界的时候，在欧洲已经形成了一个牢固的葡萄酒市场。

## 白兰地的发明

那时，把葡萄酒蒸馏成白兰地的传统也形成了。13世纪的西班牙和意大利文稿就记载了人们把葡萄酒煮沸变成某种劲大的烈酒。荷兰人用他们的语言把这种烈酒命名为brandewijn，意思是“烧酒”，这个词简化之后就成了“白兰地”（brandy）。荷兰商人在酿造葡萄酒的港口立起蒸馏器，特别是如果那里产的葡萄酒质量比较平庸的话，把它转化成白兰地将更有利可图。法国的科涅克（干邑）地区就是这样的地方。那个地区酿造的白葡萄酒味道并不坏，只是太平淡罢了。荷兰人把它蒸馏成高度数的烈酒，希望可以减少船运花销，这样运到目的地之后，再兑水就可以作为葡萄酒的替代品。但是有时候，繁忙的港口可能会把货物搞错，甚至弄得一片混乱，结果让这些烈酒在桶里待了比原计划更长的时间。你猜这样制得了什么？醇厚丰富的陈化干邑！后来人们发现，葡萄园中的所有废物都能

*Vermouth Cocktail*

## 味美思鸡尾酒

这款经典鸡尾酒的配方是个范例，可以拿各种调香葡萄酒来做试验。举例来说，把“潘脱米”酒和“博纳尔龙胆奎宁”酒兑和，可以调制成极好的酒饮，而“利莱”酒几乎和任何其他酒都合得来。

1盎司干白味美思酒

1盎司甜红味美思酒

一甩安戈斯图拉苦精

一甩橙味苦精

柠檬皮

苏打水（可选）

把白味美思酒、红味美思酒和苦精加冰摇和，滤入鸡尾酒杯，或加冰并以苏打水做盖顶后饮用。用柠檬皮做装饰物。

用来发酵——不管是榨碎的葡萄皮、葡萄梗还是种子，统统都可以放回到发酵罐中，蒸出一种像格拉帕酒一样的高度数烈酒。

当葡萄白兰地和生命水风靡全欧洲的时候，西班牙和葡萄牙的葡萄酒商注意到英国人对用白兰地强化的甜葡萄酒情有独钟。把额外的酒精加到葡萄酒中，是停止发酵过程的简便方法——酵母是无法在高度数酒精溶液中存活的——但这样同时又促使另一种酵母存活下来。在西班牙南部的赫雷斯地区，在酒桶中陈化的白葡萄酒习惯上只装到半满。酿酒酵母的一个特殊株系可以在这样的酒桶中建立菌群，形成酒面的一层厚皮。西班牙人管这层菌皮叫“酒花”，科学家则管它叫“酒幕”。与酵母的其他株系不同，“酒花”酵母更喜欢大约15度的较高酒精含量，所以葡萄酒商会对葡萄酒做强化处理，让这种酵母得以存活。

英国人管这些葡萄酒叫“雪利酒”，“雪利”可能是“赫雷斯”的讹误。据说雪利酒经历了生物学陈化过程，因为随着时间推移，酵母可以改变酒的风味。“索莱拉系统”的运用则进一步增添了雪利酒的口感丰富度——盛放雪利酒的酒桶被摞成四排高，最终酿成的雪利酒都只取自最下面的酒桶。然后，再用上面第二排的酒桶里的酒将它重新装满，第二排酒桶再用上面第三排酒桶的酒装满，如此类推。新葡萄酒则只添加到最上面一排的酒桶里。有些索莱拉系统已经连续运行了200多年，让最终的成品具备了非凡的深度和风味。

其他地区也发展了各自的制造强化葡萄酒的工艺。葡萄牙的葡萄酒商把白兰地添加到半发酵的葡萄酒中，避免酵母吃光所有的糖。在大酒罐或酒桶中陈化数年之后，就得到了具有葡萄干一样的甘甜味道的波尔图酒。马德拉酒也源自葡萄牙，是用类似的方法酿造的，通常使用白色的酿酒用葡萄，然后暴露在空气中，让酒禁受各种极端天气的考验，这是模仿酒桶在早期的长途远洋航行中可能会遇到的场景。这种故意的糟蹋行为为马德拉酒赋予了那种氧化的水果干风味，出现这种风味，就意味着它已经陈化好了，即使在开封之后，在长达一年的时间里也都可饮用。意大利的马尔萨拉酒也用类似的方法强化和陈化——全世界葡萄酒的产区便都是这样生产强化葡萄酒的。

欧洲的另一种千百年来的传统——用芳香和水果为葡萄酒调味的传统——则导致了味美思酒和餐前葡萄酒的发明，其中餐前葡萄酒也叫调香葡萄酒或强化葡萄酒。它们最早调制出来可能是为了充当药酒——用苦艾、奎宁、龙胆或古柯叶浸过的葡萄酒可能分别代表了人们治疗肠道寄生虫病、疟疾、消化不良和精神萎靡的尝试——但是到19世纪后期，它们本身已经演变成了相当不错的饮品。味美思酒是用白葡萄酒（红味美思酒的调制原料并不是红葡萄酒，而是用焦糖增甜和着色的白葡萄酒）调制的，

### 强化葡萄酒的品鉴指南

强化葡萄酒是添加了高度数酒精的葡萄酒，最著名的品种有：

**马德拉酒：**以中性葡萄烈酒强化的氧化葡萄牙葡萄酒。

**马尔萨拉酒：**在马尔萨拉地区酿造的强化意大利葡萄酒。

**穆斯卡岱酒：**强化的甜味麝香葡萄酒，大多产于葡萄牙。

**波尔图酒：**在发酵结束前用葡萄烈酒强化的葡萄牙葡萄酒，这种加工可以使一部分糖残余到最终的调和酒里。（在美国，全世界任何地方酿造的这种葡萄酒都可以叫波尔图酒，但只有葡萄牙出产的才能贴以带“porto”字样的标签。）

**雪利酒：**在发酵完成之后兑入白兰地的西班牙白葡萄酒。

**天然甜酒：**强化的甜味法国葡萄酒，常用麝香葡萄酿造。

并用白兰地或生命水略加强化，其酒精含量最终达到16度左右。

### 美国的实验

欧洲的葡萄酒酿造传统如此卓越和多样，这一定让欧洲人觉得扬帆出海是件麻烦事，无论他们最终抵达的是适合还是不适合种植葡萄的大陆。在美国，早期的葡萄园就未能开辟成功，这就是为什么国父们要么进口葡萄酒，要么只能饮用由谷物、玉米、苹果和糖蜜酿造的自酿酒饮。特别是托马斯·杰斐逊，花了极大功夫研究法国葡萄酒，并试图寻找一种适合在他位于蒙蒂塞洛的花园里酿酒的美洲本土葡萄。然而，无论是他种植的本土葡萄品种还是欧洲葡萄品种，都未能产出一滴上得了台面的葡萄酒。

问题出在哪里？对于本土品种来说原因很简单，它们就是不适合酿酒——我们后面马上还要继续讨论这个问题。至于欧洲的葡萄为什么表现如此差劲，这就是个真正的谜团了。杰斐逊所不知道的是，健壮的美国葡萄可以抵抗一种叫葡萄根瘤蚜（学名*Daktulosphaira vitifoliae*）的害虫的侵害——事实上，在19世纪后期之前，没有任何人知道这一点。这种微小的害虫形态像蚜虫，也是美国的本土生物。欧洲葡萄则没有这样的抗性，这就解释了在美国土壤里种植的进口葡萄会枯萎的原因。

然而，在人们对此还懵懂无知的时候，美国人已经把本土葡萄作为礼物送给了法国。不幸的是，这些葡萄藤已经被葡萄根瘤蚜所感染。它们马上就开始侵害法国的葡萄园。接下来，这种微小的美国害虫更是在19世纪摧毁了法国的葡萄酒产业。

起先，没有人知道是什么杀死了葡萄藤。事实上，人们用了好几十年才刚刚知道有这么一种生物存在，遑论找到杀灭它的方法。葡萄根瘤蚜的生活史和科学家们已知的任何生物都不一样。首先，有一代雌性根瘤蚜诞生之后从不交配，从不和雄性约一次会，却仍然具备生殖能力。它们生下的下一代也是如此，再下一代还是如此，于是这样的雌根瘤蚜便代复一代地发生。突然有一年，当一批雄性最终出现的时候，它们便只顾交配，然后就死了。这些可怜的雄性生物甚至根本没有消化道，在它们短暂、充满了性活动的生命中连一顿饭都没吃过。一旦它们的工作完成，失去它们的雌性就又可以再传几代。这些雌性的生活环境也变了：在它们生活史的一个阶段，它们会刺激叶子形成虫瘿——这是植物长出的增生物，可以保护藏在里面的根瘤蚜——而在另一个阶段，它们却消失在地底下，侵害葡萄的根。

到了人们最终弄清楚葡萄根瘤蚜习性的时候，法国的葡萄酒产业差不多已经完全毁灭了。解铃还须系铃人，正是最开始引发这场灾难的那种植物——抵抗力强的美国葡萄——最后反而成了救星。尽管法国葡萄酒商担心，把优良的古老欧洲葡萄嫁接在粗野生长的美国葡萄砧木上，会对酒的风味造成损害，但正是这种做法让他们得以重建并恢复葡萄酒产业。虽然遭受了这样的重挫，但大多数葡萄酒鉴赏家仍然同意此时法国葡萄酒还是酿得很好，不过他们也还是在寻找“前根瘤蚜时代葡萄酒”，也就是拿设法靠自己的根存活下来的少数欧洲葡萄酿造的葡萄酒。以智利为例，那里

**古怪的关系**

卡罗尔·P.梅尔迪斯是加利福尼亚大学戴维斯分校葡萄栽培与葡萄酒酿造系的荣誉教授，她分析了一些最著名的酿酒用葡萄的遗传结构，确定了它们的亲本。结果是怎样的呢？“赤霞珠”是“品丽珠”和“白苏维翁”的子代。一个叫“琼瑶浆”的古老品种是“黑品乐”的祖先，而黑品乐再和另一种叫“白古娃”的农民阶级的古老葡萄品种杂交，就产生了“霞多丽”。这些杂交很可能是在17世纪的法国葡萄园中偶然发生的，那时酒商还远没有学会运用现代植物育种技术。

## 调香葡萄酒大揭秘

即使是最有冒险精神的葡萄酒饮家，可能也还没有深入探索调香葡萄酒的非凡世界。这些葡萄酒添加了芳草、水果或其他风味，同时也可能用额外的酒精加以强化。味美思酒是最著名的例子；如果你认为味美思酒单独饮用时并不好喝，那不妨试试下面这些酒品。你只需记住，和其他葡萄酒一样，这些调香葡萄酒变质得也很快，在开瓶之后应该冷藏。额外添加的酒精成分可以让它们比葡萄酒能略多一些保存时间，但也请你在一个月左右的时间内饮毕。

**密甜尔酒：**未发酵或部分发酵的葡萄汁与酒精的兑和物，有时用作调香葡萄酒的基酒。请尝试这两款：

●**博纳尔龙胆奎宁：**用龙胆和奎宁调香的密甜尔酒。单独饮用或在鸡尾酒中代替红味美思酒均极佳。

●**夏朗德皮诺酒：**加有干邑、用木桶陈化的未调香的密甜尔酒。产于法国西南部。品之令人难忘。

**金鸡纳酒：**加有奎宁和其他风格的强化葡萄酒。下面是两款很好的代表酒品：

●**柯基美洲人：**一种浸过奎宁、芳草和柑橘的强化意大利葡萄酒，用于调制经典鸡尾酒，但单独饮用亦佳。

●**利莱：**波尔多葡萄酒、柑橘皮、奎宁、水果利口酒和其他香料的混合。有白、红、玫瑰色三种类型，都很迷人。

**味美思酒：**由用酒精强化的葡萄酒加上苦艾、芳草和糖调制而成。以14.5到22度的酒精体积百分含量装瓶。下面两款味美思酒会让你成为味美思酒的饮家：

●**尚贝里多兰白味美思酒：**多兰白味美思酒介于干味美思酒和甜味美思酒之间，是果香、花香和悦人的苦味味调的精致而平衡的混合。请加冰和柠檬卷皮饮用。

●**潘脱米：**一款极为醇厚精细的调香红葡萄酒，具有水果干和雪利酒的风味，单独饮用味道亦佳。也可以考虑把它作为甜味美思酒的更复杂而成熟的替代品。

就在酿造前根瘤蚜时代葡萄酒，因为西班牙传教士把葡萄带到了那里，但葡萄根瘤蚜却从未传入。

在葡萄根瘤蚜暴发期间，葡萄酒供应出现了短缺，于是苦艾酒就成了咖啡馆中的首选酒饮。有关苦艾酒毒性的传言严重夸大其实——虽然它是用苦艾（学名*Artemisia absinthium*）调味，但并非是这种植物本身让饮者发疯，起作用的其实是极高的酒精含量。苦艾酒以70度的酒精体积百分含量装瓶，这个度数几乎是白兰地的两倍。不管它引发社会弊病的原因是什么，葡萄酒商很乐意加入法国的戒酒运动，鼓吹一种只禁苦艾酒，但对葡萄酒这种人们认为既健康又道德的酒饮网开一面的禁酒方法。

Pisco Sour

## 皮斯科酸酒

这是秘鲁鸡尾酒中的国酒。

1½盎司皮斯科酒

¾盎司鲜榨柠檬或来檬汁

¾盎司单糖浆

1个蛋清

安戈斯图拉苦精

在摇酒壶中不加冰摇和除苦精外的所有原料至少10秒钟。“干摇”可以让饮品充满泡沫。然后加冰，再摇至少45秒钟。倾入鸡尾酒杯，在顶上洒上几滴苦精。

虽然法国的葡萄酒产业得以恢复，美国的农夫却仍然在竭力寻找让本土的美国葡萄酿出好葡萄酒的办法。这个困难和葡萄本身的遗传有关。学名为*Vitis vinifera*的欧洲葡萄树种已经经受了几乎1万年的人工选择，人类遴选出更大、更美味的果实，喜欢雌雄同花的葡萄藤胜过雌雄异株的葡萄藤；可是，北美洲的葡萄却几乎没有经受过人类的选择。它倒是遭到了鸟类的选择。鸟类专门挑食其中的蓝皮品种，因为它们能更容易地发现这种颜色，但是对葡萄酒来说，蓝色却是一种没有吸引力的颜色。比起大粒果实来，鸟类还更喜欢挑食小粒果实，因为这样它们就能把葡萄一口吃下。

所以，尽管美国本土葡萄中分布最广的种之一河岸葡萄（学名*Vitis riparia*）具有突出的耐寒和抵抗病虫害的能力，它们那又小又蓝的果实却无法像吸引鸟类一样给葡萄酒商留下深刻印象。经过300年的实验，美国植物学家方才找到了把本土葡萄酿成葡萄酒的方法。明尼苏达大学的研究者把河岸葡萄与欧洲葡萄杂交，得到了像“弗兰特纳克”和“马凯特”这样的新品种，它们甚至在寒冷的北部气候之下也能够酿出品质惊人的葡萄酒。这是些敦厚醇烈、十分可口的葡萄酒，虽然只带有一丝野生的草本格调，却让它们显现出独一无二的美国特色。

## 全世界以葡萄为原料的烈酒

**白兰地**是葡萄（或其他水果）烈酒的总称，通常蒸馏到80度或略低，然后以35到40度装瓶。葡萄白兰地的款式有：

●**阿瓜尔迪恩特酒：**葡萄牙白兰地。这个名称也用于指称中性葡萄烈酒。

●**雅文邑酒：**产自法国阿尔马涅克（雅文邑）地区。与用蒸馏罐制备的干邑不同，雅文邑酒系用名为"蒸馏壶"的连续蒸馏器制备，度数也较低。这两种白兰地都要用专门的葡萄品种酿造，然后在橡木桶中陈化。

●**阿尔岑特酒：**意大利白兰地。

●**赫雷斯白兰地：**这一款以及其他只是简单贴有"白兰地"标签的酒都产自西班牙。

●**干邑：**产自法国科涅克（干邑）地区。

●**梅塔莎酒：**希腊白兰地。

**生命水**是用水果酿造的高度数的澄清烈酒；当它是用水果渣（果皮、果梗、种子或其他果酒发酵后的残渣）酿造时，则叫作"果渣白兰地"，或者：

在葡萄牙叫巴伽塞拉酒；在意大利叫格拉帕酒；在法国叫马克酒；在西班牙叫奥鲁霍酒；在德国叫特雷斯特酒；在希腊叫齐库迪亚酒。

**葡萄金酒**是浸有刺柏和其他植物制剂的葡萄伏特加。"G藤"是用和干邑相同的葡萄酿造的法国金酒，里面还加有刚开放的葡萄花提取物及其他芳草和香料。

**葡萄伏特加**是类似生命水的高度数未陈化烈酒，常具有中性的特质。这一款式的最佳品牌是"圣乔治烈酒"蒸馏坊的"一号机库伏特加"，是用维欧尼葡萄和小麦混合酿造的；葡萄为它赋予了尽可能轻微的水果本性。用法国葡萄酿造的"诗珞珂"伏特加是另一个著名品牌。

**皮斯科酒**系用秘鲁的港口城市皮斯科命名。18世纪的航海者会在这里停泊，装足本地产的烈酒。它的陈化在玻璃罐或不锈钢桶中进行，而非在橡木桶中进行。在秘鲁装瓶的皮斯科酒是酒力十足的，酒精含量从38度到48度不等。智利人在酿造皮斯科酒时则用了不同的葡萄品种，而且会利用桶木进行部分熟化。

**阿乔拉多酒**系用多种品种的葡萄混合酿造。

**绿穆斯托酒**系用部分发酵的葡萄梗、种子和皮蒸馏而成。

**纯皮斯科酒**只用单独一个葡萄品种酿造。

*Solanum tuberosum* **马铃薯** [茄科]

1944年6月3日，《纽约时报》发表了一篇文章，标题为“马铃薯可以解饮酒者之渴”。战时的谷物短缺，让啤酒和威士忌饮者煞是难熬。农业部把谷物用到了更重要的地方——食物、牲畜饲料，以及生产合成橡胶用的工业酒精。在军队逐渐减少向遭到毁灭、重新开始建设的战后欧洲提供的行动和救援物资的时候，谷物管制也一直持续中。

因为谷物短缺，蒸馏坊在每个月中只能完成单独一次为期十天的制浆加工，而且能够加到糊浆里的黑麦和其他谷物的量都有限制。在原料如此不足的情况下，蒸馏师的创造力就被激发出来了。他们请求国家能从严格的马铃薯配额中拿出一份给他们，并解释说在高品质的马铃薯留作食用的同时，他们可以把劣质、小个头、畸形的马铃薯利用起来，酿造混合威士忌、金酒或甘露酒。美国农业部指出，这一措施将“改变美国人的饮酒习惯，让伏特加之类的马铃薯酒饮普及开来”。

当时的美国饮家基本上还不知道伏特加为何物。1946年美国人饮下的伏特加只有100万加仑，在全美国消费的所有烈酒中连1%都不到。到1965年，这个数字就攀升到了3000万加仑。伏特加的酿造原料除了马铃薯之外一直还有黑麦、小麦和其他谷物，但是美国人仍然认为它是一种专门用马铃薯酿造的异域酒饮。

### 印加财宝

马铃薯通称土豆，可以把它的祖先追溯到秘鲁。野生马铃薯（包括学名为*Solanum maglia*和*Solanum berthaultii*的两种植物）在至少1.3万年前就沿南美洲的西海岸生长，那时海拔较高的地方还被冰川所覆盖。就在那时，在安第斯的山岭里，早期的秘鲁人开始栽培马铃薯。那时的种植环境既严酷又不可预测——在石质山坡上，天气变得实在太快——所以人们种植了数以千计的不同品种，每一个品种都适应一个专门的生态位。

1528年，西班牙佬第一次与印加帝国相遇，他们发现了一个令人震惊的宏大文明。四通八达的道路系统总长超过了1.4万英里，建筑技术高度发达，税收系统和公共服务工程都很完善，而完全现代化的耕作技术更使印加帝国堪与古罗马帝国媲美。弗朗西斯科·皮萨罗和他的同伙不禁为印加帝国的黄金和珠宝倾倒，相比之下，卑微的马铃薯似乎根本不值一顾。又过了几十年，欧洲才开始种植马铃薯，而且在17世纪后期以前，它并没有被作为粮食作物广泛栽培。

欧洲人不敢吃马铃薯，因为它是危险的茄科的一员。茄科在旧世界的属种有剧毒，比如天仙子（莨菪）和致死性的颠茄都是如此。这让欧洲人有理由害怕在新世界发现的一切茄科植物，包括马铃薯、番茄和烟草。（他们同样对原产印度的茄科植物茄子心存疑虑。）事实上，马铃薯的确会在开花之后结出类似其他茄科植物的小而有毒的果实。即使是它富含淀粉的块茎，如果暴露在光线之下，也会积聚达到让人中毒水平的生物碱——龙葵碱；对于出土的脆弱马铃薯幼芽来说，积累这种毒素是一种防御反应，可用来保护它免受植食动物的侵害。

因为马铃薯是茄科植物，因为南美洲的所谓“原始”人类竟然吃它，所以欧洲人顶多也只是把它看成可以填饱奴隶肚子的商品，要是往坏里看，那它干脆就是一种可以引发瘰疬和佝偻病的肮脏邪恶的块根。即使是爱尔兰人热情接受马铃薯的事实，也只能让英格兰人更确信它是一种只适合农民阶级食用的低级食物。不过，它最终还是得到了全欧洲的接受。欧洲探险者又把它们带到了亚洲，以及北美洲的新殖民地。

## 伏特加的诞生

如果向今天的人们询问伏特加的发明情况，你大概会听到这样的回答：

伏特加是用马铃薯酿造的，起源于俄罗斯。但这两个说法没有一个是完全正确的。在马铃薯到达欧洲之前很久，欧洲人就已经开始用谷物酿造伏特加了。伏特加的诞生地是俄罗斯和波兰之间无休止争论的主题，这两个国家都说伏特加起源于它们那里。我们所确切知道的是，到15世纪的时候，这一广大地区的人们就已经在用谷物蒸馏一种澄净、高度数的烈酒了。斯泰凡·法利米尔兹在其1523年的医药文稿《论芳草及其效力》中使用了本义为"小水"的波兰语词wodki（音译为"伏特基"）称呼这种烈酒，这是马铃薯能够用来酿造"伏特基"之前很久的事情。那时候，欧洲人刚刚在拉丁美洲见到马铃薯，它还没有被传到欧洲。

到18世纪，马铃薯在东欧已经成了主粮作物，早在1760年，蒸馏师们就开始拿它做试验了。这些早期的试验一定很困难。马铃薯毕竟只是在地下生长、为下一代贮藏食物和水分的加厚的茎。与谷粒中的淀粉不同，马铃薯淀粉并不会一次性全部转化为糖分，以满足萌发幼苗的需求。与此相反，在漫长的生长季节中，糖分被缓慢释放出来，滋养年幼的植株。对于马铃薯来说，这是非常出色的生存策略，但它却帮不了蒸馏师的忙。

1809年出版的一本叫《完美蒸馏师和发酵师》的波兰小册子描述了用马铃薯蒸馏伏特加的工艺，但提醒读者说马铃薯伏特加是伏特加里品质最差的一种，排在甜菜、谷物、苹果、葡萄和橡子伏特加之后。事实上，马铃薯之所以成为酿造波兰伏特加的常见原料，只不过是因为它们又多又贱，绝不是因为它们能酿出什么高品质的烈酒。在发酵罐中，因为淀粉不容易转化为糖，马铃薯很容易变成一种又稠又黏的面糊，而且还生成了高含量的毒素——甲醇和杂醇油。俄国的伏特加酿造商瞧不起便宜的波兰马铃薯伏特加；在那个时候，他们仍坚持认为最好的伏特加要用黑麦或小麦酿造。

# 番薯

*Ipomoea batatas*

旋花科

番薯（甘薯）在英文里叫“甜马铃薯”（sweet potato），但它根本就不是马铃薯——它是一种攀缘藤本植物的根，这种植物和牵牛花关系很近。顺便说一句，番薯和薯蓣（山药）也没有关系，薯蓣是非洲生长的薯蓣属（学名*Dioscorea*）植物的富含淀粉的根。（尽管美国人习惯上把软甜、橙黄的番薯叫作“薯蓣”，但真正的薯蓣在美国市场上却几乎找不到。）

番薯原产于中美洲，承蒙欧洲探险者的传播，已经种遍了全世界。最早的用番薯酿造的酒精饮料之一是莫比酒，这是一种用番薯、水、柠檬汁和糖制作的发酵饮料，早在1652年于巴巴多斯就有记载。作为一种“小啤酒”，它流行了一个多世纪，直到一场由甘薯象甲造成的瘟疫毁灭了全部作物。然后甘蔗种植园便取代了番薯田，而朗姆酒也成了最受欢迎的酒。

巴西人还用番薯块根酿造另一种名为“考维”的发酵饮料。欧洲人不是很喜欢它——美国葡萄酒商爱德华·兰道夫·爱默生就在1902年写道：为了提升这种考维酒的风味，葡萄牙人把它用葡萄牙语重新命名为“番薯果酒”，“这听上去就悦耳多了，有时候名称是非常重要的”。

最有名的番薯烈酒是日本的烧酎，这是一种酒精含量最高达35度的蒸馏酒，可以用番薯、稻米、荞麦或其他原料酿造。朝鲜半岛的朝鲜烧酒有时也用番薯酿造。

在整个亚洲地区，“番薯酒”指的是一种自酿酒饮，与巴巴多斯岛民饮用的那种番薯酒差别不大。美国北卡罗来纳州和日本还酿造了番薯啤酒，而番薯伏特加也快要上市了。

## 手工马铃薯

到1946年美国蒸馏师申请使用多余的马铃薯来酿造混合威士忌的时候，伏特加已经预备要东山再起了。从欧洲回到家乡的军队在异域的土地上已经尝过了那里的酒饮，他们非常乐于尝试新鲜玩意。与战后的繁荣时代一同到来的是饮用鸡尾酒的新时代。像“莫斯科骡子”和“血腥玛丽”这样的调和酒饮赢得了那些喜欢把伏特加作为中性的万能原料使用的饮家的青睐。至于它是用谷物还是马铃薯酿造，其实没那么重要。在20世纪后半叶，伏特加成了调制鸡尾酒的首选烈酒。

如今，因为吃货们对手工种植蔬菜的狂热爱好，马铃薯伏特加又掀起了新一轮热潮。“肖邦”是一款于1997年进入北美洲市场的波兰马铃薯伏特加，它很快就成了一个流行的优质品牌。很多其他波兰伏特加也紧随其后。美国爱达荷州、纽约州，加拿大不列颠哥伦比亚省和英格兰的手工蒸馏师也精心挑选专门的马铃薯品种，就像葡萄酒商挑选葡萄一样；然后，他们便搞出了自己的本土酿造伏特加。

不过，马铃薯的品种差异真的会给伏特加带来风味差异吗？对这个问题，在蒸馏师中间也没有太多共识。比起谷物伏特加来，马铃薯伏特加带有一种可用油腻、浓郁来形容的味道，但是究竟是喜欢“黄褐布尔班克”还是

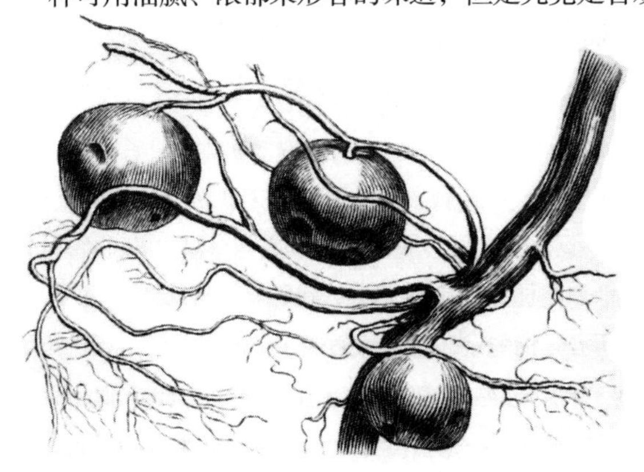

“育空金”，那可就取决于个人口味了。

加拿大不列颠哥伦比亚省“彭伯顿蒸馏坊”的泰勒·施拉姆使用5个马铃薯品种的混合来酿酒，但是他挑选品种时更看重的是淀粉含量，而不是风味。“我的硕士论文做的就是马铃薯蒸馏，”他说，“我也尝试过只用单一品种蒸馏。我们家生产的伏特加是可以慢品的伏特加，这就要求它得有点风味。但是一个马铃薯品种和另一个马铃薯品种之间并没有风味差别，没有人能真正分辨出来。”对他来说，更重要的是要对环境进行管理，以及发挥蒸馏师能够让无法用于其他用途的食材物尽其用的传统作用。他酿造一瓶“施拉姆”伏特加需要15磅土豆，所以他只想利用那些不能用来给人当作食粮的马铃薯。为此，他会向有机农场采购原料，专门要求收购卖不出去的畸形或大小异常的马铃薯。他相信不列颠哥伦比亚的气候也有利于佳酿的产生。“马铃薯和谷物不一样，它们不太适合储藏。”他说，“我们这边气候寒冷，可以储藏马铃薯，但到任何其他地方就很难储藏了。”

瑞典酿造的“卡尔森金伏特加”是用仔细挑选的7个马铃薯品种混合后酿造而成的，这7个品种是“席琳”（Celine）、“老瑞典红”（Gammel Svensk Röd）、“哈姆雷特”（Hamlet）、“马林”（Marine）、“公主”（Princess）、“圣托拉”（Sankta Thora）和“独奏者”（Solist）。这款伏特加只蒸馏一次，装瓶前只做最轻微的过滤，所以其中充满了马铃薯风味。混合酿造大师贝里·卡尔森还是“绝对”鸡尾酒的创始人，他相信他生产的这款伏特加应当单独品味。“就照它本来的样子喝，”在一次采访中他斩钉截铁地说道，“不喜欢就别喝。”事实上，瑞典人在创制其招牌鸡尾酒“黑金”时，无疑从烤马铃薯那里获得了灵感。饮用时唯一需要的调料不过是一点黄油。

*Black Gold*

**黑金**

1½盎司“卡尔森金”伏特加

碾碎的黑胡椒

在古典杯中加入冰块，在冰上倾入伏特加。再在冰上方加入碾碎的黑胡椒。

*Oryza sativa* var. *japonica* **粳稻** [禾本科]

虽然稻子是一种古老而重要的植物，稻米却不怎么入美国饮家的法眼。《纽约时报》在1896年说清酒是一种“低劣的米酒”，对于喜爱清酒胜过“不健康程度较低的加利福尼亚葡萄酒”的夏威夷原住民具有“显著的毒害作用”。

甚至在今天，我们往往还是认为清酒是一种差劲的又热又酸、充满酵母味道的酒饮，我们只是在堪萨斯城的一间日本餐馆中，在姑母的催促之下才偶然喝过那么一回。然而，仅仅根据对这种便宜、低级的“普通酒”的坏印象就对清酒的味道下定结论，好比是仅仅根据一大罐“布恩农场”葡萄酒就对葡萄酒的味道下定结论一样。事实上，清酒的品种多样性和趣味不亚于葡萄酒，甚至还有更长的酿造历史。就像葡萄可以用来酿造无穷无尽的系列烈酒一样，稻米在全世界也被用在多种多样的酒精饮品的酿造之中。在“百威”啤酒中就有它的身影，优质伏特加也以它为原料之一，而它最令人惊奇的花香风味则被捕捉在日本烈酒“烧酎”之中。

### 本非凡草

考古学家和分子遗传学家揭示的两方面的证据都表明，中国长江谷地是全世界栽培的所有稻米品种的起源地。在8000~9000年前，稻子在那里得到驯化。用它来酿造些饮料，则明显属于利用稻米的首要议程——考古学家帕特里克·麦克伽文就在河南省的贾湖遗址中发现了有8000年历史的米酒的遗存，这种米酒是用稻米、水果和蜂蜜酿造的。（后来，他和“角鲨头”发酵坊合作，重新酿造了这种酒饮，取名为“贾湖城”。）尽管酿造现代清酒的复杂工艺是经历了很多个世纪的试错过程才发展出来的，但这些早期的米酒无疑是清酒酿造的滥觞。

不过，在酿酒工艺得到发展之前，首先稻子的品种要发生分化，并遍布世界。稻子是一种喜水的禾草，在水淹田中可以长到16英尺高。然而，稻子并非只能在积水中生长。稻田具有独特的栽培方法，很可能当人们注意到季风季节在水淹田中健康生长的稻子时，就发明了这套方法。这种作物体内刚好有一套发达的通气系统，可以把氧气从叶尖向下运送到根部，就像水生植物一样。如果没有这种本事，稻子就会在洪水中腐烂死去。不过，和水生植物不同，稻子在一般的土壤里也能生长。

对于整个亚洲，特别是印度的早期农民来说，在水淹田里种植稻子是个有用的策略。易于被洪水淹没的低平土地是无法种植其他任何作物的，但对于稻子却很适宜。令人欣慰的是，水淹田没有杂草，因为陆生杂草在积水中无法存活，而水生杂草在洪水退却后也同样无法存活。

稻子靠风力传粉，野生种即有性状差异；几千年过去，人们不光把稻米的风味和大小作为选择新品种的目标，也把稻子耐受特别的土壤类型和水位的能力作为选择目标，此外还筛选出了谷粒在成熟之后仍多少附着在茎秆之上的性状，便于收获。全世界有超过11万个不同的稻子品种，这还没有包括所谓的“野稻”——菰属（学名*Zizania*）的种类。菰（茭白）是与稻子近缘、原产于北美洲和亚洲的禾草。在稻子的诸多品种中，只有粳稻这个亚种的少数几个专门品种在酿酒史的舞台上占据了中心位置。不过，稻米只是这个故事中的一部分。要明白稻米变成清酒之类米酒的过程，还得先知道什么是曲霉。

### 清酒

和其他谷物一样，只有当淀粉被转化为糖时，发酵才开始。只消把稻谷泡湿，这个过程就会自动发生，因为这样的处理可以促进稻谷中的酶把淀粉变成糖，以供给新生幼苗的发育。通过加入大麦芽，发酵师可以加速这一过程，因为大麦芽含有丰富的淀粉酶。不过，在亚洲文化中另有加速糖化的方法。日本法只是这众多方法中的一种，但它是最为人熟知的。首先，要对稻米进行碾磨，除去一部分称为米糠的外层覆被。接着，裸露的褐色糙米必须小心地碾白，在完全除去米糠的同时避免米粒本身被碾碎——让每个米粒都保持完好是件难事，玉米、燕麦、小麦和其他谷物常常在碾去糠秕的同时被磨碎，最后只制得谷粉；而要碾去稻谷的米糠但不同时磨碎它们，就得另换一种方法了。

千百年来，碾白稻米的工艺几乎没有变化。尽管设备越来越精细，人们还是要让谷粒数百次通过一块粗糙的石头，把外层覆被碾去，只留下纯白的淀粉核心。唯一的区别在于，今天的机器较之过去的人力碾盘具有更强的耐久性。现代发酵坊的碾白加工可能会持续整整四天，直到米糠被除得干干净净。比起100年前，人们认为今天的清酒的质量已经大为提高，精细的碾米工

## 品鉴清酒

好的清酒不宜加热饮用。过去那种加热清酒的传统不过是掩盖粗制滥造的清酒的恶劣味道的方法。更好的发酵工艺酿造出的高品质的清酒几乎都是冷时饮用风味更佳。请趁新鲜时饮用：大多数清酒发酵坊都建议瓶装清酒的储藏不要超过一年。一旦开盖，清酒在冰箱中的储藏时间要比葡萄酒略长，但也应该在几周之内饮毕。因为清酒种类繁多，熟悉清酒的最佳方式是和几个朋友一起去一家清酒酒吧，点上一份尝尝。

艺对此居功至伟。

稻米的品种也很重要，就像葡萄的品种对葡萄酒酿造很重要一样。优良的酿酒用米的营养物质并非均匀分布在谷粒当中。与此相反，它的核心部分是纯淀粉，营养物质分布在外层，这就意味着把它碾白要容易得多。“山田锦”米是用于酿造清酒的最著名的高端稻米品种；它是在20世纪30年代用两个酿酒用米的老品种育成的，人们认为它是一个饱满、圆润、风味甘醇的品种。其他品种还有以野生芳草和花香风味受人珍重的“雄町”米、耐寒的“美山锦”米，以及20世纪50年代育成、用于酿造度数较低的机器酿造清酒的“五百万石”米。在美国西海岸，1948年在加利福尼亚育成的“加州玫瑰”（又名“富贵花”）米可谓无处不在，在波特兰市郊外不远处的发酵坊“清酒一号”以及美国其他的清酒酿酒厂都用它来酿造清酒。

比稻米的品种更重要的是要把稻米碾白到什么程度。这是判断一种清酒是不是好酒的方法：最上等的清酒所用的稻米已经碾得只剩原来大小的一半了。这样一来，让曲霉——我们马上就会提到它——不得不应付的蛋白质、脂肪和其他营养物质就比较少。它可以直接接触到稻米的淀粉核心，开始发酵工作。

碾白的稻米经过漂洗，浸于水中，有时还要蒸过，这都是为了提高其中的水分含量。随后，马上把稻米置于一间类似日本浴室的房屋中，房里面衬有柳杉木，温暖而极为干燥。湿润的稻米在巨大的发酵床上铺开，在这里沾染上曲霉——更准确地说是学名为*Aspergillus oryzae*的米曲霉。米曲霉是大约3000年前在中国驯化的，并在1000年后传到了日本。就像西方用于酿酒和发面包的酵母——酿酒酵母——一样，米曲霉现在也成了完全驯化的生物。除了在清酒酿造中扮演重要角色之外，它还可以用于发酵豆腐、大豆酱（味噌）和醋，这让它成为日本烹饪中的一种重要微生物。

酿酒者在发酵床上的湿米上面撒上米曲霉孢子。正常情况下，霉菌只会在湿米表面生长——想象一下一条发了霉的面包——但是干燥的空气迫使霉菌向米里面钻，直抵每粒米的核心，为的是寻找它存活所需的水分。就在这里，在每粒米湿润而多淀粉的深处，米曲霉释放出酶，打碎淀粉分子，把它转化为糖。

与此同时，另一批稻米、米曲霉、水和酵母则单独混合在一起，启动

*No.1 Sake Cocktail*

### 一号清酒鸡尾酒

在最近几年中，美国的亚洲餐馆感到有必要用清酒和烧酎调制新的鸡尾酒。这真是件不光彩的事情，因为这两种酒饮单独饮用都很宜人，却不怎么适合调制——它们的风味和其他鸡尾酒原料实在不搭。但是这里的配方，是在大量试验之后得到的一个已经证明可以令多数人满意的清酒鸡尾酒配方。在聚会之前很容易照此调制一大份，这就是为什么配方里用的单位是“份”而不是“盎司”。请照实际需求调制足够多或足够少的分量。

4份浊（未过滤）清酒

2份芒果汁—桃汁（瓶装混合果汁为佳）

1份伏特加

一甩“康东庄园”姜汁利口酒

一滴芹菜苦精

把除苦精外的所有原料快速兑和，然后品尝。此时可以加入更多的姜汁利口酒或伏特加。将之冷藏起来，直至你的客人到来之后再倾入鸡尾酒杯。在你为客人上酒时，给每一杯的顶上都加入一滴芹菜苦精。

发酵过程。米曲霉只能把淀粉变成糖；现在必须让酵母摄食糖，把它转化为酒精。一旦酵母开始增殖，这两批稻米就混在一起，在三四天的时间里，每一天都加入更多的蒸米、水和米曲霉，让它们和酵母接触。这个时候，在同一个酒坛里同时发生着两个过程：其一是米曲霉把淀粉降解成糖；其二是酵母把生成的糖再吃掉。在处理这样复杂的微生物混合物时不得不特别小心，必须要在清酒酿成的精确时刻让发酵停止。因为每一种原料都是逐渐添加的，酵母不会像葡萄酒或啤酒发酵那样迅速死绝。它们会在糊浆中继续存活，分泌酒精，直到酒精含量达到大约20度为止。

一旦发酵师感到满意，就把所有充满了酵母和霉菌的糊浆都取出压榨，把清酒和酒糟分离开。过滤之后，将清酒加热杀菌，以停止发酵。有些酶的活性会保持下来，继续在酒中发挥作用，所以在清酒被置于酒坛中陈化的几个月里，它的风味会继续提升。尽管大多数售卖的清酒都是澄净的、酒力十足的，但也有一些在稀释到酒精含量更接近葡萄酒的时候才出售；更有一些清酒只是粗粗过滤了一下，这样得到的是浊酒，其中悬浮着酵母、曲霉和未消化的米粒碎片等残余物。高品质的清酒尝起来纯净而清爽，带有梨和热带水果的芳香，有时候则带有更像泥土气息、几乎是坚果般的芳香。

### 稻米烈酒

这些与众不同的清酒风味，在烧酎中浓缩得更为醇厚。烧酎是用类似清酒的稻米糊浆蒸馏制得的酒饮。它在酒精含量只有大约25度的时候装瓶，因此可以钻美国一些州的酒法的空子，在只有啤酒和葡萄酒营业执照的餐馆出售。这使得一些亚洲风味的鸡尾酒都用烧酎作为辅料——想想看

柠檬草马天尼酒——但是它实际上最好加冰单独饮用。烧酎也可以用大麦、番薯、荞麦和其他原料酿造，但是用稻米酿造的烧酎是最常见的。“常见”这个词其实低估了它的受欢迎程度：“真露”这个韩国最著名的朝鲜烧酒品牌（朝鲜烧酒就是朝鲜半岛版的烧酎）的销量超过了世界上所有其他的烈酒品牌，可能只有一些尚未披露其销量的中国品牌会比它更畅销。每年售出的“真露”朝鲜烧酒要比“斯米尔诺夫”伏特加、“百家得”朗姆酒和“尊尼获加”威士忌三家加起来还多—— 一共是6.08亿升！

类似烧酎和清酒的酒饮在全亚洲都可以找到。除了朝鲜烧酒外，一种类似清酒的中国米酒在汉语里叫“米酒”（又叫酒酿、醪糟）。在菲律宾，米酒叫“塔普伊”，在印度则叫“宋提”。在巴厘岛人们酿造“布莱姆”，在朝鲜半岛有一种甜米酒叫“甘酒”，在中国的西藏米酒则叫“拉克西”。

发酵的米糕也可以加到水里，制成自酿酒饮，这种做法在亚洲也十分普遍。法国人类学家伊戈尔·德·加林20世纪70年代在马来西亚登嘉楼州做过田野考察，有关米糕酿酒的最有趣的报告之一就出自他之手。作为极度虔诚的穆斯林，与他共同生活的村民们从来都不碰酒精。但是他们却有制作一种叫“塔派”的蒸米糕的传统。这种米糕在蒸制时要加当地的酵母，用橡胶树的叶子包起来，在热的地方放置几天。它们发酵得如此之好，以致当德·加林尝到其中一块时，觉得好像“有人偷偷往里加了一点金酒”。他一直没有向招待他的主人们提及这种熟悉的味道，因为他们成功地从这些米糕那里获得了某种乐趣，却没有意识到——或者是不承认——其中含有酒精。

稻米的用处不限于酿造清酒、烧酎或者制作发酵米糕。“麒麟”和很

多其他日本啤酒都是用稻米酿造的，还有“百威”啤酒以及其他几种美国啤酒也是如此。用稻米蒸馏的优质伏特加在最近几年也进入了市场。在这个米酒谱系的另一端则是老挝的一种叫“老老”的稻米威士忌，堪称是世界上最便宜的烈酒，只要大约半美元就可以买到一瓶——瓶中还会有一只保存完整的蛇、蝎子或蜥蜴，那种在梅斯卡尔酒中加入虫子的伎俩对此也只能甘拜下风了。

### 清酒的命名

**大吟酿：**最高品质的清酒，在稻米碾白过程中碾去了至少50%的部分。

**吟酿：**次高品质的清酒名称，至少碾去了稻米40%的部分。

**纯米：**对碾白的程度不做特别要求，但在瓶上必须标出碾去部分的百分比。

**原酒：**度数最高的清酒，至多可含20%的酒精。

**生酒：**未加热杀菌的清酒。

**浊酒：**浑浊、未过滤的清酒。饮用前须摇匀。

**古酒：**陈化清酒（不常见）。

*Secale cereale* 黑麦［禾本科］

黑麦似乎不像是一种能驯化的谷物。它的麦粒如石般坚硬，连牲畜都觉得它难吃。其产量也很低。黑麦还有一个大问题是“早熟萌发”现象，这是说它的种子还在茎秆上时就能发芽。在最坏的情况下，早熟萌发可以完全毁掉麦粒，在最好的情况下也无法让发酵师和烘焙师再利用麦粒，因为一旦开始了淀粉向糖转化的过程，就已经无法再精心控制发面包或把麦粒转化为酒精的加工过程了。

不巧，黑麦的谷蛋白含量低，一种叫作戊聚糖的糖类含量却很高。比起小麦来，黑麦蛋白的水溶性很高，这意味着只要一沾水，它们就会变成黏糊糊的液态或是橡胶一般的固态。这使黑麦做成的面团缺乏弹性，会把发酵师的糊浆搞成一大摊不可收拾的黏稠玩意儿。大多数情况下，黑麦面团必须与小麦粉混合才比较容易处理；出于同样的原因，蒸馏师也要限制其酒品中的黑麦含量。

古罗马博物学家老普林尼就不喜欢黑麦。在约公元77年成书的《博物志》中，他把黑麦写成“一种非常低级的谷物，只在大饥荒到来时用来充饥”。他说黑麦又黑又苦，必须与斯佩尔特小麦混合之后才能变得好吃一

### 不要把黑麦和黑麦草混为一谈

黑麦草是黑麦草属（学名*Lolium*）的禾草，和黑麦没有关系。黑麦草可作为水土保持植物和牧草栽培。它还是季节性过敏的一个主要过敏源。黑麦草中有一种毒麦（学名*Lolium temulentum*）看上去非常像小麦，可以侵入小麦田。它也是一种名为“枝顶孢霉”（属名*Acremonium*）的有毒真菌的寄主，这种真菌可以引发牛的“毒麦跛行病”。

些，但仍然“不合肠胃”。

这也许可以解释为什么黑麦是最后被驯化的谷类作物之一。一直到公元前500年之后，黑麦才得到栽培，但在那个时候，它也只是在俄罗斯、东欧和北欧种得比较普遍罢了，那些地区酷寒的气候使黑麦成为保证人们不饿肚子的最后依靠。当土壤一直处于刚刚高于冰点的温度时，黑麦种子就可萌发，因此人们可以在晚秋播种，等它熬过漫长严酷的隆冬之后，再在春天收获，收获期比其他任何谷物都早。黑麦植株密集，杂草难以立足；它还能在其他作物几乎都无法种植的贫瘠土壤里茁壮生长。

既然如此，欧洲定居者会把黑麦携带到美洲殖民地也就不足为怪了。新英格兰的生长季过于短暂，小麦已经证明难于在那里生长，但是黑麦却可以熬过严酷的冬天。早期的北美威士忌是用任何能够搞到的谷物酿造的——通常是黑麦、玉米和小麦的混合。

## 开创性的蒸馏师

乔治·华盛顿是美国最著名的早期黑麦威士忌蒸馏师。和很多开国元勋一样，华盛顿以务农为生。1797年，在他被选为第二任总统之后不到一年，在他的农场经理、一位叫詹姆斯·安德森的苏格兰人的催促之下，他建立了一家蒸馏坊。安德森指出，华盛顿拥有酿酒的整个物资链：他可以在自己的土地上种植和收获谷物，可以在自家的磨坊里把谷物碾磨成粉，还可以很轻松地把产品运到市场。把谷物转化为威士忌将是出售它们的最有利可图的方式，而安德森正拥有酿酒的经验。

华盛顿的威士忌是用他能搞到的谷物混合起来酿造而成的；一个典型的配方是60%的黑麦、35%的玉米和5%的大麦。这些酒既没有装瓶，又没有打上标签，只是装在桶里，以“普通威士忌”的名义出售，供附近弗吉尼亚州亚历山德里亚城酒馆的顾客饮用。华盛顿的这场冒险大获成功——当他在1799年去世时，他的蒸馏坊已经成了美国最大的蒸馏坊之一，单单一年出产的酒精就超过1万加仑。

在华盛顿去世之后，蒸馏坊陷于破败失修境地，并在1814年被一把大火夷为平地。好在美国蒸馏酒委员会对这一历史遗址很感兴趣。通过与考古学家和弗农山庄地产商合作，他们出资重建了蒸馏坊。如今它就坐落在磨坊旁边，仍然按照一个真正的蒸馏坊来运营，使用当年詹姆斯·安德森很可能用过的同一套设备生产黑麦威士忌。只有一点和当年不同：今天在弗农山庄售卖的威士忌不再是未陈化的“普通威士忌”。它在橡木桶中得到陈化，味道更为怡人，然后还要装瓶，每年都限量销售。

## 黑麦的回归

黑麦威士忌有一个优点。老普林尼把它的风味描述为苦味，但这种风味可以更精确地称为香辛味，或用醇浓来形容。虽然黑麦威士忌在人们心目中大概一度被认为是一种便宜、烧心的烈酒，但是精细的蒸馏工艺和令

**黑麦威士忌**

---

要在美国使用“黑麦威士忌”这个标签，烈酒中必须包含至少51%的黑麦，蒸馏到不超过80度的度数，还要以不超过62.5度的酒精含量放在新橡木做的焦木容器中陈化。如果陈化时间达到两年以上，则可以称为“纯黑麦威士忌”。

---

人惊异的木桶熟化加工却足以让一些主要由黑麦酿造的威士忌跻身当今市场上最好的威士忌之列。

黑麦还是一些德国和斯堪的纳维亚啤酒的原料，美国的手工蒸馏师也用它来酿酒。对俄罗斯和东欧的伏特加来说，黑麦几乎算是一种基本原料；现在连美国的伏特加蒸馏师也开始用它了。“广场一号”伏特加就几乎是完全用有机的“深色北方”和其他北达科他州黑麦品种酿造的。比起搜寻风味更佳的面包级别的品种来，今天的蒸馏坊更愿意根据淀粉含量来选择黑麦品种，其中一些品种实际上就是那些原本种来充作牛饲草的品种。“我们真正想要的只是淀粉分子，”蒸馏坊主艾莉森·伊万诺夫说，“坚果般的风味对于澄净的蒸馏酒来说并没有那么重要。”不过，她遇到了一个麻烦：虫子。“如果把黑麦当成饲草来种的话，让里面长出更多的虫子是正常做法。”她说，“我们不得不退回一个供应商的供货，因为麦粒里面的蚂蚱太多了。”

黑麦种植者还会面临另一个挑战：麦粒非常容易感染一种叫麦角菌（学名*Claviceps purpurea*）的真菌。这种真菌的孢子会侵害黑麦开放的花，把自己伪装成一枚花粉粒，于是便获得了进入子房的机会。一旦进入子房内部，麦角菌就会沿着穗梗夺占幼小麦粒的位置，有时它看上去非常像是麦粒，以致人们很难把被感染的植株识别出来。直到19世纪后期，植物学家还以为那种古怪的深色肿块是黑麦的某种正常形态。尽管麦角菌并不会杀死黑麦，但它却对人有毒——麦角菌中含有一种前体化合物，即使经过酿造成啤酒或烘焙成面包的加工过程也不会被完全破坏。它可以转化为麦角酸二乙胺（英文缩写为LSD）。

虽然一种有精神活性的啤酒听上去很诱人，真相却要可怕得多。麦角菌中毒可以导致流产、癫痫和精神病，甚至可能会致死。在中世纪，突然暴发的名为“圣安东尼之火”或“舞蹈狂”的疾病会让整个村庄立即陷入疯狂状态。因为黑麦是一种农民阶级的谷物，这种疾病的暴发在下层阶级中更为常见，这便激化了革命和农民暴动。有些历史学家推测，美国历史上轰动一时的萨勒姆镇女巫审判就是由麦角菌引发的。因为麦角菌中毒的少女们癫痫发作，镇上居民便认定她们被施了巫术。幸运的是，黑麦的麦角菌感染还是容易防治的：只要在盐水中一泡，就可以杀灭麦角菌。

*Manhattan*

## 曼哈顿酒

“曼哈顿”是一款经典鸡尾酒，是黑麦威士忌的极致运用，其中的甜味美思酒则与黑麦的苦辛感形成鲜明对照。这个配方还是无穷无尽的变式的基础：把黑麦威士忌换成苏格兰威士忌，就是“罗布·罗伊”鸡尾酒；把味美思酒换成本尼狄克丁酒，就是“蒙特·卡罗”鸡尾酒；即使仅是把甜味美思酒换成干味美思酒，再用柠檬卷皮做装饰物，也能调制成“干曼哈顿”鸡尾酒。

1½盎司黑麦威士忌

¾盎司甜味美思酒

2甩安戈斯图拉苦精

马拉斯奇诺樱桃

把樱桃以外的原料加冰摇和，滤入鸡尾酒杯。用樱桃做装饰物。

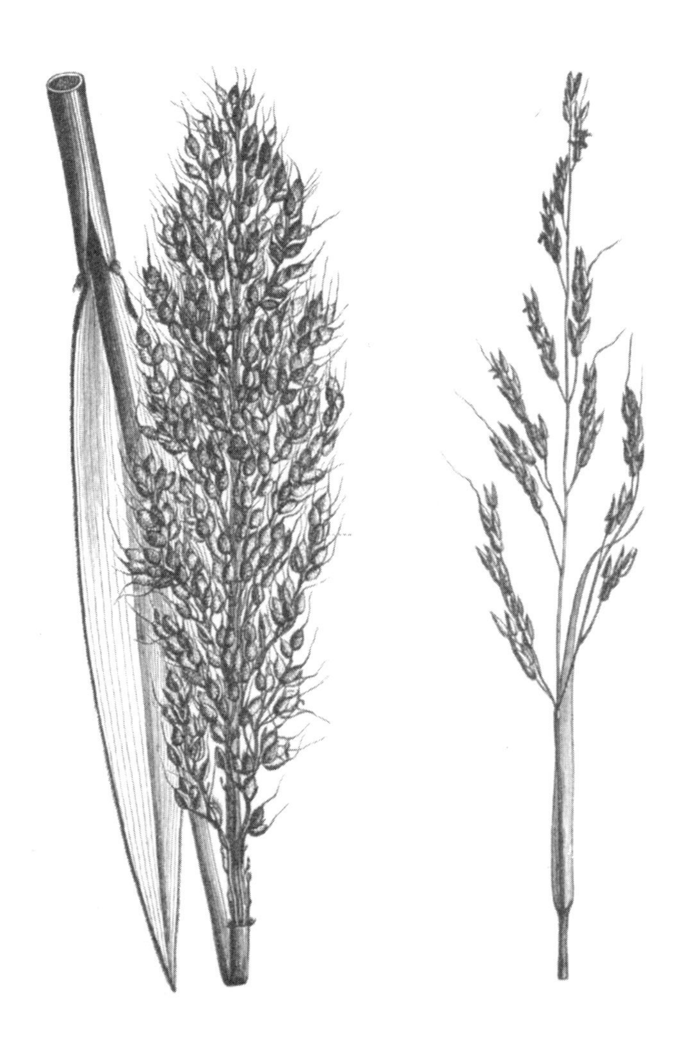

*Sorghum bicolor* 高粱 [禾本科]

1972年2月21日，美国总统尼克松、他的随从和美国媒体的成员在北京参加了一场宴会，尼克松由此开始了他对中国的历史性访问。当晚的宴会用酒是茅台酒，一种酒精含量超过50度的高粱烈酒。在之前的一次访问中，亚历山大·海格曾试喝了这种酒，他拍回一封电报，警告说："无论什么情况，总统在答谢宴会祝酒词时都绝不应该真的饮下杯中的酒。"尼克松不理睬这个建议，主人喝酒时他也喝酒，每呷一口时虽然浑身颤抖，却未置一词。美国著名记者丹·拉瑟说，这种酒尝起来就像"液态的剃刀锋"。

在名为"白酒"的中国高粱酒的庞大系统中，茅台酒只是其中一类。其他谷物——黍粟、稻米、小麦、大麦——在亚洲也都用来酿酒，但高粱酿酒具有悠久的历史；早在2000年前，亚洲就有了最早的高粱蒸馏酒。

**最适者生存**

为什么他们选择了高粱？当然不是为了风味——在品尝专家组尝来，很多白酒和高粱啤酒从来都和奖牌无缘。但是高粱偏巧具有令人难以置信的耐旱能力，在贫瘠的土壤上很容易栽培。它可以忍耐过外界生存压力很大的一段时期，然后快速反弹生长。植株表面的一薄层蜡质角质层使高粱免于干枯，而天然合成的单宁又保护它免受昆虫侵害。高粱的幼苗还能产生氰化物，作为对干旱压力的响应；对牲畜来说致死性的氰化物，却能在这个关键的生长阶段保护高粱自身。

简而言之，高粱是一名幸存者。这让它成了救荒救穷的谷物。在其他任何庄稼都无法生长的时候，是高粱维持了人们的生命。全世界凡是人口高度密集、贫穷窘迫的地区都有高粱的身影，这让它成为这些地区自酿酒的默认原料。

西方人常常把高粱和黍粟相提并论；原因在于在西方语言中，“黍粟”（millet）是一个宽泛的用语，包含了至少8种不同的谷物。它们的共同特征是具有圆锥状禾穗，或是具有松散成簇的细小种子，高粱自然也在其中。有些黍粟在英语中被称为“扫帚谷”，对它们来说，“扫帚状”的确是个恰当的描述语。就像大多数黍粟一样，高粱也是一种密集丛生的健壮禾草，可以长到15英尺高。

高粱起源于埃塞俄比亚和苏丹一带的东北非地区，在公元前6000年时得到驯化。因为高粱是非常有用的食物资源，它后来就传遍了非洲，又在2000多年前传到印度。沿着丝绸的贸易路线，它又从印度传到了中国。高粱有500多个品种，可以宽泛地分为甜高粱和谷用高粱（普通高粱）两类。就酿造酒精而言，甜高粱更适合从茎秆中榨出糖来，蒸馏成类似朗姆酒的酒饮，而谷用高粱更适合酿造啤酒或威士忌。

高粱米不怎么适合用来做面包，因为它缺乏让面团伸展膨胀的谷蛋白，但是传统上人们会用高粱做成大饼。令人垂涎欲滴的埃塞俄比亚“英吉拉”饼就是用高粱或苔麸做的，后者是另一种类似黍粟的谷物。

高粱的主要优点在于它富含纤维和B族维生素，在食物短缺的时候可以提供人体大量需求的营养物质。在玉米于全世界广泛栽培之后，这一点显得格外重要，因为完全以玉米为主食的膳食会导致糙皮病，这是一种严重的甚至是致死性的B族维生素缺乏症。但如果把玉米与高粱搭配食用，就可以避免患上糙皮病。

### 高粱啤酒

高粱这种谷物最实用的用途是煮粥或稀饭；正因为如此，用高粱酿造的第一种发酵饮料实际上就是放置了几天、直到酒精含量达到3至4度的稀粥。今天的传统非洲高粱啤酒的酿造方法和几千年前的方法在很大程度上是相同的。人们把高粱茎秆砍倒，通过在木制平台或草垫上敲打的方法脱粒，然后把谷粒在水中泡一到两天，使之开始萌发。接下来要把谷粒铺开，通常是铺在用绿叶织成的垫子之上，并加以苫盖，这样它们可以再多萌发几天时间。谷粒的酶这时便开始工作，把淀粉转化为糖。发芽的谷粒再与热水和碾成粉的高粱米混在一起，然后令其冷却。通过几天时间的自然发酵，人们还会再把它煮沸、冷却，然后加入更多的高粱谷芽，这样发酵又可以继续进行几天。酿好的啤酒只略经过滤，最后得到的是一种浑浊或半透明的酒饮。

酿造高粱啤酒常常是妇女的工作。国际援助组织并不情愿让她们放弃这项工作，因为这可以为她们带来一点微薄的收入，也的确能为其家庭提供一些营养。儿童们会得到少许高粱啤酒饮用；这种浓稠、带有酵母味道的酒饮的酒精含量很低，通常不含有害细菌，营养又挺丰富。事实上，反倒是用来酿酒的容器，成了高粱啤酒带给饮者的唯一真正的危险因素。有些非洲人在遗传上易于摄入过量的铁，而用于酿酒的大小铁桶，加上高粱中天然存在的铁，会导致啤酒中含有对他们健康有害的高浓度铁元素。除此之外，用之前盛装过杀虫剂或其他化学品的未经冲洗的容器酿酒偶尔也会导致和啤酒相关的意外中毒症状，但啤酒本身却无可指责。

50年前，这种自酿啤酒在非洲大陆消费的所有酒精中占据了85%的份额，但这个数字后来发生了迅速变化。高粱粉、酵母包、酿酒用酶这些预制好的原材料都很便宜，而且十分畅销，同样便宜而畅销的还有“只需加水”的啤酒混合配料。“奇布库”就是比自酿高粱啤酒前进一步的一种用硬纸盒包装出售的新鲜高粱啤酒。这种啤酒会在纸盒中继续发酵，所以纸盒必须有通气口，让二氧化碳能够逸出，否则纸盒会爆炸。全球性的啤酒

## 世界上最令人沉醉的植物是什么？

**请快速抢答：什么植物在鸡尾酒、啤酒和果酒中出现的次数比其他任何植物都多？**

大麦是一个很好的备选答案，还有葡萄也是。但是考虑到高粱在亚洲和非洲被如此广泛地用来酿造酒精饮料，它也有可能是最终的正确答案。但是，要对此做精确统计是很困难的，因为有太多的中国白酒和非洲高粱啤酒是自酿的，在偏远的农村地区尤是如此。不过，不妨参考如下数据：中国正式生产的白酒产量据报道是每年90亿升，而家庭制造的蒸馏器又可以再给这个数字轻松加上几十亿——这还没有包括用高粱酿造的中国啤酒。（中国是世界上最大的啤酒市场，每年要消费大约400亿升，几乎是美国的两倍。）

我们再来看非洲：在非洲国家，每年喝下的高粱啤酒的量，据保守估计也有100亿升，有些人的估计更高达400亿升。这样，光是中国和非洲很可能就饮用了至少200亿至400亿升的高粱啤酒和高粱烈酒。而这还未包括世界其他地区商业市场上的高粱酒饮。

再来考虑葡萄。全球每年的葡萄酒消费量总计是大约250亿升，算上白兰地和其他葡萄烈酒可能会让这个数字再增加10亿到20亿升。每年的啤酒饮家则会喝掉大约1500亿升啤酒，算上谷物威士忌和伏特加，这个数字会再增加90亿到100亿升——但是不要忘了，这些酒其实是用混合谷物酿造的，其中也包括高粱。这样看来，葡萄以及像大麦和稻米这样的谷物很明显都可能是正确答案。但是如果我们有办法对全世界广泛而复杂的饮酒行为做精确统计的话，高粱很明显也是世界上最令人沉醉的植物之一。

企业集团“SAB米勒”已经收购了这种酒的一个品牌“奇布库摇摇酒”，这充分说明，售卖这种浑浊发酸的高粱啤酒足以让人赚上一大笔钱。

事实上，SAB米勒集团正在努力把高粱变成一种更好的啤酒原料。这家公司与南非和其他非洲国家数以千计的农民签订了合同，让他们为其发酵坊种植高粱。这家公司因此得以酿造瓶装的“清啤酒”，看上去很像西方式的啤酒，在本地出售的价格只有不到1美元一瓶。自酿高粱啤酒仍然有销路，因为每份只需几便士就能买到，但是啤酒公司希望，即使是身上只有几美元的非洲人也能掏出一部分钱来购买更高品质的啤酒。

**美国高粱**

高粱在美国南方栽培得很普遍；事实上，高粱是美国第四大作物，排在玉米、小麦和大豆之后。有些扫帚形态的高粱在18世纪就有种植了，但在1856年一系列引人注目的实验之前，美国并没有栽培我们今天熟悉的那种高粱。那一年，《美国农学家》杂志的编辑用从法国进口的种子栽培了长达75英尺的一排高粱。他收获的谷物总共重1600磅，被分装在小袋里寄给了杂志的3.1万名订阅者。两年之后，他又把这个宣传噱头重复了一遍。美国专利局也分发了大量高粱种子，其中包括源自中国和非洲的品种。有了邮寄来的免费种子，农夫们没过多久就开始种植高粱，作为饲草和粮食作物——就在这时，他们发现高粱还能用来酿造私酒。

1862年，《美国农学家》刊登了一则“高粱酒”广告，这种酒是用从高粱的甜秆中榨出的糖浆酿造的，被夸耀为“很难把它和最好的马德拉酒区分开来”。北卡罗来纳州州长、国会参议员西布仑·万斯回想他在南北战争期间担任邦联官员的岁月时，记起有一种用高粱“甘蔗”酿造的酒饮。他说：“无论是它的味道还是酒劲，毫无疑问都要比‘打横旗的军队’还可怕。”这话的意思是说，这种酒要比敌军的火力还糟糕。不过，这并不是说万斯反对私酿烈酒。他反对收取威士忌税，反对设置追查私酿烈酒的税务员；他在1876年抱怨道：“如果没有一帮税务官追在屁股后面跑，一个诚实的男人就没法喝下一杯诚实的酒，这样的时代已经来了。”

人们继续用高粱糖浆非法酿酒。1899年，南卡罗来纳州的私酿烈酒者遭到逮捕，因为他们酿造了名为“塔西克”（tussick）的高粱烈酒，这个名字很可能来自英语“草丛”（tussock）一词。它还有个名字叫“沼泽威士忌”，因为酿酒用的水是沼泽里的水。北卡罗来纳州的私酿烈酒者则把他们的高粱烈酒称为“猴朗姆酒”；尽管这个称呼具有令人不快的种族歧

*Honey Drip*

## 蜜滴

这个配方是用一个常见的甜高粱品种命名的，它是杯中的甜点。

½盎司高粱糖浆

1½盎司波本酒（如果你不喜欢波本酒，请尝试黑朗姆酒）

½盎司安摩拉多酒

因为高粱糖浆可能会太过浓稠，不易倾倒或称量，不妨试着用勺把它舀到量杯里，加入极少量的水后放在微波炉里加热10秒钟，只要让它刚好可以倒出量杯即可。（另一种方法是把一块糖浆丢到摇酒壶里，企盼它刚好是最合适的量。）把所有原料加冰摇和，倾入鸡尾酒杯中。

视意味，那时的一些作家却声称，之所以这样称呼，是因为喝下这种酒会让一个人想要爬上椰子树。

私酿高粱烈酒的活动一直持续到20世纪。1946年，当战后的谷物短缺把同样的难题摆在私酿烈酒者和合法的蒸馏坊面前时，亚特兰大一个4000加仑容量的蒸馏器发生了爆炸，大火烧毁了3000加仑用于蒸馏的高粱糖浆。1950年，有78.9万吨高粱被用来酿造合法蒸馏的烈酒，但到20世纪70年代，这个数字就降到只有8.8万吨，这也是最后一个统计数字。从20世纪30年代到70年代（只有这一段时期有相关统计数字发布），用于蒸馏的高粱比黑麦还多。

尽管美国人长期具有用高粱酿造烈酒的传统，尽管直到现在美国农民每年事实上还会生产400万至600万加仑的高粱糖浆，在今日市场上却只有很少几种高粱烈酒出售。2011年，印第安纳州的“科尔格拉齐耶和霍布森蒸馏”公司开始生产一种高粱糖浆朗姆酒，他们把“高粱”（sorghum）和朗姆酒（rum）这两个词拼在一起，称之为“高粱姆”（sorgrhum）。（这种酒无法被合法地称为朗姆酒，因为按照法律，朗姆酒只能用甘蔗酿造，所以在酒瓶标签上，“朗姆酒”显然必须用“高粱糖蜜烈酒”或“用高粱糖蜜蒸馏的烈酒”之类没情调的名字代替。）威斯康星州麦迪逊的“老糖蒸馏坊”也酿造了小批量的“珍妮女王高粱威士忌”。这些酒品的酿造，加上瞄准谷蛋白不耐受的啤酒饮家销售的高粱啤酒，可能标志着高粱要在美国开始复兴了。

## 一起国际事故

在中国，高粱米也是重要的啤酒原料；中国人也会压榨较甜品种的高粱秆，用榨取的汁液酿造果酒。然而，中国最著名的高粱酒饮还是名为“白酒”的蒸馏酒。尼克松总统饮用的那种名为“茅台”的白酒源自贵州省，据说已经有超过800年的历史了。有一个经常重复但是无法证实的故事说，中国人把茅台酒拿到了1915年在旧金山举办的巴拿马—太平洋国际展览会上展览。一位中国官员担心自己国家的产品被人忽视，便把一瓶酒掉在地上摔得粉碎，让酒的气味弥漫了整个展览厅。这吸引了人们的注意，于是茅台酒最终赢得了金奖。（可惜，无论是这起事故还是所谓的金奖，在那次展览会的档案记录中都毫无踪影。）

茅台酒（mao-tai）是一类白酒的统称，是宴会和庆典的首选饮品，其中的一个中文也叫“茅台”（英文拼写为稍有差异的Moutai）的优质品牌则更受欢迎。2011年上半年有个新闻，说茅台酒的价格在中国已经飙升到了每瓶200美元，但在欧洲和美国出售的价格却只有这个数字的一半。茅台酒厂是国有企业，所以它的高价格引发了市民抗议，他们觉得这样一种国酒的价格应该适中，让一般人也能喝得起。（当然啰，与此同时还有人在用自制蒸馏器自酿茅台酒。）尽管因为政府的保密使人们非常难于对中国市场进行分析，但是酿酒工业专家相信，如果那些最知名的白酒品牌能报告其销售情况的话，它们的销量将轻松把世界上其他最畅销的品牌——包括目前的冠军“真露”朝鲜烧酒，以及像“斯米尔诺夫”伏特加和“百家得”朗姆酒之类的其他流行品牌——甩在后面。

尼克松总统饮用的茅台酒毫无疑问是当时的中国能拿出来的最好东西。在中国招待他的晚宴上，周恩来总理往他那杯酒里划了根火柴，向尼克松展示这种酒可以点着火。尼克松把这件事记录下来，准备留作后用。1974年，美国国家安全顾问亨利·基辛格告诉另一位中国官员，当尼克松回家之后，曾经试图给他的女儿重复这个把戏。“他拿出一瓶酒，往碗里倒了一些，然后把它点着。”基辛格说，“但是那个玻璃碗被烧裂了，茅台酒流了一桌，结果桌子也着火了！所以你们差点把白宫烧掉！”

### 小心“巫婆草”

高粱很容易被一种古怪的寄生植物侵害，这种寄生植物叫独脚金，英文叫“巫婆草”，是独脚金属（学名Striga）各种植物的统称。[意大利利口酒“斯特雷加”（Strega）的爱好者能够认出Striga正是拉丁语中的“巫婆”一词。]独脚金的种子只有在名为“独脚金内酯”的激素存在下才能萌发，而高粱根可以释放这种激素。一旦独脚金种子遇到这种激素，它们就会长出微小毛状结构刺入高粱根。很快，高粱的根系就被它们占领了，当独脚金长出地面的时候，高粱也就快死了。

在寄主奄奄一息之时，独脚金却靠着它欣欣向荣。高粱变黄枯死之时，正是独脚金开出美丽红花之日。单独一棵独脚金就能结出5万到50万枚种子，足以毁灭整片高粱田。植物学家正在努力繁育不会制造那种激素的高粱新品种，让独脚金的种子无计可施。

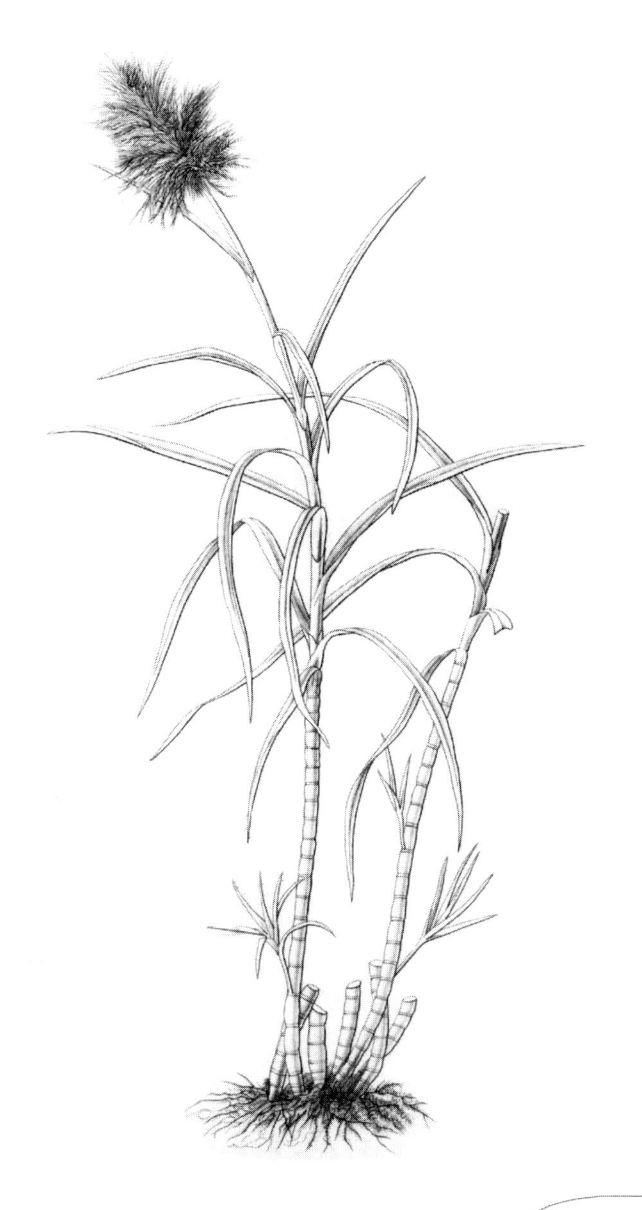

*Saccharum officinarum* **甘蔗** [ 禾本科 ]

在印度和乐土阿拉伯的高大禾草丛中可以找到一种叫“萨喀龙”的整块蜜糖，其质地均匀与盐类似，又脆得可以在齿间碎裂，也与盐类似。把它溶解在水里饮下，对肠胃很有好处，作为饮料又有助于滋补疼痛的膀胱和双肾。用它摩擦眼睛，可令瞳孔上的翳消散。

这段古怪的文字取自迪俄斯科里德的五卷本医学著作《本草》，其中描述了一种甜味禾草；直到公元前325年亚历山大大帝把它从印度带回之后，欧洲人才知道有这么种禾草存在。（顺便说一下，“乐土阿拉伯”指的是也门；不要把它与“荒漠阿拉伯”和“石地阿拉伯”混淆，后二者是指代阿拉伯半岛其他地区的普通用语。）在那个时代，甘蔗和从甘蔗中提取的结晶蔗糖对希腊人来说是完全新奇的事物，但它早就为印度人和中国人所熟知了。这要部分归功于甘蔗的一种独特的解剖优势，正是这种优势使它能够耐受长途旅行。

### 甘蔗的诞生

植物学家相信，早在公元前6000年时，在新几内亚就有甘蔗栽培了。作为一种甜味资源，人们很可能把柔嫩的幼蔗简单砍下来咀嚼，至于更成熟的植物则另有用途——它们大概可以用作建筑材料。我们可以很容易想象，有人砍下了很多粗壮的蔗秆，把它们插在地上，作为茅屋的支柱，然后却注意到蔗秆竟然很快就长出了新根，且自身也在继续生长。和竹子一样，甘蔗也是一种繁殖起来容易得惊人的植物。要繁殖甘蔗根本不需要什么专门知识，只需砍下一段，保持它湿润，然后插在地里就行了。

这样也就不难想象，这种植物的迁徙会有多容易。甘蔗可能很容易就漂浮到印度尼西亚、越南、澳大利亚和印度。事实上，很多早期的贸易和文化接触就是这样发生的。早期的贸易活动中有很多都是沉船漂浮物、船只投弃物和偏离航线的筏艇引发的结果。甘蔗这样一种既适合做建筑材料又适合做食物的粗壮轻盈的大禾草，本来就很适合旅行。

中国有它自己的蔗种，这就是名为竹蔗（学名*Saccharum sinense*）的品种。尽管它比新几内亚种要小，却更健壮，更能忍受较冷的天气、较贫瘠的土壤和干旱。印度也有其本土蔗种细秆甘蔗（学名*Saccharum barberi*）。在这些品种和几种更早、更为野生的品种之间能够发生某种程度的杂交，尽管植物学家对于这个杂交过程的具体情况还有不同意见。我们能够确切知道的是，杂种也很适合旅行，在亚洲和欧洲较为温暖的地区都能繁茂生长。到15世纪，欧洲已经有了一个粗壮、强健、极为甘甜的甘蔗类型，可以在沿着香料贸易路线航行的途中随身携带。葡萄牙人就把它带到了加那利群岛和西非，而哥伦布把它带到了加勒比海地区。

## 甘蔗的品种

人们有意用类似“CP70-1133”这样一点也不浪漫的名字来为现代甘蔗品种命名。不过，热带植物采集家现在仍然在种植一些较老的品种。许多品种有耀人的鲜艳颜色或狂野的条纹，以及有趣得多的名字，比如：

| | | |
|---|---|---|
| 亚洲黑（Asian Black） | 克里奥尔（Creole） | 贝利之烟（Pele's Smoke） |
| 巴达维亚（Batavian） | 佐治亚红（Georgia Red） | 条纹绫带（Striped Ribbon） |
| 波旁（Bourbon） | 象牙条纹（Ivory Stripes） | 坦拿（Tanna） |
| 井里汶（Cirebon） | 路易斯安那紫（Louisiana Purple） | 黄喀里多尼亚（Yellow Caledonia） |

一旦甘蔗到达新世界，它就为我们贡献出了朗姆酒，但它也为我们带来了另一种事物——奴隶制。从16世纪前期开始，欧洲商船就驶向西非，并从那里驶向加勒比海地区的甘蔗种植园，把非洲人像货物一样引介给他们的贸易伙伴，由此开启了人类历史上最为丑陋的篇章。在甘蔗地里的工作绝不是什么乐事。在酷烈的高温之下，工人必须手执巨刀把甘蔗砍倒，在高效的磨坊中压榨，然后在极烫的热锅中把甘蔗汁煮沸。在甘蔗田中有蛇、鼠和各式各样的有害动物。这真是危险、繁重、令人精疲力竭的工作。唯一能够让人们从事这种工作的办法，就是绑架他们，并用死刑来强迫他们工作——这正是历史上曾经发生过的事。一些欧洲人和早期的美洲移民者极度憎恶奴隶制。以英国废奴主义者为例，他们拒绝在茶中搁糖，以抗议制造这些糖的方式。然而，却几乎没什么人拒绝饮用朗姆酒。

## 甘蔗的植物学

第一眼看去，甘蔗像是一种普通的植物。它不过就是一种高大甘甜的禾草罢了。但是再仔细打量一下，你很容易就在单独一根蔗秆里发现更多的特征。出土的蔗茎是分节的，茎节把茎一段段分开。在每个茎节上都有“根原基”和一枚芽，根原基在合适的环境下可以转变为根的组织，而芽随时都可以长成新的茎叶。正是这些高度紧致的小带状组织，让甘蔗的繁殖变得极为容易。只消把单独一段带有一个完整的节的茎段（像这样的插枝术语叫作“蔗段”）埋在土里，它就可以伸展开“蔗段根”，为幼芽提供临时的营养；之后，更多永久性的“苗根”会把新植株锚定在原地，让它继续存活。之后幼芽也伸展开来，长成一根新甘蔗。

蔗秆像树干一样是由同心圆层构成的。最外层的坚硬蜡质外皮可避免植株体内的水分流失。对于生长中的年幼植株来说，外皮是黄色的；当叶绿素的颜色开始显露出来之后，外皮又变成绿色。红色和蓝色的花青素则会把茎秆变成浅紫色或酒红色。花青素是一类植物色素，对于甘蔗来说，其作用是保护植株免受日光伤害。有些品种的茎秆甚至像糖果棒一样带有条纹。

在蔗秆的中心是柔软、海绵质的植物组织，可以把水分从根部向上运输，并把糖从叶向下运输。这里就是魔法发生的地方。每一段茎段的成熟都是相互独立的。具体来说，最靠近地面的茎段要到吸收了尽可能多的蔗糖之后才会成熟；在它上面的茎段成熟所需的蔗糖略少一些，再上面的茎段所需的蔗糖又略少一些，如此类推。在理想条件—— 一个漫长而温暖的季节，阳光要充沛，又有较高的湿度——下，蔗茎迅速伸长，里面满是蔗糖。种植者管这一时期叫“大生长期”。在大生长期结束的时候，人们

*Daiquiri*

### 代基里酒

1½盎司白朗姆酒

1盎司单糖浆

¾盎司鲜榨来檬汁

经典代基里酒只用这三种原料调制，不再加其他原料。加冰摇和，滤入鸡尾酒杯。

尽可能齐着地面把蔗秆砍下来，以获取蔗糖浓度最高的茎段。

如果到这时蔗茎仍没有砍断，甘蔗就会开花。它开出的是松散的羽毛状花序，有时候叫作“蔗箭”。甘蔗花序高踞叶丛之上，可以捕捉微风，而这正是其花粉的传播方式。每一丛甘蔗花序含有数以千计的小花，每一朵都可以结出单独一枚微小的种子。不过，在甘蔗种植园中，茎秆在它能进行有性生殖之前就收获了，人们把蔗段埋在田中，让它长出甘蔗的下一代。

**酿造朗姆酒**

在稠密的甘蔗田中穿行本身就是件困难的事情，更何况甘蔗那锐如刀锋的叶子会割破工人的皮肤。有好多生灵都喜欢蔗田，比如蛇、老鼠、肥胖多肉的千足虫和螫人的大黄蜂什么的，这又会造成另一些令人厌恶的意外。一种解决方案是在收获之前放火焚田，把有害动物都赶跑，同时清除掉绝大多数的植被。今天，一些蔗田还在使用这种方法，甚至在使用收获甘蔗的重型设备的现代农场也不例外。

甘蔗一旦收获下来，就非常容易腐烂，必须在细菌开始吞吃蔗糖、抢劫糖厂的产品之前尽快把它送进磨坊。所以甘蔗一被砍伐，蔗茎就马上被切碎、压烂和碾磨，以榨取其中的汁液。在马提尼克这个法属加勒比岛屿，这种鲜蔗汁经过直接发酵和蒸馏便制得“农家朗姆酒”；在巴西，鲜蔗汁则变成了“卡恰萨”酒。然而，我们知道的大多数朗姆酒是用糖蜜而

**甘蔗渣**

从蔗秆中榨过汁后剩余的甘蔗残渣，可用作燃料、牲畜饲料、建筑材料和堆肥包装。

不是甘蔗汁酿造的。

若要把甘蔗汁加工成蔗糖，甘蔗汁要先过滤、提纯，然后再加热，使之结晶成蔗糖。除掉蔗糖之后剩下的是一种味道浓郁的深色糖浆——糖蜜。如果要把糖蜜酿成朗姆酒，首先把它和水、酵母混在一起让它发酵，制成一种含5至9度酒精的酒醪。接下来再蒸馏酒醪——起初是用简单的蒸馏罐，现在则用更为精细的柱式分馏器——就可以得到朗姆酒。

在种植园里，朗姆酒是工人饮用的便宜饮料，而不是精致的出口产品。这些农场的主人饮用的很可能是波尔图酒或白兰地，而不是朗姆酒。但是，到达新英格兰的第一批殖民者因为缺乏快捷简便酿造酒精的方式，却只能从加勒比海地区进口糖蜜，然后把它酿成朗姆酒。然而，这其实是一种无路可走的做法，后来更成为一种反抗行动。英国在1733年颁布了《糖蜜法》，对于从法国进口的产品课以重税，试图强迫殖民地购买英国糖蜜，而非法国糖蜜。这样的法律唯一的作用就是点燃殖民者的怒火，激起美国大革命。约翰·亚当斯在1818年写给他的朋友威廉·图多尔时就说道："糖蜜是美国独立中的至关重要的因素，我不知道为什么我们要对承认这一点感到脸红。很多伟大的事件都是由渺小得多的原因引发的。"

甘蔗种植后来也成了美国的一项产业。如今在佛罗里达、路易斯安那、得克萨斯和夏威夷州一共栽培了90万英亩的甘蔗。但是，大多数朗姆酒仍然来自加勒比海地区。这里面的部分原因是历史的偶然——最古老、最知名的蒸馏坊必然坐落在最先种植甘蔗的地方，另一部分原因则和气候有关。当朗姆酒被装到酒桶里之后，让威士忌变得香醇柔顺的那种酒精与桶木之间的相互作用在朗姆酒这里也发生了。但是在热带，这个过程的速度要快得多。因为桶木在溽暑的天气下会膨胀软化，一桶朗姆酒（所用的酒桶常常是用过的波本酒桶）每年的酒精损失可达到惊人的7%至8%。在苏格兰要用12年才能完成的反应，在古巴只用几年时间就完成了。因为这个原因，陈化良好的深色加勒比朗姆酒具有惊人的醇厚丰富口感，而它其实只在木桶中放置过很短的时间。

### 海军的烈酒

尽管朗姆酒是美洲人的饮品，它的历史却和英国海军有不可分割的联系；英国海军与他们最爱的烈酒之间的漫长关系催生了数量惊人的配方、习语和古怪的技巧。

### 蔗糖知识入门

蔗糖——或者通过加热等量蔗糖和水制备的单糖浆——是一种至关重要的鸡尾酒原料。然而蔗糖有很多种类，有些种类比其他种类更适合加到酒饮中。

**红糖**是提纯之后为了风味和颜色再洒上糖蜜的蔗糖。

**德梅拉拉糖和穆斯科瓦多糖**是两种粗粒的生蔗糖，其中还有一些糖蜜形成糖衣或残余其中。

**糖粉**含有少量玉米淀粉或面粉，可以避免其结块。它适用于烘焙食物，却会把酒饮搞糟。不要在鸡尾酒中使用。

**绵白糖**（也叫“烘焙用糖”或“调味瓶糖”）是普通的粒状蔗糖，已经被碾得很细，因此可以快速溶解。是鸡尾酒的理想用糖。

**粗糖或叫图尔比那多糖**系用头次榨取的甘蔗汁制备。糖粒通常较大，带有一些糖蜜风味。虽然煮起来要用更多时间，但用它可以制备更醇厚的单糖浆。

在16世纪，啤酒是供应给水兵们饮用的酒饮，这一方面可以让他们感到愉快，另一方面也因为没有添加能杀灭细菌的酒精的水在海上很快就会变质。但在更长的航海中，连啤酒也会变质，于是朗姆酒就成了首选的给

## 甘蔗烈酒的品鉴指南

**阿瓜尔迪恩特酒：**西班牙语中对澄净的中性酒或白兰地的通称；在很多拉丁美洲国家，它指的是一种用甘蔗酿造的烈酒。

**巴达维亚亚力酒：**一种高度数（酒精体积百分含量为50度）的印度尼西亚烈酒，用甘蔗和发酵的红米蒸馏而成。它是经典潘趣酒配方中的关键原料。

**卡恰萨酒：**这种巴西烈酒系用鲜甘蔗汁蒸馏而成，是“凯皮利尼亚”鸡尾酒的主要原料。（其他原料是糖和来檬汁。）

**恰兰达酒：**一种墨西哥烈酒，常又叫作“墨西哥朗姆酒”。

**拉康·哈利皇家巴锡酒：**菲律宾的一种甘蔗果酒。

**朗姆潘趣酒：**以朗姆酒为基酒的法国利口酒。

**农家朗姆酒：**产自法属西印度群岛、用甘蔗汁而非糖蜜蒸馏的朗姆酒。

**朗姆酒：**用发酵的甘蔗汁、糖浆、糖蜜或其他甘蔗副产品蒸馏而成的酒饮，蒸馏到酒精体积百分含量低于80度之后，以40度或更低的酒精体积百分含量装瓶。

**德国混合朗姆酒：**德国生产的朗姆酒和其他酒饮的兑和酒。

**甘蔗／糖蜜烈酒或甘蔗／糖蜜伏特加：**用甘蔗蒸馏的澄净、中性、高度数烈酒的通称。

**天鹅绒法勒南酒：**以朗姆酒为基酒调制的甜味利口酒，用来檬、扁桃仁、丁子香和其他香料调味，是迈泰酒之类用朗姆酒调制的热带鸡尾酒的关键原料。

养。不过，直接配给每位水兵整整一品脱的朗姆酒却被证明是个糟糕的主意——他们会一口气把酒喝光，忘记自己的职责。解决方案就是往酒里兑水、来檬汁和糖，这不仅可以改善口味，而且能对付坏血病。这种掺了水的烈酒（它的度数还没有高到可以称之为代基里酒的程度，虽然二者的配方多少是相同的）一天可以分发两次，而不致危及船只的行驶。

我们很容易就能想到，水兵们会开始怀疑供给他们的朗姆酒里面是否掺了太多的水。他们要求司务长拿出证据，证明他们得到的酒的度数与应得的相符。那时候还没有液体比重计（液体比重计是用来测量液体密度与水的密度之比的工具，因此可以用来测量酒精含量），于是士兵们发明了一种判定酒的度数的方法，其中用到了军舰上一直都会有的一种材料——黑火药。如果朗姆酒掺了水，把它和一定量的黑火药和在一起，黑火药就点不着。朗姆酒中必须含有大约57%的酒精，才能让黑火药点着火。在全体船员面前，军舰的司务长会把朗姆酒和黑火药和在一起并把它点着，从而拿出这酒具有足够度数的“证据”。（所以在英语里，“度数”和“证据”是同一个词——proof。）今天，英国用来衡量酒精含量的单位“标准度”仍然以此为标准：一瓶酒如果含有57%的酒精，就是100标准度。在美国，这个计算要容易一些：100标准度相当于50%的酒精含量。（在中国则不用“标准度”的概念，“度数”与酒精体积百分含量完全是同义词。）

从1970年起，英国海军不再供应朗姆酒。水兵们对此表示抗议，佩戴起黑色的臂章，并向菲利普亲王——他本人就是一位退役海军军人——请愿，要求“拯救我们这一小口酒”。但这些抗议丝毫不起作用。取消朗姆酒的给养不仅可以节约开销，而且能够确保驾驶潜艇的水兵至少能像驾驶汽车的老百姓一样清醒。如今，海军喝朗姆酒的传统已经消失了40多年，但一些朗姆酒蒸馏师继续供应“海军强度”款式的朗姆酒，仍然是以57度酒精含量装瓶。

*Mojito y Mas*

## 加料莫希托酒

1½盎司白朗姆酒

1盎司单糖浆

¾盎司鲜榨来檬汁

3枝鲜留兰香

苏打水

变式可用：葡萄汽酒（西班牙干卡瓦酒表现良好）和新鲜水果

在摇酒壶中加来檬汁和单糖浆，以及研磨的2枝留兰香。加入朗姆酒，加冰摇和，滤入装满碎冰的高球杯。用苏打水做盖顶，用剩下那枝留兰香做装饰物。

**变式：**加料莫希托酒可以使用任何从花园新采摘的应季水果做辅料。桃、李子、杏、覆盆子和草莓是最适宜的。在上述一般配方中只需做如下改动：请把碎冰和切碎的水果混合起来装满高球杯。加入朗姆酒，用葡萄汽酒（西班牙干卡瓦酒表现良好）而不是苏打水做盖顶。好了，请到太阳底下坐下慢慢享用吧。

## 甜菜

*Beta vulgaris*

藜科

1806年，拿破仑·波拿巴发现自己陷入了一个困境。他刚颁布了一项名为《柏林敕令》的法令，禁止进口任何英国货物。但这就意味着法国人享受不到任何茶叶、温暖的英国羊毛、靛蓝染料和糖了。那时候，加勒比海地区绝大多数甘蔗生产都处在英国的控制之下。知道了这对巴黎的糕点师傅来说将会是一场灾难之后，拿破仑制订了从甜菜中提纯蔗糖的计划。

他请求植物学家本雅明·德雷塞尔研发相关的技术。很快，全法国就开设了6个实验站，100名研究者在研发这项工艺。农夫被要求种植成千上万亩的甜菜。40个工厂一同开工，生产了多达300万磅的蔗糖。1811年，拿破仑写道，英国人可以把甘蔗扔到泰晤士河里了，因为欧洲大陆已经不再用它了。但是在他被流放之后，政治的风向再次变化，甘蔗又回到了法兰西。

现代的糖用甜菜是一个粗壮的白色品种，专为其比多数甘蔗还高的18%的蔗糖含量而种植。它可以长到1英尺长，重达5磅。甜菜是莙荙菜和苋菜的近亲，它很可能原产于地中海地区，那里生长有野生的滨海甜菜（学名*Beta vulgaris* subsp. *maritima*），也叫野菠菜；甜菜便是从滨海甜菜中选育的一个更为驯化的品种。尽管16世纪后期的植物学家发明了一种方法，可以把甜菜熬制成糖浆，但在蔗糖含量更高的品种选育出来之前，这种糖浆并没有被当作甜味剂来使用。品种选育上的突破，加上工艺上的进步和市场对糖的高度需求，最终使人们得以从甜菜中提取出足量的蔗糖来。

今天，世界上的蔗糖里有四分之一是从甜菜中榨取的，美国、波兰、俄罗斯、德国、法国和土耳其是产量最多的国家。美国生产的蔗糖中有55%是来自糖用甜菜，它们大多数种植于西部各州。所有这些美国产蔗糖都被本国人消耗掉了，另外还要进口更多，以满足美国人对甜味的嗜好。这些进口的蔗糖大多来自拉丁美洲和加勒比海地区。

甜菜蔗糖的生产过程与甘蔗类似。人们不是用磨，而是用热水把甜菜汁提取出来。不过在这一步之后，甜菜汁要过滤、加热，然后把蔗糖的结晶与糖蜜分离开。从甜菜中提取的蔗糖，在化学成分上和甘蔗蔗糖等同，但二者的糖蜜不同：甜菜糖蜜发苦，口感不好，这是由残留其中的非糖残渣导致的。甜菜糖蜜可以用来饲喂牲畜，甚至用来洒在结冰的路面上，让作为化雪剂的盐能黏附其上。

不过，对饮家来说，有一个事实是饶有趣味的——甜菜糖蜜会卖给酵母的生产商，他们把它和甘蔗糖蜜混合，就得到一种富于糖分的培养基，供大规模培养酵母之用。在糖蜜上培养的酵母再被过滤、压缩，出售给发酵坊、蒸馏坊和面包坊。所以从某种意义上来说，所有的酒都来自甜菜蔗糖。

有些烈酒是用甜菜蔗糖制造的，尽管这一点可能不那么明显：所谓的精馏酒——或叫中性酒——可以用甜菜蔗糖酿造，用作利口酒的基酒，或用来调整其他烈酒的度数。像三干酒这样的橙味利口酒，以及许多牌子的苦艾酒和帕斯提酒都是用甜菜蔗糖精馏酒作为基酒调制的。在世界范围内，有少量朗姆酒也是用甜菜蔗糖酿造的，包括瑞典的“最高”和奥地利的“斯特罗80”。美国的手工蒸馏坊也在用它酿酒。密歇根州的“北方合众发酵公司”制作了一款以甜菜蔗糖为原料的朗姆酒，而威斯康星州的“老糖蒸馏坊”则用甜菜蔗糖蒸出了一种茴芹风格的乌佐酒和一种蜂蜜利口酒。

*Triticum aestivum* **小麦** [ 禾本科 ]

小麦是最古老的谷物之一，它似乎是“最古老和最原始的啤酒原料”这个头衔的合理候选者。在中东，小麦在1万年前就被驯化了，然后在公元前3000年左右传到中国。作为一种食物资源，它在各方面都十分适合：蛋白质、风味、保质期，还有良好的弹性——所以可用来做面包。然而，一些让小麦适合食用的性质，恰恰同时又让它难以发酵。事实上，发酵师和蒸馏师都认为小麦是最难对付的原料。

要弄明白这个问题，不妨从植物的角度思考一下。任何种类的谷物，它首先当然是植物的种子；它是植物的下一代，代表了植物对永生的追求。为了保证种子的成功，植物在胚的附近以淀粉的形式把糖类贮藏起来。但是，光有糖类是不够的，幼苗还需要蛋白质。所以，在淀粉周围还嵌入了许多蛋白质基质。当种子落到地面上、得到一点点水分时，酶就开始工作，把淀粉分解掉，以便让幼苗能获得生长所需的糖类。但是，首先它们必须能突破蛋白质基质的包围。

小麦吸收氮的本领特别高强，而氮是构成蛋白质的重要元素。这些小麦蛋白的含量变化具有相当大的弹性，这意味着如果小麦吸收了多余的氮，就可以把这些氮以小麦蛋白的形式贮存起来，从而形成包围淀粉粒的十分发达的基质。这对面包师来说是好消息，因为大量的蛋白质可以保证烤出好面包。在有水存在的情况下，这些小麦蛋白可以聚在一起形成谷蛋白（面筋）——就是面团中那种非常重要的发黏的、有伸展性的成分。

这就是为什么几千年来，农夫们选择的小麦品系都富含蛋白质，而且急于从土壤中吸收氮质。然而，他们的这一选择过程却对发酵师没有好处。当发酵师把小麦芽打成糊浆之后，其中的淀粉仍然被蛋白质基质所紧密包围，以致其中一些淀粉粒根本无法利用。这个方程很简单：更多的氮意味着更多的蛋白质，意味着更少的糖类，也就意味着更少的酒精。更麻烦的是，小麦在糖化桶里会变成胶黏状，而在发酵后剩余的少量蛋白质又会让啤酒变得浑浊。

### 少量小麦

所以，尽管古人的确酿造过小麦酒，却从未以它作为单一的原料。古埃及人把小麦、大麦、高粱和黍粟混合，组成了一个更适合加工的配方。从中世纪开始，在德国形成了制造小麦啤酒的优良传统，但就是这些小麦啤酒，其原料中小麦也只占大约55%，原粒中的其他谷物都是大麦。俄罗斯蒸馏师早年用小麦、大麦和黑麦的混合原料酿造伏特加，而苏格兰和爱尔兰的威士忌酿酒商也善于用类似的混合原料——另外再加一点玉米——酿造威士忌。没有其他这些谷物的帮助，光靠小麦本身是酿不成酒的。

## 荞麦

荞麦（学名*Fagopyrum esculentum*）并不是真正的麦类，而是蓼科的一种有花植物，和酸模、羊蹄这两类欧洲的野生植物关系很近。荞麦的种子呈深色三角形，种子外面包的果皮（荞麦皮）的体积几乎相当于种子的四分之一。除掉荞麦皮之后剩下的种子就叫作荞麦米。

荞麦可用于磨面，荞麦面可做饼和面条；荞麦米也可以用来煮粥（比如欧式荞麦粥）。此外，荞麦在日本还被用来酿造名为“烧酎”的烈酒，或是作为无谷蛋白的代用品掺杂在伏特加和啤酒中。法国“德美尼尔蒸馏坊”酿造了据称是世界上唯一的荞麦威士忌，名叫“埃迪·西尔维”。

如果小麦这么难处理，那为什么还要用它呢？品尝一下德国产的“酵母麦啤”，你就知道答案了。它有一种明显的面包和饼干的芳香，让人很难不爱上它。而且，小麦具有醇滑、柔顺和随和的品质，它和酒里其他的风味很合得来。德国麦啤一向以其辛香、柑橘般的特质著称；这种特质和啤酒花的关系不大，主要是一些特殊株系的酵母对小麦糖分进行发酵的结果，由此便产生了独特的风味。这些麦啤之所以闻名，还因为它们有厚重的泡沫头，而这些泡沫绝大多数都是溶解的小麦蛋白。只是为了产生这样的泡沫，许多发酵师就会往他们的混合谷物原料中掺入少量小麦。

小麦还可以在伏特加和威士忌的酒体中加入一种轻盈柔顺的品质，是一件很美妙的事情。很多波本酒饮家都会说，品遍种种奇妙的波本酒之后，他们还是对“美格”波本酒情有独钟。这里的奥秘正是小麦！多数波本酒在玉米和大麦之外还含有少量黑麦，但是美格波本酒却用小麦代替了黑麦。由此造成的那种柔顺甜美、与黑麦的辛辣口感完全不同的风味，正是让那么多饮家都喜爱“美格”波本酒的原因。在一些号称是“纯小麦”的美国威士忌新品中，小麦在混合原料中至少占到51%，这就让小麦的作用显得更为突出了。而在三种世界上最流行的伏特加——“灰雁”伏特加、“坎特一号”伏特加和“绝对”伏特加中，小麦那种十足的适口感又更为明显了。

**要不要来片柠檬角？**

---

小麦啤酒常常会加一片柠檬角，以凸显它天然的柑橘风味，但是一些啤酒迷却认为这是一种亵渎。他们争辩说，好的啤酒从来不需要额外的调味。在有些酒会上，往一杯麦啤里加柠檬角的行为会让人们结交或绝交。虽然这是你的酒，你可以为所欲为，不过还是小心从事吧。

---

种小麦的农夫一向忽视发酵师和蒸馏师的需求，这种局面最近终于有所改观。对于农夫来说，如果他要填饱全世界的肚子，那么种植硬质、高蛋白的小麦，让它吸收大量的氮，是一个好策略。但是如果他想在一天结束的时候来一杯上好的威士忌，在少数田地里种一些软质小麦就是个不错的选择了。小麦的品种可以通过生长季（有冬小麦和春小麦之别）、颜色（琥珀皮、红皮或白皮）和蛋白质含量划分，软质小麦的蛋白质含量比较低。如今，作物育种专家把目光更多地聚集于低蛋白质品种的育种之上，而想要为发酵师种植小麦的农夫也可以在田里少施一些氮肥。在全世界6.89亿吨的小麦产量中，供发酵和蒸馏使用的小麦只占极小部分，但如果没有这些小麦，啤酒、威士忌和伏特加都要大变样了。

## 饮用你的小麦吧

全世界的小麦有几千个品种。大多数卖给发酵师和蒸馏师的小麦只是简单地贴了个诸如“软质红皮冬小麦”的标签，但你在酒瓶上也可能找到如下这些专门的品种名称。

| 威士忌 |
| --- |
| 炼金术（Alchemy） |
| 克莱尔（Claire） |
| 君之配偶（Consort） |
| 格拉斯哥（Glasgow） |
| 伊斯塔布拉克（Istabraq） |
| 丝带（Riband） |
| 罗比古斯（Robigus） |
| 西庇太（Zebedee） |

| 啤酒 |
| --- |
| 安德鲁（Andrew） |
| 水晶（Crystal） |
| 甘布里努斯（Gambrinus） |
| 马德森（Madsen） |

# 奇酿略览

烈酒并不一定都是用大麦和葡萄酿造。在最独特和少见的植物中，就颇有一些也用于发酵和蒸馏。这里面有的植物相当危险，有的则极为诡异，还有一种和恐龙一样古老。但是其中每一种植物都代表了全世界的饮酒传统中一种独特的文化贡献。

## 香蕉

*Musa acuminata*

芭蕉科

香蕉树实际上不是树，而是巨大的多年生草本植物。它之所以不够称为树的资格，是因为它的茎不含有任何木质组织。我们中的大多数人只吃过一类香蕉——华蕉，就是超市里卖的那一种，然而事实上全世界的香蕉有几百个品种，包括乌干达和卢旺达所谓的啤酒蕉。那里的农夫愿意种啤酒蕉（相比之下不愿意种直接食用的大蕉），因为他们可以把这种水果加工成一种利润很高的啤酒。这种啤酒虽然保存期不长，但总归不像香蕉本身那样变质得更快。酿成酒之后，香蕉也就更容易上市了。

传统的酿酒方法是：把成熟、未剥皮的香蕉堆在坑或篮子里。人们在上面践踏，榨出汁液，这很像踩榨葡萄汁的过程。蕉汁用茅草粗略过滤之后，放在瓠子里发酵，其中还可以加入高粱粉。几天之后，其中那浑浊酸甜的啤酒就可以饮用了。这种啤酒可以用瓶盛装，至多能保存两到三天。

虽然乌干达蕉啤通常都是自酿的，但是发酵师还是创造出了商业化的品种。比如，“夏波香蕉”就是一种比利时“兰比克”啤酒，英国“威尔斯·杨氏发酵公司”产有“威尔斯香蕉面包啤酒”，荷兰“蒙戈佐”发酵坊也用公平交易的香蕉生产一种非洲风格的蕉啤。

# 腰果梗

*Anacardium occidentale*

漆树科

大多数人从来没有试过把腰果仁从它的果壳里剔出来的工作。有一个原因可以解释为什么我们无须这样做：腰果树是毒漆藤、毒栎和毒漆的近亲，就像这些亲戚一样，它能分泌一种能诱发皮疹的恼人油状物质——漆酚。腰果的果壳必须小心蒸开，才能取出里面不含漆酚的可食果仁。

腰果悬挂在一个小的“果实”之下，这个小“果实”叫作腰果梗，也叫腰果苹果。（的确，用植物学的术语来说，腰果梗实际上是由果梗发育而成的假果，因为它不含任何种子；真正的果实是悬挂在下面的腰果。）腰果梗也不含有毒成分，在印度用来制备一种叫“菲尼”的发酵饮料。

腰果树原产于巴西，1558年法国植物学家安德烈·特维对它做了描述。在一幅木刻画中，他描绘了当地人压榨还挂在树上的果实的场景。葡萄牙探险家把腰果带到了他们在莫桑比克和印度东海岸的殖民地。欧洲人对烈酒的爱好催生了腰果的新用途——1838年，一份关于西印度群岛居民饮酒习惯的报告描述了一种潘趣酒，它很可能以朗姆酒为基酒，用腰果梗汁来调味。

腰果树这种树冠开张、生长迅速的树木可以长到40英尺高和两倍于此的宽度，人们认为它可以用来保持水土，就把它引到印度栽培。现在，腰果树已经遍布东非和整个中南美洲，但是全世界的腰果主要还是产自巴西和印度。

如今，在印度那个面积狭小的果阿邦，人们还在酿造腰果梗菲尼酒。这个邦从1510年到1961年都为葡萄牙所占领。对于喜欢在假日去搜寻各种地方饮品的欧洲旅游者来说，这里是个著名的度假胜地。

如果腰果梗从树上落下，或者只用最轻微的压力就可以让它脱落，这就标志着它已成熟；人们必须马上把它们榨碎，因为它们腐败得非常迅速。为了酿造菲尼酒，当地人把他们称作“槚如”的腰果梗和腰果分开，把腰果梗放到一个坑里并踩碎，有时候是由穿着胶靴的儿童们来完成这后一项工作。果汁分离出来，可以制作成一种叫“乌拉克”的轻度发酵的夏日饮料。把这种发酵饮料的一部分放到一个铜锅里蒸馏，到酒精体积百分含量达到大约40度的时候，就制成了味烈而澄净的蒸馏酒——菲尼酒。当地人喜欢把它和柠檬水、苏打水或汤力水兑在一起享用。

## 木薯

*Manihot esculenta*

大戟科

对全世界贫困和易于发生饥荒的地区来说，木薯根是重要的食物资源；甚至在今天，它仍然在非洲、亚洲和拉丁美洲养活了4亿人口。木薯根富含淀粉，可以长到超过3英尺长，重达数磅。它的确能够提供养分，特别是维生素C和钙，但如果处理不当，也会让人中毒。为了把氰化物从根里除掉，木薯必须先浸在水中、煮熟，或是把它碾成粉，在地面上平摊几个小时，让氰化物降解掉或是挥发到空气中。比起更有营养但毒性也更大的苦型品种来，对所谓的甜型品种的加工会轻松一些。但这两类品种生吃都是不安全的。

尽管有这样的困难，因为木薯耐旱，较易种植，它仍然是一种主粮。在加勒比海和拉丁美洲的部分地区，特别是巴西、厄瓜多尔和秘鲁，人们会酿造木薯啤酒（在加勒比群岛叫“乌伊库”）。首先把木薯根削皮、切碎，在水中煮熟，然后咀嚼薯肉，再吐到糊浆里。这个加工过程可以引入淀粉酶，这是唾液中的一种能把淀粉转化为糖的酶。接下来再把糊浆煮沸，还可以再加入糖、蜂蜜或水果，能够提高酒精含量并提升酒的风味。

木薯原产南美洲，大约公元前5000年时在巴西得到驯化。尽管1736年的时候葡萄牙人就把它引种到东非，但直到20世纪它才在那里得到广泛栽培。因此，非洲所有酿造木薯啤酒的传统都是在较近的时期才形成的。以“银子弹”和“亨利·维恩哈德”等品牌著称的跨国啤酒企业集团“SAB米勒”公司最近就声称计划在安哥拉酿造木薯啤酒，原料来源是当地农民生产的木薯，销售的价格也较为便宜。他们希望这个计划不光可以为饥渴、贫困的非洲人提供工作岗位，而且可以在他们中间打开新市场。

**卡萨利普糖浆**

一种黏稠的深色糖浆，制法是煮熟木薯根，加入丁子香、卡宴、肉桂之类的香料以及盐和糖。这种糖浆可用作肉类蘸酱，或是为一种叫“辣椒锅”的圭亚那炖菜调味。现在还没有人见过有谁发明了以卡萨利普糖浆为原料的鸡尾酒，或是敢于亲自做这样的尝试——嗯，暂时还没有。

## 酒中虫豸：蜜蜂

[ *Apis* spp. ]

在酒精的历史上，没有比蜜蜂更重要的昆虫了。几乎每一种可发酵的水果——从葡萄到苹果，再到陌生而美味的酸豆——都靠蜜蜂传粉，这意味着如果失去了它们，我们会承受突然而可怕的清醒状态，这还没有算上坏血病和饥饿。不过，从蜜蜂到醉酒还有一条更直接的道路——蜂蜜。

在古埃及时代发明养蜂技术之前，人们就已经从野外采集蜂蜜了。描绘蜂蜜猎人爬上山崖攫取蜂巢的原始绘画最早可追溯到中石器时代和新石器时代。最早的蜂箱叫“蜂篮”，是用简陋的篮子制作的，它至少有一点好处：人们可以把它悬挂在较为便捷的地方，这样就没必要再长途跋涉穿越森林去搜寻蜂蜜了。

蜂蜜酒也叫“米德酒”。很可能当人们把蜂巢里大部分的蜂蜜倒空，然后把它浸在水里获取剩下的蜂蜜的时候，最古老类型的蜂蜜酒就出现了。这样泡出来的蜂蜜水在野生酵母存在的情况下会天然发酵。后来，养蜂人意识到如果把蜂房放在三叶草、苜蓿和柑橘之类专门的作物附近，可以产出颜色更浅、更甜的蜂蜜，这个时候，人们便直接把从森林中采集到的野蜜酿成蜂蜜酒，而愿意用更纯正的家蜂蜜作为甜味剂。

古希腊人用意为“混合物”的“居刻翁”（kykeon）一词指称一种混合了啤酒、葡萄酒和蜂蜜酒的奇怪饮料。在荷马史诗《奥德修记》中，一个叫基尔刻的女魔法师用“居刻翁”迷倒了奥德修斯的船员，然后把他们全变成了猪。古希腊和古罗马酿造蜂蜜酒的方法传遍了全欧洲，而非洲人也有他们自己的酿造方法。中部非洲北部的阿赞德人部落就会酿蜂蜜酒；而在埃塞俄比亚，一种叫“泰吉”的蜂蜜酒现在还很流行。“泰吉”的配方要求使用6份水兑1份蜂蜜。人们通常把混合物置于陶制或瓠子制的容器中，经过几周的发酵，它的酒精含量就达到了葡萄酒水平，可以饮用了。有时候人们还会用栎叶鼠李（学名*Rhamnus prinoides*）或巧茶（学名*Catha edulis*）的叶子为它调味。栎叶鼠李是一种灌木状鼠李，叶子有苦味；巧茶的叶子则可以作为一种温和的兴奋剂来咀嚼。在撒哈拉以南的非洲，人们又把酸豆或其他水果加到蜂蜜和水的混合物中，酿出更甜的酒饮。

在巴拉圭，阿比蓬部落把蜂蜜和水简单兑在一起，等上几个小时，就可以得到一种由野生酵母发酵的轻度酒精饮料。玻利维亚的西利奥诺人则往用玉米、木薯或番薯煮制的稀饭里面加入蜂蜜，然后发酵数日，直至它的度数达到啤酒的水平。甚至早期的美国移民也酿造了他们自己的蜂蜜酒，这是一种浑浊暗淡的酒饮，定居者说它酒力挺猛，喝下去足以让人听到蜜蜂的嗡嗡声。

如今，高品质的蜂蜜酒具有清亮的花香风味；有时候人们更是用水果、芳草或啤酒花改变蜂蜜酒的特性，从而改良其品质。一些手工发酵师还酿造了一种叫“布拉戈特”的调和酒，兼有啤酒和蜂蜜酒的特色；“角鲨头”发酵坊出品的“贝奥武夫布拉戈特”就是其中一例。尽管蜂蜜酒可以蒸馏成度数更大的烈酒（有时候叫“蜂蜜蒸酒”），但这种烈酒却不常见。纽约州塞尼卡福尔斯的“隐藏沼泽”蒸馏坊出品的“蜜蜂伏特加”是用蜂蜜酿造的；它的口味出奇地柔顺，只有极轻微的甜味。不过，最为纯正的蜂蜜风味要在一种叫“猎熊者”的德国利口酒中才能找到，这种利口酒酒瓶的瓶塞甚至都做成了蜂箱状。

## 海枣

*Phoenix dactylifera*

棕榈科

2005年，一位以色列考古学家想出了一个简单却令人震惊的主意：为什么不试着让一直贮存了2000年之久的海枣种子萌发呢？尽管以前从考古挖掘中出土的古种子也有发芽的先例，但是这么古老的种子却还没有能复苏的。然而，海枣树能产生植物学家称之为“正常型种子”的种子，这也就是说，它们在彻底干燥之后很久仍有萌发能力。（与正常型种子相对的是顽拗型种子，只有在新鲜湿润的时候才能发芽。举例来说，鳄梨结的就是顽拗型种子。）

这枚特别的古老种子来自以色列马萨达的一个考古发掘遗址。公元73年，一批犹太奋锐党人在马萨达集体自杀，宁死也不屈从于古罗马的统治。在这个遗址发现的种子被小心翼翼地贮存起来，直到考古学家决定让它发芽的那一天才取出来。如果植物会感到意外的话，这枚种子在一场几乎长达两千年的小睡之后，在一间现代温室的有滴灌滋润的塑料花盆中醒来之时，一定会大为震惊。这个名为“犹大海枣”的特别品种已经在大约公元500年的时候灭绝了，这让它如今的起死回生显得更加惊人。它的守护者们现在还在等着看他们抚养出来的是小子还是闺女；他们希望是个闺女，因为这样就可以品尝到一种消失了很久的水果了。

海枣也叫椰枣，是地中海地区、阿拉伯和非洲烹饪中的主食。然而，海枣酒却并不是用这种树的果实酿造的，而是用含糖的树液酿造的。这是一种古老的饮品，至少在定年为公元前2000年的古埃及绘画中就已经有描绘了。几千年来，它的酿造工艺并没有太大变化。为了让树液流出来，需要把海枣树割开，通常采取的办法是花序打顶，这是砍掉其花的技术用语。在一些文化中，在打顶之前还要对海枣花进行一套弯折、旋扭、击打、踢打以及其他虐待的复杂仪式，所有这些做法都会导致树液流得更多。

在亚洲和非洲广大地区，包括椰子树（学名*Cocos nucifera*）在内的其他棕榈科树种也都会被割取树液，对每一种树都有一种不同的技术。有时候树被完全砍倒；有时候是在非常靠近树梢的树干上钻洞，让它挣扎在死亡边缘；有时候则会干脆杀死它；在多数情况下，树木只是被简单地刮出或戳出一个口子，就像人们取槭糖的时候所做的那样。

一旦树液被收集起来，就可以用作甜味剂，或是煮成名叫“棕榈糖”的糖块。如果对树液不做处理的话，因为空气中和装树液的瓠子上有野生酵母，树液几乎立即就开始发酵。几个小时之后，一种甘甜温和的酒精饮料就可以饮用了。这场发酵还可以继续几天时间，让酒精含量在这期间轻微上升，但是酵母最终会让位给细菌——以及一种能产生醋而不是果酒的细菌发酵过程。在这次发酵过程中的某个时候，这种发酵饮料会达到酒精、甜度和一种温和的酸度的完美平衡，在这个时候就必须马上把它喝掉。不要试图在酒水店寻找海枣酒；它不可能保存太长时间，也就无法装瓶。海枣酒还能蒸馏成度数更高的烈酒，有时候叫作“亚力酒”，这是所有用含糖树液酿造的烈酒的通称。

光是在西非，就有超过1000万人在享用海枣酒——但不幸的是，人类并不是唯一喜欢它们的动物。在孟加拉国和印度，果蝠会飞向盛酒的瓠子，饮用采集在其中的新鲜树液。这种蝙蝠会携带一种叫立百病毒的病原体，能够引发严重疾病。这种蝙蝠还会把这种病毒留在海枣树液里面。这个现象是造成病毒从蝙蝠传播到人类的原因之一。若要说到解决方案，卫生保健从业者正在匆忙寻找新的割取海枣树液的方法，希望能够让蝙蝠无从下嘴。

## 波罗蜜

*Artocarpus heterophyllus*

桑科

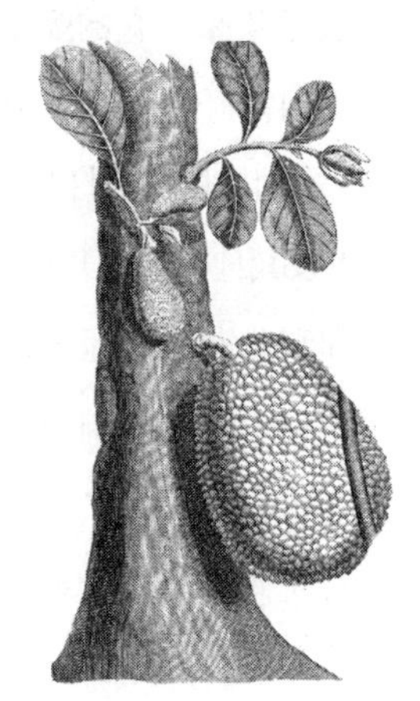

波罗蜜可能是用来酿造酒精饮料的最大水果，它可以长到3英尺长，重达100磅。在波罗蜜果奇怪的橡胶般外皮之上，又覆盖着像松果一样的

具棘刺的结构，每一个都代表了一朵开败的花。在果实内部，每一朵曾在表面开放的花都结出一枚种子，一个果实最多可以结出500枚种子。果实在成熟的时候会从外壳散发出一种腐臭的气味，但是里面甘甜的果肉却没什么气味。它可以用来给甜点、咖喱和印度酸辣酱调味。

波罗蜜树是面包树的近亲，生长在全印度以及亚洲、非洲和澳大利亚的部分地区。在印度，人们把果肉泡在水里酿造果酒，有时还会再加一些糖。泡水的果肉要自然发酵长达一周的时间，这时候酒精含量可达到7至8度，果酒的味道也变成了温和的酸味，但仍然清淡而有水果风味。

## 象李

*Sclerocarya birrea* subsp. *caffra*

漆树科

象李树又叫“马鲁拉”树，是杧果、腰果和毒漆藤的近亲，原产非洲。它的黄白色果实大如李子，风味很像荔枝或番石榴。因为象李的维生素C含量异常高，在南部非洲和西非各国，它是传统膳食中的重要成分。象李也可以用来酿酒，这种象李酒也叫“象李啤酒”，是把果子泡在水中令其发酵后制得的。象李酒还可以在蒸馏后与奶油混合，制成“阿马鲁拉奶油”，是味道与爱尔兰奶油利口酒非常相似的甜点酒。

至少在公元前1万年的时候，象李树在传统非洲文化中就已经有了多方面的用途，人们从它那里获取食物、药材、绳索纤维、木材、牛饲料、油和树脂。正因为如此，现在人们正在采取措施保育象李树。南非的烈酒酿造商“迪斯特尔”就从当地的采摘者那里采购象李，这既让采摘者能有一份收入，又可以为社区服务项目捐款。扶贫专家相信，只要监督得当，“阿马鲁拉奶油”酒的全球贸易在帮助贫穷家庭脱贫的同时，还可以作为一种经济刺激，让当地人重视对象李树的保护。

“阿马鲁拉奶油”酒瓶底的大象会让饮家想起一个有关象李的传说：大象会大口取食从树上掉落的熟透发酵的象李，然后陷入沉醉。这个醉酒大象的传说流传很广，但也普遍让人难以置信。它大概在1839年左右传播开来，一直流行到今天；在网络上有一些视频据说就展现了醉酒大象的踉跄步履。

但是科学家却证实，事实并非如此。大象从不会捡食落到地上的腐烂果实；与此相反，它们会非常仔细地选择树上的成熟果实。而且，要让大象喝醉也是一件高难度的事情。它必须摄入大约半加仑的纯酒精才能进入醉酒状态，这就要求它必须很快吃掉差不多1400个腐烂的象李——不会有哪头大象有兴趣尝试这种事的。

## 南洋杉

*Araucaria araucana*

南洋杉科

诗人玛丽安·穆尔用这样的诗句描述南洋杉：“一种针叶树，模仿翡翠的雕刻工艺品创造／以及切割硬石的切刀／以及古董店这条侧道里真正的珍宝”。实际上，南洋杉树还真是一种珍宝，一种极受维多利亚时代的植物采集家珍爱的奇木。它又很可能是世界上用来酿造酒精饮料的植物中最古老的一种。

南洋杉原产于智利和阿根廷。它们的祖先可以追溯到至少1.8亿年前，这直接回到了侏罗纪中期。这种树本身有一点像爬行动物：它那粗糙、钻石形的叶子在枝上按一定的几何形状紧密排列成轮状，让人联想到蜥蜴的鳞片。如果向后走几步，你能更好地打量南洋杉，看到它在远处的景观前显露出一幅古怪的形象。从一个树干上粗犷地伸出弯曲的枝条，样子看上去像是美国儿童文学家苏斯博士画的那些荒唐古怪的树。

在18世纪后期，有一位叫阿奇巴尔德·门齐斯的苏格兰外科医生兼博物学家曾作为随船医生周游世界；在其中一次航行中，有人用一些南洋杉的杉籽招待他食用。他设法保留了少许种子，把它们带回英国种植，这一下子在英国引发了一场南洋杉狂热。门齐斯种下的南洋杉中有一棵在邱园，在那里活了差不多一个世纪。南洋杉的英文名叫“猴子迷宫树”，但在这种树的老家并没有猴子；这个名字是英格兰人给它起的，他们认为即使是他们那些所谓的可怜亲戚——猴子——也很难攀爬这种树。

南洋杉的高度可达150英尺以上，能够生存1000年之久。南洋杉要用20年时间才能达到性成熟，它是雌雄异株的树种。花粉靠风力从雄株传到雌株，传粉完成以后，球果要用两年时间才能成熟。成熟之后球果会从树上掉落，大小和椰子相若，其中包含有大约200枚种子，每一枚都比扁桃仁还大。

在野生环境下，老鼠和长尾小鹦鹉会取食种子，把它们散播到离母树较远的地方。但是如果附近有人——特别是居住在安第斯山区的南洋杉原产区里的佩文切人——种子会被他们很快收集起来。这些种子可以生吃或烤熟吃，可以磨成粉做面包，也可以酿成一种名叫“穆代”的酒精含量不高的宴会饮品。为了酿造穆代酒，先要把种子煮熟，让它们自然发酵几天；为了加快发酵的速度，可以咀嚼这些煮熟的杉籽，再吐回发酵液中，这样可以加入来自唾液的酶，从而促进淀粉的降解。一旦发酵液不再冒泡，就把酒倒入专门的木碗或木罐中，专供宴会饮用。

智利政府已经声明南洋杉是该国国树，是象征该国的植物，这让穆代酒很可能成了世界上唯一一种利用象征某国家的植物酿造的酒精饮料。

## 欧防风

*Pastinaca sativa*

伞形科

如果大麦想要发成麦芽
我们应该满足，认为它无可挑剔
因为我们用过那么多植物酿酒，让嘴唇感受甜蜜
包括南瓜、欧防风，还有胡桃树皮
——爱德华·约翰逊，1630年

这首具有历史意义的歌谣显示了到达新世界的殖民者是多么愿意用尽一切方法弄到一点酒喝——就算这将意味着他们不得不把欧防风变成果

**警告：别碰它！**

野生欧防风是遍布北美洲和欧洲大部分地区的杂草。它的茎叶可以引致严重的疱疹。驯化后的品种吃起来味道更好，但是其叶子仍然会刺激皮肤，所以在接触欧防风时一定要戴手套。

酒。欧防风是胡萝卜的近缘植物，原产地中海地区；至少从古罗马时代开始，它就是一种主粮食物。欧防风富含淀粉和营养，在马铃薯这种新世界作物引种到欧洲之前，它是人们为了能在冬天吃上一顿好饭而必备的冬季块根类蔬菜。因此，殖民者在到达新英格兰之后把种植欧防风作为当务之急，也就不足为奇了。

很显然，殖民者想的不仅仅是给他们冬天的饭食抹上捣成糊的欧防风和黄油，他们还想酿造欧防风酒，这是英格兰的一种古老优良的传统。在英格兰乡下和全欧洲流行的许多“乡村果酒”中，欧防风酒是其中一种。任何含有一点糖分或淀粉的东西——不管是醋栗、大黄还是欧防风——都是自酿酒者瞄准的目标。

欧防风酒的传统酿造方法是煮熟欧防风根使之软化，然后加入糖和水。野生酵母会开启发酵过程。酿成的酒在饮用之前要储藏6个月到1年。欧防风酒质地轻盈、甘甜纯净，尽管1883年出版的最好一版的《卡塞尔氏烹饪辞典》在提到它时说，“那些只习惯饮用自酿果酒的人才会高度评价”这种酒。

## 仙人掌

*Opuntia* spp.

仙人掌科

仙人掌的果实通称“刺梨”，在墨西哥叫“图那”（tuna），吃起来可不容易。果实上面尖锐的皮刺——术语叫“倒刺刚毛”——必须刮掉、烧掉或煮掉。这样处理之后，既可以把果肉从果皮里舀出来鲜食，又可以把果肉压榨成汁。所有这些辛苦都是完全值得的——千百年来，刺梨都是维生素和抗氧化剂的重要来源。它也可以发酵成果酒。以中美洲的奇奇梅卡人为例，他们会跟随仙人掌的开花周期旅行，酿造季节性酒饮。

西班牙探险者和传教士发现，仙人掌是荒漠中的重要食物资源，而且可食用部位不限于果实。它那绿色肉质的扁平茎同样可以在削皮切丝后作为蔬菜食用，西班牙语叫“诺帕尔”（nopales）。很快，在布道所周边就

*Prickly Pear Syrup*

## 刺梨糖浆

如果你有幸能搞到新鲜刺梨的话，可以制作一份刺梨糖浆，在冰箱冷冻室中保存。（或者你也可以从土产食品零售店购买刺梨汁和刺梨糖浆。）你可以往葡萄汽酒中加入一份糖浆，或者往玛格丽特酒配方中加入它，或是拿任何需要水果和糖的鸡尾酒做试验。

10至12枚刺梨果

1杯水

1杯糖

1盎司伏特加（可选）

在市场上出售的刺梨果通常已经除去了皮刺。如果你要收获自家种的刺梨，请用金属钳采摘，因为戴手套也无法起到保护作用。请用蔬菜刷把皮刺刷掉，然后切去果实的两端，从顶到底纵切一刀。之后果皮就可以轻松削去了。

把果肉切成大块，加水和糖后煮沸。用过滤器把种子和果肉与糖浆分离开来。把糖浆置于玻璃瓶中，放入冰箱冷冻室中储藏。加入一点伏特加可以避免糖浆凝固，又不致显著改变用糖浆调制的酒饮的特色。

种上了仙人掌，之后它又传到了西班牙，并从那里走向世界。

仙人掌曾经一度和圆柱掌归在一起，但是最近植物学家把它们分开了，这样仙人掌属（学名*Opuntia*）就自成一属。仙人掌属中已经鉴定的种有大约25种，其中一些种如匐地仙人掌（学名*Opuntia humifusa*）不仅在荒漠中生长，而且遍布于美国东部大部分地区。

刺梨汁、糖浆和果酱如今很容易就能买到，刺梨莫希托酒和刺梨玛格丽特酒也已经出现在美国西南部的鸡尾酒菜单上。蒸馏师们也在处理这种水果：马耳他酿造了一款叫“巴伊特拉”的刺梨利口酒；圣赫勒拿的一位蒸馏师把它蒸馏成一款叫“通吉”的烈酒；美国亚利桑那州出了一款刺梨伏特加；而“巫毒提基”蒸馏坊也在售卖一款浸过刺梨的特基拉。

Prickly Pear Sangria

## 刺梨桑格利亚酒

水果切薄片：柠檬、来檬、甜橙、刺梨、杧果、苹果等

4盎司白兰地或伏特加

2盎司三干酒或其他橙味利口酒

1瓶干白葡萄酒，如西班牙白里奥哈酒

2盎司刺梨糖浆（见上页）

1瓶6盎司的半瓶装西班牙卡瓦酒或其他葡萄汽酒（可选）

把水果片在白兰地和三干酒中浸至少4小时。把葡萄酒和刺梨糖浆在一个大玻璃罐中兑和；剧烈搅拌，如果你想让酒色更深的话，可以再多加一些刺梨糖浆。倒入水果混合物，搅拌。饮用时加冰；如果愿意的话，可用卡瓦酒做盖顶。此配方为6人份。

**仙人掌果烈酒**

| | |
|---|---|
| 科龙切酒 | 用刺梨（学名*Opuntia* spp.）的果汁或果肉酿造的发酵饮料。 |
| 纳瓦伊特酒 | 用巨人柱（学名*Carnegiea gigantea*）的果实酿造的发酵饮料。 |
| 皮塔亚酒 | 用风琴柱（学名*Stenocereus thurberi*）的果实或量天尺属（学名*Hylocereus*，通称火龙果）多种植物的果实酿造的果酒。 |

## 酒中虫豸：胭脂虫

[ *Dactylopius coccus* ]

仙人掌对烈酒和利口酒世界还做出了另一个重要贡献：胭脂虫红染料。在仙人掌属植物上面能找到的白色多毛害虫实际上是一种叫胭脂虫的介壳虫。介壳虫是一类紧紧攀附在植物上面、以其汁液为食的刺吸式昆虫，它会把自己隐藏在蜡质的包被之内，看上去像是蜱虫。在各种介壳虫中，胭脂虫特别容易被发现，因为它们用一种毛茸茸的白色材料包被自身，这可以隐藏其后代，并保护自己免于脱水。在这白绒毛之下，胭脂虫会分泌胭脂虫酸，这是一种驱逐蚂蚁和其他捕食者的防御性化学物质，而它碰巧是亮红色的。

西班牙探险者来到墨西哥之后，对原住民用来染床单和其他织物的艳红色染料很是好奇。起先他们认为这种颜色是来自胭脂仙人掌自身。费尔南德斯·德·奥维埃多在1526年写道，食用这种仙人掌的果实让他的小便变成了浅红色（这要么是完全在欺骗，要么是极为严重的健康问题的征兆）。但他们很快意识到这种染料其实是来自胭脂虫。为了制作这种染料，要把胭脂虫从仙人掌上刮下来，晒干，然后与水和明矾混合，明矾在这里是一种天然的媒染剂。西班牙人对于用虫子当染料本来已经有一定经验——他们一直在利用另一种叫红蚧（属名*Kermes*）的介壳虫，同样也是为了提取染料——然而，胭脂虫生产的红色染料要鲜艳得多。

从16世纪开始，用胭脂虫做的胭脂虫红染料就已经被用来给糖果、化妆品、织物和利口酒染色。“金巴利”利口酒那饱满的红色色泽本来一直都是来自胭脂虫红，直到2006年，公司高层声称因为供应问题已经把它从配方中除去了。因为已经有了一些胭脂虫红造成过敏体质的人发生过敏性休克的报告，加上人们对食物中的昆虫成分有一种普遍的反感情绪，这使美国和欧盟对含有胭脂虫红的食品提出了新的标注要求。在欧盟，任何用胭脂虫红染色的产品都必须在标签上注明，管这种染料叫E120、天然红4号、洋红或胭脂虫红都可以。（这种颜色一度也从学名为*Porphyrophora polonica*的波兰胭珠蚧中提取，但它现在到了极危的境地，已经不再使用了。）在美国，标签上则必须标有“胭脂虫提取物”或“洋红”。

## 锐药竹

*Oxytenanthera abyssinica*

（异名：*Oxytenanthera braunii*）

禾本科

锐药竹也叫酒竹，是禾本科一种生长迅速的竹子，用于做篱笆、器具、容器，保持水土——以及酿酒。在坦桑尼亚，当地人把幼嫩的竹竿割开，一天捶打两次，如是进行一周，促使受伤的植株流出更多的汁液。只需5个小时就可以让它自然发酵。这种叫“乌兰齐”的竹酒只能在多雨的春季制作，因为那时正是新竹竿的生长季。妇女们成批制作这种竹酒，在她们的村庄里按升售卖。当旅行者从一个村庄跋涉到下一个村庄时，常常会喝一点免费的竹酒，因为在竹汁往容器里流淌的时候，竹林是无人看管的。人们实在很难抵挡在旅途中尝一尝竹酒这种简单的诱惑。

## 草莓树

*Arbutus unedo*

杜鹃花科

草莓树的果实虽然是红色，表皮发皱，呈完美的球形，大小与樱桃相若，却完全不像它赖以得名的那种水果那样美味。事实上，植物学家指出这种植物的种名*unedo*来自拉丁语*unum edo*，意为“我吃一个”——只可能吃一个。

不过，民间的蒸馏师们却把这种果实变成了一种叫“草莓树阿瓜尔迪恩特酒”的地方性流行饮料。他们中的大多数没有执照，使用的设备也像是直接从中世纪传承下来的。尽管也有商业化生产，但是这种酒多半还是在家人之间享用，并售卖给邻居——特别是在葡萄牙南部的阿尔加维地区。

和大多数果树在春天开花不同，草莓树在秋季开花，与此同时，前一年的果实正在成熟。在葡萄牙和西班牙，花果期于9月开始。采集者只采摘熟透的果实，每个月采摘一回，直到12月全部采完为止。

一旦采摘回来，草莓树的果实就被打成糊浆，或是整个浸没在水中，发酵3个月。然后，通常在2月，人们在篝火上把它煮沸，在铜制的蒸馏壶中蒸馏，并用一根管子把蒸酒导过一桶水，这桶水自然是起着冷凝器的作用。最后的产物是一种高度数的烈酒，酒精体积百分含量通常在45度以上，要么马上装瓶，要么在橡木桶里陈化6个月到1年时间。在西班牙，人们还制造一种叫“草莓树利口酒”的较甜、度数较低的利口酒，方法是把草莓树果实浸泡在加有糖和水的高度数烈酒里面。

草莓树是草莓树属的一种，这个属有14个种，遍布于欧洲和北美洲。大多数草莓树属植物是小而美丽的树木，叶片有光泽而狭窄，树皮略呈红色而剥落。没有一种能结出特别美味的果实，特别是如果考虑到它们其实是蓝莓、佳露果和蔓越莓的近亲的时候。不过，草莓树这个种在全世界气候温暖的地区都做观赏树木栽培。其中一个叫“小妖精之王”的品种甚至可以种在容器中，结的果子据信也比其他大多数品种更好吃一些。

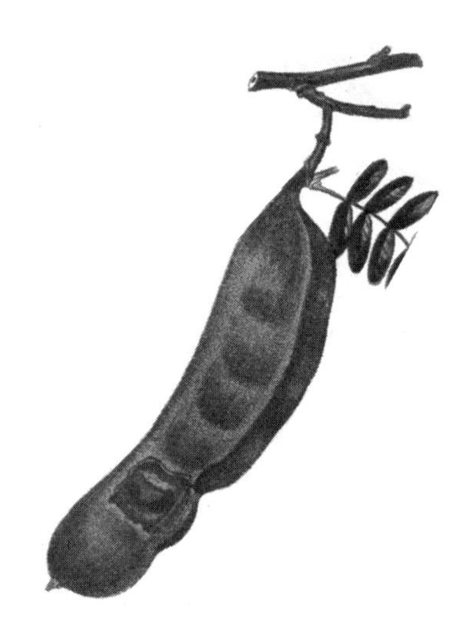

## 酸豆

*Tamarindus indica*

豆科

酸豆又叫酸角、罗望子，很可能原产于埃塞俄比亚，并通过古代的贸易路线传入亚洲。今天，它生长于全世界的热带地区，特别是东非、东南亚、澳大利亚、菲律宾、美国佛罗里达州以及整个加勒比海地区和拉丁美洲。

酸豆树可以长到60英尺高，树冠由小形的羽状复叶组成，向地面投下路人急需的树荫。它的果实是一枚长长的豆荚，具有微带甜酸味的可食褐色果肉。酸豆可用于咖喱、腌菜和糖果，还可作为伍斯特郡酱的原料，让这种酱料带上“血腥玛丽”鸡尾酒或米谢拉达酒——这是墨西哥一种兑和了啤酒和番茄汁（或克拉玛托番茄汁）、来檬汁、香料和酱汁的饮料——那样的色泽。尽管酸豆树有50多个不同的品种，但除了本地人，其他任何人都难以把它们区别开来。热带植物苗圃只是把它们简单标为“甜味”或“酸味”品种。甜味品种可以生吃，但用于饮料和烹调的却是酸味品种。

酸豆酒是这样酿造的：把豆荚的干燥外壳剥去，挖出里面的果肉，榨出汁来，然后与果汁、水和糖混合后发酵。在菲律宾，特别是在马尼拉以南不远的八打雁，现在还可以尝到酸豆酒。酸豆还可以作为利口酒的调味品，比如“毛里西亚酸豆利口酒”就是印度洋中马达加斯加东边的岛国毛里求斯出产的一款以朗姆酒为基酒的酒饮。特基拉蒸馏师也会制作“酸豆利口酒”。酸豆蘸酱和酸豆糖浆在土产市场也能买到，它们正在成为时兴的鸡尾酒辅料；因为酸豆与来檬汁的酸甜味调完全合拍，它们在玛格丽特鸡尾酒中用得尤多。

**这只熊没有醉！**

西班牙马德里市的纹章上，有一头用后腿站立的熊正在吃草莓树的果实。在这座城市的中心，太阳门广场的西端，还能找到描述这一场景的一尊雕塑。当地人喜欢说这只熊因为吃了这棵树发酵的果实而昏醉，然而，当草莓树的果实还在树上的时候，事实上是不会发酵到让像熊这样体形巨大的动物迷醉的程度的。这只不过是又一则有关动物醉酒的天方夜谭罢了。

# 中篇

接着，让我们把自然界慷慨提供的万千风味，冲融于这些佳酿之中。

在一般的烈酒瓶里可不是只有纯酒精。一旦烈酒离开了蒸馏器，它就要屈服于无休无止的试验，人们把它和芳草、香料、水果、坚果、树皮、根茎及花卉混合在一起。有的蒸馏师宣称在他们的秘密配方中使用了一百种以上的不同的植物原料。这里我们只介绍你在今晚的鸡尾酒中最容易碰到的一些植物。

## 让我们从芳草和香料开始

### 芳草：

用于调味的植物的柔嫩绿色营养部位或开花部位。

### 香料：

用于调味的植物的干燥、粗糙的木质部位（如树皮、种子、茎或根），有时则是果实。

# 多香果

*Pimenta dioica*

桃金娘科

经典鸡尾酒的酒迷习惯于在旧的配方手册中寻找古怪的、少见的配料，不过，几乎没有比多香果朗姆酒（pimento dram）更容易让人困惑的了。这是用那种塞在油橄榄里面的有嚼劲儿的红玩意调制的酒吗？它尝起来会是什么味道呢？

还好，多香果朗姆酒不是用塞在油橄榄里的西班牙甘椒（pimento）调制的。它是用朗姆酒、糖和多香果制作的利口酒。只不过是因为历史巧合，多香果与那种红色甜椒才会共用"pimento"这同一个名字。

当初，来到西印度群岛和中美洲的西班牙探险者看到当地人会往他们传统的饭食和巧克力里面添加一种深色的小浆果。这些果子似乎为饭菜增添了香辛的味道，所以西班牙人猜测它们是某种辣椒。因为这个原因，他们便管这种植物叫pimento，这是西班牙语的"辣椒"一词。1686年，英国博物学家约翰·雷在他里程碑式的三卷本著作《植物志述》中把这种植物描述为"牙买加甜味辣椒"。因为它可以用在如此众多的菜肴之中，所以约翰·雷又管它叫"多香果"。

多香果树生长在美洲热带地区和牙买加。它能结出豌豆状的浆果，每个果子里有两枚种子。在仲夏时节，人们把还是青色的浆果摘下来，在地上铺开，让阳光把它们晒干，或是在烘箱里慢慢烘干。多香果的风味类似丁子香，事实上，这两种树木彼此亲缘关系很近，它们都能合成丁子香酚这种芳香油。

早期的香料贸易商尝试在世界各地种植多香果的种子，却发现它们无法萌发。最后人们发现，多香果的种子必须被一种果蝠，或一种叫白顶鸽

The Bay Rum

## 香叶朗姆酒

多香果树有一个近亲叫香叶多香果（学名*Pimenta racemosa*），从其叶片和果实提取的精油可以添加到高度数的牙买加朗姆酒里，这样就制成了香叶朗姆酒古龙水。尽管这个成分听上去很美味（搽着这种古龙水的人闻起来也很美味），但是这种浓缩的植物提取物里面的丁子香酚含量却高得不同寻常，如果喝下去足可令人中毒。所以，还是只搽这种古龙水，而用多香果替代香叶多香果调制香叶朗姆酒。这种鸡尾酒虽然味甜，但并不幼稚，它带有一种加勒比海落日般的暗橘黄色泽。“天鹅绒法勒南酒”是在巴巴多斯的精品酒水店里可以买到的一种绝好的加有香料和糖浆的调和酒，但是如果你手边没有这样的酒，也可以用单糖浆自己调制。

1½盎司黑朗姆酒

½盎司“圣伊丽莎白”多香果朗姆酒

½盎司天鹅绒法勒南酒或单糖浆

少许安戈斯图拉苦精

1片橙子或橘子切片的鲜榨汁（如用来檬或其他柑橘类时请去皮）

把所有成分加冰摇和，置于古典杯中，加冰饮用。

的鸽子，或其他原产地的鸟类摄食之后才能萌发，因为这个过程可以让种子获得足够的热量，种皮也会因此软化。今天，通过鸟的帮助，这种树已经入侵到了夏威夷、萨摩亚和汤加。

在维多利亚时代，全世界的多香果树遭到了差不多全面的破坏，人们把树砍倒，不是为了获取香料，而是为了获取木材。当时，用多香果木制作的伞和手杖风行一时，因为这种暗黄色的芳香木头既抗弯又抗裂。数以百万计的树木因此被摧毁。为了保护它们，牙买加在1882年批准了一项禁止多香果幼苗出口的严厉禁令。

多香果是香水和利口酒的一种成分。有时候在金酒中也能找到它，有人相信它是本尼狄克丁酒和沙特勒兹酒的神秘配方的一部分，就像其他一些法国和意大利的甘露酒那样。

多香果郎姆酒是经典的提奇鸡尾酒的一种成分；最近在加温加香料的秋季饮品中也流行加一点多香果朗姆酒，它可以为卡尔瓦多斯酒和其他苹果白兰地添加一种烘焙过的香辛风味。

## 芦荟

*Aloe vera*

阿福花科

芦荟就像它的堂兄弟龙舌兰一样，有时会被误认为仙人掌。事实上，比起仙人掌来，它和百合、芦笋的亲缘关系要更密切。不过，它的确像仙人掌那样喜欢炎热干燥的天气。芦荟含有世界上最苦的风味物质之一，这是人们在饮用芦荟汁时可能从来没想过的事实。由于这个原因，现在吧台后面含有芦荟的酒瓶已经不在少数了。

在17世纪，芦荟从它的老家撒哈拉以南的非洲传到了亚洲和欧洲。今天人类鉴定出来的芦荟的种有大约500个，它们已经遍布全球，在冬季气温始终高于10摄氏度的热带气候区普遍生长。

就像其他多肉植物一样，芦荟靠一种特殊形式的光合作用为自己制造养分，只需要在晚上打开茎叶上的小孔——气孔——呼吸即可。这时芦荟会摄取二氧化碳，把一部分贮藏起来供第二天之用，这使它们在次日差不多可以整整屏一白天的气。而在需要呼吸的晚上，它们会通过气孔释放尽可能少的水汽，依靠夜间较凉的温度减缓水分损失。

当然，芦荟把水分都贮藏在叶子里了，无怪凡是曾经学过一点户外急救的人都很熟悉它叶子里面那肥厚多汁的胶质。虽然这种胶对于保护伤口很有用处——它其实就是芦荟分泌的既能覆盖自身伤口又不影响呼吸的乳汁——但是它作为内服药的功效却并未完全证实。有些种的芦荟甚至还有毒，所以你在服用一种不熟悉的芦荟之前一定要三思，这很重要！

芦荟中的苦味成分叫芦荟苷，分布在靠近叶表的乳汁中。最近科学家发现，一种特殊的基因等位形式可以让人对芦荟苷的苦味高度敏感；除非在高浓度条件下，没有这个等位基因的人根本尝不到芦荟苷的苦味。这大概可以解释为什么有些人很喜欢意大利苦酒（也叫“阿玛罗苦酒”），但其他人却无法忍受。

芦荟是赋予了“菲奈特·布兰卡”等菲奈特式意大利苦酒那种怡人品质的原料之一。奎宁、龙胆和很多其他植物也用来为苦精赋予苦味，但它们同时也会让苦精带上一丝草本风味甚至是花香风味。芦荟给予的苦味则没有这些额外的味调。如果苦味有颜色的话，芦荟的苦味一定是像煤一样的黑色。

要制取芦荟汁，先要从芦荟叶心把汁液提取出来并过滤，以除去芦荟苷和它带来的深色色泽。这可以让芦荟汁更美味，可能也更安全。原来，芦荟苷一度是泻药的一种成分，但是美国食品药品监督管理局在对从未受过现代安全性检验的原料进行常规评估之后，决定禁止在泻药中使用芦荟苷——这并非因为已经证实它对健康有害，而是因为没有制药公司能够用现代方法证明它安全有效。虽然如此，芦荟苷作为泻药的传统用途仍然可以解释为什么芦荟中的苦味成分会用在餐后酒配方中。

## 欧白芷

*Angelica archangelica*

伞形科

欧白芷属于当归属，是原产欧洲的中世纪芳草，它可能是出现在沙特勒兹酒、斯特雷加酒、加利安奴酒、菲奈特酒和味美思酒秘密配方中的风味成分，甚至本尼狄克丁酒和杜兰标酒中也可能有它。干燥的欧白芷根是治疗消化不良的一种古老草药。

欧白芷与欧芹、莳萝有亲缘关系，所以它也有那种轻快、提神、明显绿色的风味。但它也是毒参和其他很多有毒植物的亲戚。事实上，在超过25种的当归属植物中，很多种的毒性都还未经过评估，有些种的外观更是和它们的有毒亲戚极为相似，所以在野外采集当归是一件冒险的事情。幸运的是，可食的欧白芷（学名*Angelica archangelica*，有时也以*Archangelica* *officinalis*的异名出售）在苗圃和种子公司普遍有销售。栽培欧白芷通常用种子，因为像当归这样具有较长直根的植物在移植后会生长不良。欧白芷可以长到6英尺高，它那长着细齿的巨大叶子和很像野胡萝卜的白色伞形花朵可以给人留下深刻印象。

虽然用来制作欧白芷糖的是欧白芷的茎，但用来给葡萄酒和利口酒调味的却是它的种子和干燥根。欧白芷是二年生植物，这就是说，它的种子要用两年时间完成萌发、生长、变成成熟植株、开花、结出下一代种子的全过程。如果种植欧白芷的目的是为了获取它的根的话，通常在第一年秋天收获就可以了，这时它的根比较嫩，还没有长很多虫子。（有一些根则要留着越冬，为的是让它们在第二年开花结籽，供新一轮的种植。）对欧白芷鲜根的化学分析显示，它含有很多用来抵抗昆虫侵害的美味物质，包

### 斯特雷加利口酒的乐趣

虽然黄色的意大利利口酒“斯特雷加”酒可以用来调制鸡尾酒——譬如说，在马天尼酒的变式中，它和金酒就很合得来——但是没有必要为这种习惯所束缚。斯特雷加酒即使单喝也是极好的。

这款利口酒的制造商声称，它的配方可以追溯到1860年，那时它就得到了“斯特雷加”这个名字，在意大利语里意思是“巫婆”，指的是那不勒斯南边不远的贝内文托镇上传说中的女巫。今天，这款酒的蒸馏坊仍然设在那里。

斯特雷加酒是一款甘甜丰富的芳草利口酒，在正餐之后加冰单独饮用极佳。在它的70种原料中，蒸馏师已经承认了其中几种：肉桂，鸢尾，刺柏，薄荷，柑橘皮，丁子香，八角茴香，没药，此外还有用来染色的番红花。到蒸馏坊参观的访客还报道说他们看到了丁子香、肉豆蔻仁、肉豆蔻衣、桉叶和茴香。但是人们普遍相信，欧白芷是它的基本风味成分之一。你不妨尝试一下自行判断。

括柑橘味的柠檬烯、森林气味的蒎烯以及具有明显草本风味的β-水芹烯，这些全都是让欧白芷格外适合用于利口酒调味的风味物质。

## 菜蓟

*Cynara scolymus*

（异名：*Cynara cardunculus* var. *scolymus*）

菊科

菜蓟俗名“朝鲜蓟”，是从刺苞菜蓟培育出来的。刺苞菜蓟（学名*Cynara cardunculus*）是菜蓟多叶的祖先种，很可能起源于北非或地中海地区。古埃及人、古希腊人和古罗马人主动栽培刺苞菜蓟，通过他们的努力，菜蓟这个单独的种就出现了。这两种植物看上去非常相似，都有银色深锯齿裂的长形叶片和蓟草状的花。如果把这两种植物靠近种植，它们仍然可以杂交。刺苞菜蓟用来食用和药用的部位是其茎秆，但人们栽培菜蓟却更多为了获取它那超大号的花蕾。在15世纪，这两种蔬菜都已经传遍欧洲，成为意大利烹饪中的重要食材。

菜蓟和刺苞菜蓟作为助消化汤力水的原料已经有很长的历史了。事实上，最近一项研究表明它们的确能够刺激胆汁分泌、保护肝脏、降低胆固醇水平。其中的活性化合物是菜蓟苦素和洋蓟素，二者在叶片中都有较高含量。菜蓟对于味蕾还能使出一个众所周知的花招，就是暂时性地抑制舌头上感知甜味的味觉感受器。等到这些感受器重新开始工作之后，再吃到嘴里的下一样东西——不管是一杯水还是一口食物——尝起来都异乎寻常地甜。菜蓟也因此有了很难和葡萄酒搭配的名声。但是在鸡尾酒里，苦味和甜味的奇怪混合却是极妙的。

几种意大利苦酒都靠菜蓟和刺苞菜蓟展现其特色。以菜蓟属的学名*Cynara*贴切命名的“齐纳尔”（Cynar）酒就是最佳的例子：它无论是单喝还是加苏打水喝都很美妙，在内格罗尼酒中作为金巴利酒的替代品也很适宜。意大利皮埃蒙特地区制作的“苦蓟意大利苦酒”则是用刺苞菜蓟、藏掖花和其他香料浸入葡萄酒制成的。它的度数较低（酒精体积百分含量为17度），具有一种类似雪利酒或甜味美思酒的氧化甜味。其他地区生产的类似苦酒则通常只在标签上标为“菜蓟意大利苦酒”。

## 藏掖花

藏掖花在英语中叫“有福之蓟”。“蓟”（thistle）这个词并非植物学术语；它更多是一个大众用语，用来描述叶子带刺、花也带刺并生在圆形鳞茎状的“底座”之上的植物。菜蓟和刺苞菜蓟有时候也被称为“蓟”，而它们的近亲——藏掖花（学名*Centaurea benedicta*）则干脆就以“蓟”为名。藏掖花是一种2英尺高、开黄色花的草本植物，像是多毛的蒲公英——它也确实和蒲公英很像，都是带苦味的杂草。藏掖花全草都可用在助消化汤力水、味美思酒和芳草利口酒里；其中的活性成分可能是一种叫蓟苦素的化合物，据说有抗肿瘤的特性。

# 月桂

*Laurus nobilis*

樟科

月桂是原产地中海地区的乔木，它的叶子一度被用来为古希腊和古罗马运动会的优胜者制作桂冠，此外也用来给炖菜、酱汁和肉菜调味。月桂又小又黑的浆果是传统法国烹饪的原料。月桂精油中含有桉树脑，因此它具有强烈的桉叶油气息。精油中含量较少的芳樟醇和松油醇则为它赋予了青涩、香辛、刺激和松油般的味道。

月桂叶（香叶）可用于浸制味美思酒、芳草利口酒、意大利苦酒和金酒。法国一位叫加布利尔·布迪埃的蒸馏师就制作了一款梨加香叶利口酒，取名为“贝尔纳·卢瓦索梨加月桂利口酒”。荷兰利口酒“贝伦布尔赫”也含有月桂叶馏分，另外还有龙胆和刺柏果成分。

加州桂（在英语中也叫“俄勒冈香桃木”，学名*Umbellularia californica*）有时候被用作月桂的替代品。然而，其他被叫作“（月）桂”的植物——包括桂樱（学名*Prunus laurocerasus*）和山月桂（学名*Kalmia latifolia*）——却可能有剧毒。因此，不管三七二十一就拿任何名字带“桂”的植物来泡酒是非常糟糕的做法。好在整个欧洲和北美洲的部分地区都栽培有真正的月桂，无论是月桂叶还是月桂果都是市场上常见的烹饪香料。

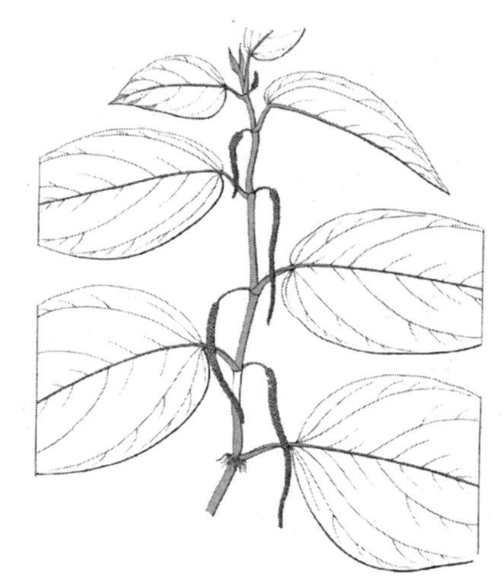

# 蒌叶

*Piper betle*

胡椒科

蒌叶是一种小形深绿色的藤本植物，它是能产出黑胡椒的另一种藤本植物胡椒的近亲。蒌叶最出名的用途就是用叶子包裹槟榔（学名*Areca catechu*）。这两种东西合在一起就成了槟榔块，或者叫“帕安”（pann）。槟榔块能够释放出一种温和、成瘾性的兴奋剂，全世界有4亿人都喜欢嚼它，印度和东南亚的嗜食者尤其多。不幸的是，槟榔块可以致癌，能让牙齿变黑，还会让唾液持续变成红色，这些红色唾液常常被吐得满大街都是。

蒌叶也常被用来包裹其他东西。“甜帕安”指的是装满水果和香料的蒌叶，它可以作为正餐之后供客人享用的一种（非兴奋性的）甜点。蒌叶还可以装满烟草，这是另一种让公共健康官员担心不已的习俗，因为它可以导致口腔癌的高发。

帕安利口酒出产于锡金这个与尼泊尔接壤的地区。虽然自酿酒者和商业蒸馏师都不愿意透露配方，当地人却很肯定地认为他们喝的是一种浸泡过蒌叶或用蒌叶蒸馏的烈酒，原料中可能还有槟榔。少数几款帕安利口酒在全世界都有销售，尽管蒸馏师绝口不提其原料成分，但在这几款酒中恐怕并不含蒌叶。无论蒌叶还是槟榔都是欧盟或美国不认可的食品原料。事实上，这二者都被美国食品药品监督管理局列入了有毒植物数据库。（这并不是说连种植也是非法，有几家热带苗圃就出售它们的种苗。）1995年，《洛杉矶时报》对锡金帕安利口酒在美国的上市做了报道，看上去它根本就不含蒌叶，却含有绿豆蔻、番红花和檀香，让人觉得像是杜林标酒和印度香料店的结合。

蒌叶还被证明具有调节健康的能力。2011年在《食品与功能》期刊上发表的一项医学研究考察了几种香料对酒精引发的肝损伤可能具备的保护作用。很多种印度香料和芳草似乎都颇有前景，其中包括姜黄、咖喱、胡卢巴、茶叶，以及蒌叶的叶子。

## 茅香

*Hierochloe odorata*

禾本科

茅香在英语中叫“野牛草”或“甜草”，是一种健壮的多年生草本，因为它那香草般的芳香而受人珍重。北美洲和欧洲都有野生茅香，美国原住民用它来编篮子、制作熏香。在波兰，它是一种叫“茹布鲁夫卡”的传统调味伏特加的成分。如今在波兰和白俄罗斯交界处的比亚沃维耶扎森林中，这种禾草仍然有小片野生生长，它在那里是一群濒危的欧洲野牛的饲草。

每年人们会收获限量的野生茅香，用来酿造茹布鲁夫卡酒。收获的茅香马上被干燥，浸在黑麦伏特加里。每一瓶酒里都会漂浮一片草叶。从1954年起，这种酒就在美国市场上销声匿迹，因为茅香中含有香豆素，这是一种在实验室中或在某些种类真菌存在的情况下被证明会导致溶血的违禁物质。虽然人们很容易就能避免把香豆素转化为溶血剂，但针对任何含有香豆素的食品的禁令却一直保留下来。最近，茹布鲁夫卡酒的酿造者“波尔莫斯·比亚维斯托克”蒸馏坊找到了除去酒中的香豆素的方法，因此这种酒在美国市场上重新得以合法销售。

饮用茹布鲁夫卡酒的传统方法，是用一份茹布鲁夫卡酒兑上两份澄净冰冷的苹果汁。下面的配方是这种传统方法的简单变式：

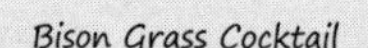

Bison Grass Cocktail

**茅香鸡尾酒**

1½盎司茹布鲁夫卡酒

½盎司干味美思酒

½盎司苹果汁

把所有原料加冰摇和，滤入鸡尾酒杯。

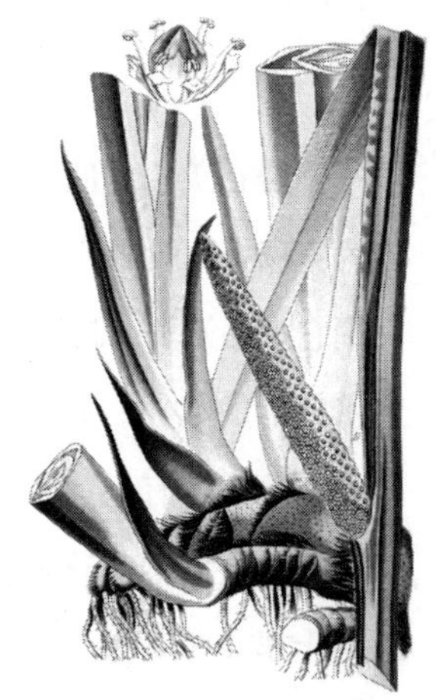

## 菖蒲

*Acorus calamus*

菖蒲科

菖蒲是一种极为芳香的禾草状或灯芯草状植物，生长在整个欧洲和北美洲的沼泽地区。它的根状茎具有复杂而香苦的风味，使之很适合用来给金巴利酒之类的意大利苦酒、沙特勒兹酒之类的芳草利口酒以及金酒、味美思酒调味。菖蒲的风味可以用森林味、皮革味和奶油味来描述，香水商斯蒂芬·阿尔克坦德尔就把它的风味描述为像一辆牛奶货车或是修鞋店里面的气味。

菖蒲的一些变种含有名为β-细辛脑的潜在致癌化合物。出于这个原因，美国食品药品监督管理局禁止把菖蒲用作食品添加剂。然而，并非所有菖蒲都同等有害。它的美国变种美国菖蒲（学名*Acorus calamus* var. *americanus*或*Acorus americanus*）所含的潜在毒素的量就不太明显，欧洲品系的菖蒲同样具有较低的毒素含量。欧盟承认这种植物已经广泛用在苦精、味美思酒和利口酒中，并设定了控制酒精饮料中β-细辛脑含量的上限，鼓励商家使用低毒品种。在美国，蒸馏师绕开禁令的方法则是让生产的利口酒中毒素的含量低到无法检测出来的程度。

## 葛缕子

*Carum carvi*

伞形科

挪威的蒸馏师不会用讲述失势王子或古老配方的神话的方式解释他们那些经典烈酒的神秘起源。他们会讲述一个贸易远航出了错的故事。按照“海运阿夸维特酒”的酿造者的说法，1805年的一艘驶往印度尼西亚的挪威商船在货舱里装着用旧雪利酒桶盛装的阿夸维特酒——这是一种用葛缕子调味的烈酒。然而，贸易商未能在印度尼西亚售出他们国家的这种国酒，只好又载着它返航。

当他们到达挪威时，发现漫长而喧闹的航海在很大程度上提高了阿夸维特酒的风味。为了复制这种风味，他们先是简单地尝试把阿夸维特酒装在雪利酒桶里，但这并没有奏效。在严酷的航海过程中，船只一会儿在温暖的赤道海域，一会儿在寒冷的北方海域，再加上船身的摇晃和转向，让酒桶有所胀大，于是从橡木中释放出更多的风味物质进入和它接触的烈酒中。由于这个原因，海运公司便把酒桶摆在货船的甲板上，继续在全世界航行四个半月，其间穿越赤道两次，还要访问35个国家。蒸馏师一度把这种陈化烈酒的古怪方法作为秘密保护起来，然而，现在每个酒瓶的标签上已经都有航过海的标志了。

阿夸维特酒是用葛缕子调味的烈酒，葛缕子是一种一年生草本，是欧芹和芫荽的近亲。人们习惯称作“种子”的籽粒实际上是一枚含有两粒种子的果实，其中的精油为它赋予了香辛味和烘烤般的风味。很多人把这种风味与黑麦面包联系起来，但除此之外，葛缕子还用在德国酸菜、蛋黄酱色拉和一些荷兰奶酪中。

## 易于混淆的葛缕子和孜然芹

葛缕子和它的近亲孜然芹（也叫安息茴香，学名*Cuminum cyminum*）常常相互混淆，尽管孜然籽具有更浓郁辛辣的风味。在很多东欧语言中，因为历史原因，这两种植物具有相同或几乎相同的普通名。比如在德国，孜然芹叫Kreuzkümmel，葛缕子则叫Kümmel。尽管孜然是世界上最流行的香料之一，人们却并不怎么用它来为烈酒调味。

葛缕子原产欧洲。瑞士的考古证据表明，早在5000年前，人们就用其籽粒做香料了。葛缕子有两种类型：二年生的冬型在春天或秋天播种，于次年冬天收获；一年生类型则在春天播种，秋天收获。冬型是东欧地区的传统选择，在种子公司也最为畅销。

阿夸维特酒以马铃薯伏特加为基酒调制。葛缕子是其中的主要风味，但同样添加到酒中的还可能有茴香、莳萝、绿豆蔻、丁子香和柑橘皮。另一种用葛缕子调味的烈酒叫“阿拉什”，是拉脱维亚的一种利口酒，它还另加茴芹调味。更为人知的葛缕子酒“kümmel”则是用谷物烈酒为基酒调制的甜味利口酒，最早可追溯到16世纪的荷兰，通常在正餐之后加冰饮用。

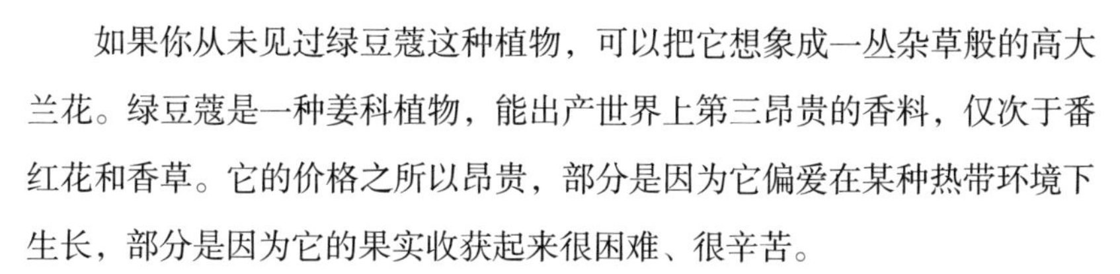

## 绿豆蔻

*Elettaria cardamomum* var. *minor*
或 var. *major*
姜科

如果你从未见过绿豆蔻这种植物，可以把它想象成一丛杂草般的高大兰花。绿豆蔻是一种姜科植物，能出产世界上第三昂贵的香料，仅次于番红花和香草。它的价格之所以昂贵，部分是因为它偏爱在某种热带环境下生长，部分是因为它的果实收获起来很困难、很辛苦。

人们采集野生绿豆蔻的历史已有千百年，但到19世纪才开始栽培这种植物。绿豆蔻可以长到近20英尺高，它的花期很长，这就要求采摘者必须一次又一次去查看同一棵植株，每次只能收获几枚果实。绿豆蔻的果实必须在还带点绿色的时候采摘下来，干燥之后再小心把果壳剥开，除去其中的种子。市场上也有未经处理、种子还在里面的绿豆蔻果售卖，可以保留更多的风味。

虽然危地马拉也已经成了这种香料的主要产地，但是一般认为印度出产的绿豆蔻品质最好。绿豆蔻有两种类型：马拉巴型有轻微的桉叶风味，而迈索尔型更为温暖辛辣，具有柑橘皮和花香的味调。另一种和绿豆蔻有亲缘关系的香料植物是香豆蔻（学名*Amomum subulatum*），在英语中也叫“大豆蔻”或“黑豆蔻”，一般要在篝火上进行烘干处理，结果便使它具有浓烈得多的烟熏风味。

绿豆蔻的芳樟醇和乙酸芳樟酯含量很高，这两种芳香的化合物在薰衣草、柑橘皮以及很多其他花卉和香料中都能找到。最近，日本科学家发现，如果用受试者的免疫系统应答作为衡量指标的话，这两种物质可以显示出缓解压力的作用。这为人们把绿豆蔻加到酒饮中又增添了一个好理由。

绿豆蔻可以用来给多种烈酒调味，包括金酒、咖啡和坚果利口酒、味美思酒和意大利苦酒。在鸡尾酒中应用绿豆蔻的最佳方式，是把绿色的绿豆蔻种子与单糖浆共同加热，然后试着把它加到多种用水果酿造的香辛热带酒饮之中。

## 丁子香

*Syzygium aromaticum*

桃金娘科

丁子香过去也叫“丁香”，它不是种子，不是果实，更不是树皮。它实际上是从一种印度尼西亚乔木上采摘下来的紧紧闭合的花蕾，要在阳光下铺开晒干，以避免自然发酵。（任何放任不管的东西貌似都能自然发酵。）

丁子香树来自印度尼西亚的香料群岛，包括特尔纳特岛、蒂多雷岛、巴占岛、马基安岛和马鲁古群岛。至少从公元前3世纪开始，这里就是亚洲和欧洲的香料产地。为了获得来自这些群岛的异域植物制品，古罗马人急切地要和阿拉伯商人做生意；而到17世纪的时候，荷兰人和葡萄牙人又为了这个地区大动干戈。企图控制香料市场的荷兰人把他们控制的岛屿以外的丁子香树都砍掉了。最终，法国和英国贸易商搞到了一些丁子香幼苗，把它们出口到自己国家的热带殖民地，包括斯里兰卡、印度和马来西亚。不幸的是，这种做法造成了一大后果，就是毁灭了原本曾在野生丁子香树中存在的丰富的遗传多样性。幸存至今的野生丁子香树压根不含丁子香酚，而这恰恰是从现代丁子香中提取出的独特风味物质。这意味着现代丁子香还有另一个能够合成丁子香酚的野生祖先，但它已经被香料商人完全毁掉了。

丁子香树本身非常美丽：在整个生长季中，它的叶子会从暗金色变成粉红色，再变成绿色。花蕾在开放的时候也会变色，因此必须在它刚变成浅粉红色的时候采摘下来。因为这种树的花期很长，在同一个生长季里它的花要采摘8次之多，每年只能产出大约10磅丁子香。丁子香花梗有时也用作其花蕾的便宜替代品，而从丁子香树的叶片和枝条中也能提取出丁子香油。

今天贸易和售卖的丁子香共有3个品种："桑给巴尔"丁子香、"锡普蒂赫"丁子香和"锡科托克"丁子香。其中，锡普蒂赫丁子香是3个品种中最大、最辛辣的。因为丁子香提取物具有麻醉镇痛的功效，自古以来人们就把它用作牙齿的麻醉药，直到今天也是如此。事实上，牙医诊所那种独特的气味中有一部分就来自丁子香。

然而，比起光顾牙医诊所来，我们有愉快得多的享用丁子香的方式。

丁子香的风味很适宜与其他香料搭配。它可以增强香草的风味，并为柑橘皮的风味增添复杂感。很多坚果味和香辛味的利口酒——包括安摩拉多酒、红蚧利口酒及一些味美思酒和意大利苦酒——都要靠丁子香来支持和放大其中的香料风味。

## 古柯

*Erythroxylum coca*

古柯科

没有植物能够比古柯这种深绿色的安第斯山小灌木更能象征我们和毒品之间的无尽战争了。当人们咀嚼古柯叶的时候，它会成为一种温和的兴奋剂，可以让人免受高原病的袭扰。考古学家已经找到证据，证明秘鲁原住民早在公元前3000年时就以这种方法利用古柯，而当西班牙人在16世纪出现的时候，他们还在嚼它。天主教会起先竭力想禁用古柯，但很快发现，如果让被奴役的秘鲁人尝几口古柯的话，他们干起活来会更卖力，于是古柯最终成了当地文化的一部分。

欧洲人一直坚持不懈地搜寻可供药用或消遣用的新植物，他们发现了从古柯中提取纯净的生物碱可卡因的方法，这就创造了一种效力比叶子强得多的药物。可卡因被人们当成一种镇痛药、防腐剂、助消化补药甚至无所不能的万灵药。弗洛伊德就喜欢它，他在1895年写道："往左鼻孔中吸入可卡因对我有惊人的帮助作用。"

人们也在葡萄酒和汤力水中使用古柯叶，其中最有名的是法国的"马利阿尼"葡萄酒，其广告声称它能"有效而持久地恢复生命力"。1893

年，酿造这种酒的公司出版了一本迷人的图鉴，里面充满了顾客们对这款酒的赞颂；图鉴的开头是对古柯树（书里强调它“不是可可树，也不是蔻蔻树”）的介绍，其中声称“古柯最有功效的给药方式就是与酒同服”。

书里的赞颂之词来自像莎拉·伯恩哈特这样的名流，她声称：这款葡萄酒“在我努力完成我强加给自己的艰巨任务时帮助了我，给了我必需的力量”。法国枢机主教夏尔·拉维日里负责非洲的传教工作，他写道：“贵公司的美洲古柯为我的‘白衣传教会’、为这群欧洲之子赋予了勇气和力量，鼓舞他们去教化亚洲和非洲。”最佳的赞誉则来自法国的争议政治家昂利·罗什福尔，他说：“贵公司的珍品‘马利阿尼葡萄酒’完全改良了我的体格，贵公司显然应该把这款酒给法国政府也来一份。”

如今，古柯在它安第斯山脉的天然分布区仍然欣欣向荣。这种灌木可长到大约8英尺高，开白色的小花，结白色的小种子。人们只收获它的新鲜幼叶，从雨季的3月份开始，一年通常收获三次。古柯属一共有7个种，除古柯外其中至少还有另一种哥伦比亚古柯（学名*Erythroxylum novogranatense*）也含有可卡因碱。假古柯（学名*Erythroxylum rufum*）则完全不含可卡因，美国一些植物园已引种了这种植物。

尽管葡萄酒、汤力水和碳酸饮料的制造商现在已经不被允许在他们的配方中包含可卡因，但是他们仍然可以使用来自古柯的不含可卡因的风味提取物。美国食品药品监督管理局同意把“（去可卡因的）古柯”作为一种食品添加剂，而新泽西州的一家名为“斯泰潘公司”的美国制造商则被授予了从秘鲁的国家古柯公司合法采购古柯叶的许可。这家公司把可卡因碱分离出来，用作局部麻醉药，再把剩余的风味物质卖给像可口可乐这样的公司。值得一提的是，玻利维亚政府资助了很多古柯风味的碳酸饮料和其他产品的开发，并且指责美国政府允许在美国自己的软饮料中使用古柯叶，却不认可当地用同一种植物制作的饮料的做法是双重标准。

尽管用去可卡因的古柯叶提取物给酒饮调味完全合法，却几乎没什么蒸馏师这么做。不过，有一个著名的例子是芳草利口酒“阿格瓦”，在美国和欧洲都很畅销，它那醒目的标签上已经把这种争议性成分标了出来。（其他成分还包括醒神藤种子及人参。醒神藤是南美洲的一种藤本植物，含有类似咖啡因的化合物。）在出产古柯的国家，“古柯利口酒”和“古柯酒”在本地市场上也都有销售。

## 芫荽

*Coriandrum sativum*

伞形科

芫荽俗名香菜，是蒸馏师钟爱的原料。在几乎所有金酒和很多芳草利口酒、苦艾酒、阿夸维特酒、帕斯提酒和味美思酒中都能找到它。但是任何曾经吃过芫荽叶子的人都会奇怪：为什么在鲜食这种蔬菜的时候就感受不到那些酒饮里的那种独特风味呢?

这里的原因在于，芫荽果实（褐色圆形的“种子”）在干燥的时候经历了一场化学变化，这样才把那种清亮的芫荽籽风味完全释放出来。芫荽新鲜叶子和未成熟果实的表层所含的精油味道极易识别，但它并不对所有人的胃口，这与人们感受风味的遗传差异有关。有些人用“恶臭”形容这种风味，还有人说它闻起来像臭虫。事实上，芫荽属的属名*Coriandrum*来自它的古希腊名称*koriandron*，而臭虫在古希腊语中叫*koris*，正是这个词的词根。

然而，在芫荽果实深处却含有另一种精油，在果实干燥之后、那种标志性的芫荽籽风味蒸发出来之时很容易把它提取出来。芫荽籽精油中的主要成分是芳樟醇、麝香草酚以及可以在香天竺葵中找到的乙酸牻牛儿酯，它们构成了适合为酒饮调味的完美混合风味。芫荽籽精油融百里香的森林味调、香天竺葵的醇厚香气和芳樟醇清亮如花的柑橘风味于一体。换句话说，它尝起来就像是极好的金酒。

在香料市场上可以见到芫荽的两个变种：一个是俄国芫荽，学名*Coriandrum sativum* var. *microcarpum*；另一个学名叫*Coriandrum sativum* var. *vulgare*，有时叫印度芫荽、摩洛芫荽或亚洲芫荽。俄国芫荽品质较高，虽然株形较小，但精油含量更高；印度芫荽果实更大，种植它主要为了收获叶子，因此是园艺师能够更容易买到的类型。（出售给园艺师的很多品种都经过专门的培育，结实不会太早，因此可以产出更多叶子供烹饪之用。）种植在具有冷凉湿润的夏天的地区的芫荽似乎可以产出最好品质的精油，这就是挪威和西伯利亚能够向世界市场供应第一等的芫荽的原因。

## 荜澄茄

*Piper cubeba*

胡椒科

荜澄茄是一种印度尼西亚木质攀缘藤本，产出的果实一度比其最知名的近亲胡椒（学名*Piper nigrum*）还受欢迎。尽管荜澄茄的干燥果实看上

去很像黑胡椒，但是它们通常连果梗一起出售，因此这二者还是易于区别的。荜澄茄的刺激味道源自一种叫胡椒碱的化合物，不过它的柠檬烯含量实际上要更高，而柠檬烯这种无处不在的风味物质在很多柑橘皮和芳草中都可以找到。这可能有助于解释为什么荜澄茄作为金酒的一种原料如此流行——正是在金酒中，香料和柑橘皮能够快乐地结合在一起。

在维多利亚时代有“加药”荜澄茄香烟出售，作为治疗哮喘的手段。已经公布了其香烟原料的现代香烟企业仍然把荜澄茄作为一味调味品。17世纪的意大利神父卢多维科·马利亚·西尼斯特拉利曾经广泛记录了用植物驱邪的方法。为了驱除魔鬼，他开出了如下药方——用荜澄茄、绿豆蔻、肉豆蔻、欧洲马兜铃、芦荟和其他块根、香料调味的白兰地汤力水。

## 散生时钟花

*Turnera diffusa*

时钟花科

1908年，联邦政府官员没收了一瓶贴着“达米阿那金酒”标签、从纽约运往巴尔的摩的烈酒。标签上宣称这种酒具有催情作用，但联邦政府官员对此却深表怀疑。实验室分析表明，酒中含有番木鳖碱和马钱子碱（都是从马钱子树提取的有毒物质），此外还有水杨酸，这是从柳树皮提取的类似阿司匹林的化合物，大剂量服用对人体有害。

由于酒中含有有毒成分，这瓶酒标签上所谓的催情作用是“虚假而误导性”的宣传，加上它实际上根本不是金酒，这瓶酒被判定违犯了1906年颁布的《纯净食品与药品法》。它的拥有者是一个叫亨利·F. 考夫曼的男子，因为用船运输违犯法律的制品而被罚款100美元。然而，达米阿那的名气并没有因此消退。

“达米阿那”是散生时钟花的别名，这是一种6英尺高、极为芳香的灌木，花黄色，果实较小。散生时钟花在墨西哥有野生生长，在那里它以能刺激性欲而为人熟知。19世纪的内科医生把它当成性补药开给病人；有一位医生在1879年写道，可以把这味药开给女性病人，“让她产生非常重要但不是绝对必需的性高潮”。

值得注意的是，这些说法好像还真有一点道理。2009年的一项研究显示，对于“性欲枯竭的雄性大鼠”来说，这种植物能够加快其复原，让它们在非常短暂的不应期之后就可以再来第二场性交的盛宴。（至于什么样的方法能够让雄鼠性欲枯竭，研究却没有透露。）

尽管有这样的有趣研究，现在仍然没有人做过临床试验，确定这种植物是否对人有作用。在美国它是一种合法的食品添加剂，有一种瓶装出售的墨西哥芳草利口酒“达米阿那”就是用它的干燥茎叶来调味的。这种利口酒的酒瓶形状像是一位生育女神——否则还能把瓶子做成什么形状呢？

## 苦牛至

*Origanum dictamnus*

唇形科

苦牛至的英文叫“克里特白鲜”。这种名字听上去颇为神秘的植物其实不过就是一种长相古怪的牛至罢了。它那圆形、银色、多绒毛的叶子和带粉红色调的紫红色花的苞片让它在地中海地区的花园里展现出不同凡响的美丽，这也是它现在的分布已经不再限于克里特岛这个希腊岛屿的原因。它另外还有个别名叫“啤酒花牛至”，因为它的花长得像啤酒花，但植株的芳香却更像百里香和其他牛至。至迟从古希腊时代早期开始，它的叶子就用来给药用汤力水调味了；如今，苦牛至仍然被用在味美思酒、苦精和芳草利口酒中。

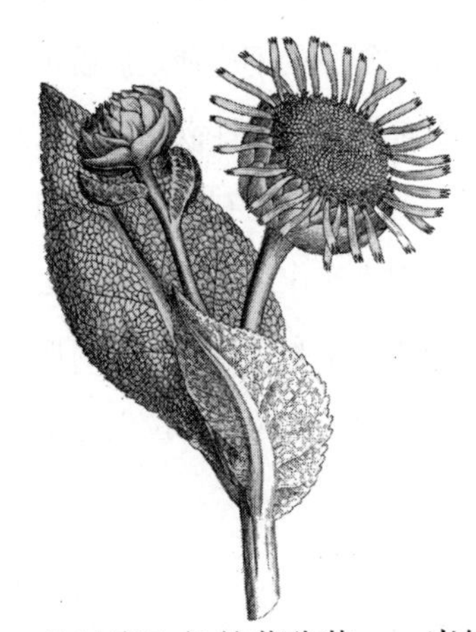

## 土木香

*Inula helenium*

菊科

成片野生的土木香很容易被误认为一丛过度生长的蒲公英——当然，这两种植物事实上确有亲缘关系。尽管土木香原产于南欧和亚洲部分地区，如今它却在北美洲大部、欧洲和亚洲都有野生分布，并被人们栽培，作为治疗咳嗽的草药售卖。它可以长到8英尺高，开出雏菊状的黄色小花。土木香的根是苦的，具有樟脑风味，是味美思酒、苦精、苦艾酒和芳草利口酒中的常见原料。

## 欧洲百金花

*Centaurium erythraea*

龙胆科

欧洲百金花是一种开粉红色花的一年生草本，与龙胆有亲缘关系。它原产欧洲，现在已经扩散到了北美洲、非洲及亚洲和澳大利亚的部分地区。历史上其干燥茎叶曾用于外敷治疗伤口，内服作为助消化的补药。今天，这种植物的苦味环烯醚萜苷成分——它用来自我防卫的有效化合物——又让它成为苦精和味美思酒的有用原料。

## 胡卢巴

*Trigonella foenum-graecum*

豆科

从2005年开始，生活在纽约市某些地区的人们突然对薄饼产生了奇怪的强烈兴趣。与此同时，一种独特的槭糖浆气味在城市上空飘荡。这种气味并非常常出现，但它一旦出现，人们就会给市政府服务部门打电话，询问这种原因不明、然而完全不会令人厌恶的气味的来源。

最终，在2009年，市政官员找到了答案：这是胡卢巴的气味。这种微小的豆科植物的种子可以磨成粉，混到咖喱香料里面去——不过，新泽西州的一家出售工业香精和香料的公司也在加工它们。胡卢巴散发的那种焦糖或槭糖浆味调使它可以作为一种调味品用在利口酒中，也可以用来代替槭糖浆和其他甜味剂。

胡卢巴原产于地中海地区、北非和亚洲部分地区；千百年来，它是印度和中东烹饪的传统原料。尽管它从未在利口酒中扮演最重要的角色，却可以作为一种香辛甘甜的基调构成利口酒风味的背景。因为这个原因，调酒师有时候也在自制浸剂中使用它。“皮姆一号”是一种以金酒为基酒的利口酒，可用来调制名为“皮姆杯”的经典英国夏日鸡尾酒。一些“皮姆一号”的爱好者发誓说，他们从这种利口酒的神秘——而且高度保密——的混合香料中尝出了胡卢巴的味道。

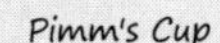


## 皮姆杯

1份“皮姆一号”利口酒

3份柠檬汽水

黄瓜、甜橙和草莓切片

留兰香叶

玻璃苣花或叶（可选）

在一个加冰的大罐或玻璃杯中加入所有原料，充分搅拌。玻璃苣叶和花是习惯装饰物，但如果你自家没有种植的话，有时不易获得。

## 高良姜

*Alpinia officinarum*

姜科

高良姜（galangal）与姜有亲缘关系，具有尖锐的辛香风味，在中国、泰国和印度烹饪中已经流行了千百年。它的传统用途之一是开胃，这使人们把它用在早期的药用汤力水中，后来就变成了流行的利口酒。今天在一些味美思酒、苦精以及“赫伯特利口酒”之类东欧芳草利口酒中仍然可以找到高良姜成分。

和其他一些姜科植物一样，用于香料贸易的是高良姜的根状茎。人们让高良姜生长4至6年，长到大约8英尺高，形成一簇高大的茎，顶上是带条纹的叶子。然后，人们或者一次性收获它的整个地下部分，或者只沿其边缘挖走几条根状茎。

在英文里有几种彼此之间有亲缘关系的植物都被称为galangal，然而其中只有高良姜（学名*Alpinia officinarum*）这个种被美国食品药品监督管理局认定为安全的食品原料。其他叫作galangal的种还包括红豆蔻（学名*Alpinia galanga*）和山柰（学名*Kaempferia galanga*），后一种在英文中有时候也叫“复活百合”。所有这三种植物都生长在热带气候区，开粉红色和白色的花，看上去很像一枝兰花或晚香玉。

# 深黄花龙胆

*Gentiana lutea*

龙胆科

如果没有这种在法国高山草甸上野生生长的高大黄色野花，任何经典鸡尾酒都将不复存在。“曼哈顿”“内格罗尼”和“古典杯”鸡尾酒全都依赖龙胆为它们提供苦味。安戈斯图拉苦精是在原料品种最匮乏的酒吧里也能找到的最基本的鸡尾酒原料之一，它也含有龙胆，而且还把这个事实在酒瓶标签上标出来。很多有名的欧洲意大利苦酒和利口酒对其秘密配方守口如瓶，却可以坦然声称龙胆是其中的关键成分。“金巴利”“阿贝罗”“苏兹”“雅凡娜意大利苦酒”以及直接命名的“龙胆”利口酒只是数以百计靠龙胆赋予苦味的烈酒中的几款而已。

龙胆入药的历史至少可以追溯到3000年前。公元前1200年的古埃及纸草文书记载了龙胆入药的用途，从那时起人们就一直用它。按照老普林尼的记载，龙胆的拉丁名称*gentiana*来自根修斯（Gentius）王，他是古罗马一个行省（今天是阿尔巴尼亚的一部分）的统治者，公元前181年至公元前168年在位。

龙胆类植物不易栽培。每一种龙胆都偏爱一种非常独特的气候和土壤型；很多种龙胆憎恶肥沃、壤土质的花园土，也抗拒移植。在已经鉴定的300种龙胆中，只有差不多十来种在花园中表现良好。特别是深黄花龙胆，比起农田来它更愿意生长在高山草甸；在欧洲部分地区，人们把它保护起来，野生品种的采摘因此必须遵守严格的管制。（有一种和深黄花龙胆长得很像的剧毒植物叫蒜藜芦，学名*Veratrum album*；对业余爱好者来说，它也是让搜寻野生龙胆成为一项危险活动的因素之一。）

野生龙胆需要保护的原因之一，在于用于利口酒和医药的部位是它的根，因此不挖出整棵植株就无法获取。龙胆中的苦味物质包括龙胆苦苷和苦龙苷，现代研究已经表明它们具有刺激唾液和其他消化液分泌的作用。（无怪龙胆会成为如此多的餐前酒的成分。）龙胆甚至对正在接受癌症治疗、难以品尝或吞咽食物的病人也有好处。目前人们还在研究它的抗疟和抗真菌功能。

深黄花龙胆一般在长到4年或5年的时候收获，那时它那长形的块根已

Dr. Struwe's Suze and Soda

## 斯特鲁维博士的苏兹酒兑苏打水

列娜·斯特鲁维博士是拉特格斯大学的植物学家，研究龙胆是她一生的工作。她研究了这种植物的分类、生物多样性和药用用途。此外，她还收集了以这种植物为特色的老式酒瓶和海报。这款鸡尾酒就是她最喜欢的龙胆鸡尾酒。

2盎司苏兹酒

2至4盎司苏打水或汤力水

柠檬卷皮

把苏兹酒倒在冰上，品尝时以苏打水为盖顶，再加一条柠檬卷皮。干杯！

经重达数磅。每年光是在比利牛斯山区就可以采集到8吨深黄花龙胆，在阿尔卑斯山和邻近的汝拉山收获的龙胆则更是甚于此数。深黄花龙胆中苦味物质的含量在春天达到顶峰，在较高海拔处收获的龙胆中含量则更高，所以对于采集龙胆来说，准确选择时间和地点至关重要。

龙胆那种怡人的浓郁苦味正是让它在利口酒中显得如此动人的原因。龙胆苦味陪衬着糖的甜味和酒饮的花香风味，为内格罗尼酒之类的鸡尾酒赋予了它们所需的支撑性味调。龙胆中名为“呫吨”的黄色抗氧化剂则赋予了龙胆利口酒一种天然的金色色泽；在苏兹酒之类酒品中，这一点再明显不过了。苏兹酒是以白葡萄酒为基酒的龙胆餐前酒，在法国深受欢迎，但直到最近才能在美国市场上买到。

美国曾经有一种叫“莫克西”的碳酸饮料，一度比可口可乐还流行，而龙胆也是这种饮料的关键成分。散文家、《夏洛的网》的作者E. B. 怀特曾经在一封信中写道：“我仍然能从六英里外的一家小超市买到莫克西。莫克西含有龙胆根，它是通往好生活的路径。人们在公元前2世纪就知道这一点了，它今天仍然给我的生活带来‘方便’。”

## 石蚕香科科

*Teucrium chamaedrys*

唇形科

石蚕香科科是地中海地区的一种低矮多年生草本，在园艺师看来，它是布景精致的花园中的装缘植物，用来修饰花境的边缘。石蚕香科科具有笔直上长的习性，狭窄的叶片色深而有光泽，又能开出粉红色小花的花穗，很适宜在布局井然的景观中以直线的方式列植。它的叶片能散发出类似其近亲鼠尾草的浓郁芳草香气。中世纪医师给很多疾病都开出含石蚕香科科的药方，随着时间推移，它便成为味美思酒、苦精和利口酒中的苦味调味品。

## 姜

*Zingiber officinale*

姜科

姜是一种其貌不扬的热带植物。它很少开花，通常只会长出3至4英尺高的芦苇般的绿色茎秆和带条纹的叶子。但是，姜却是世界上最古老的香料之一。它原产于中国和印度，是中国古代的重要药材；在它沿着最早的贸易路线传到欧洲之后，在欧洲也被用于医药用途。自中世纪以来，人们又用它给啤酒调味，为芳草利口酒、苦精和味美思酒添加辣味和香辛味。“康东庄园”“咔嚓”和“国王之姜”便是能够为鸡尾酒增添姜辣味的几种现代利口酒。

今天，姜在全世界已广泛栽培，尼日利亚、印度、泰国和印度尼西亚是主要产地。种植、收获和贮藏方法都会对它的风味产生巨大影响。生姜的味道在播种之后只有5至7个月时还很淡，但在此之后它的风味挥发油成分就会快速增长，在大约9个月时达到顶峰。在荫处种植的生姜，往往比在太阳下种植的生姜含有更多的柑橘皮风味。如果生姜在收获之后不是趁新鲜时出售，而是干燥后出售，则其油分会挥发掉20%，导致它失去清亮的柑橘特质；在剩余的油分中，让姜呈现出锐利香辛味的姜烯含量也会更高。今天供香料贸易的姜的不同品种有几十个之多，每一个品种都有它自己的独特名声。

过去的姜啤是一种用水、糖、姜、柠檬和酵母酿造的低度数酒精饮料。这种姜啤在现代已经演变成了无酒精的汽水，所以也叫姜汁汽水，在很多经典鸡尾酒中扮演着主角。香迪酒是等量啤酒和一些苏打汽水（如柠檬汽水）的兑和，香迪加夫酒则是啤酒和姜啤的兑和。“黑暗和风暴”是2份黑朗姆酒和3份姜啤的兑和，饮用时要加冰。实际上，“黑暗和风暴”是“戈斯林氏”蒸馏坊注册的商标名，无怪该公司会建议最好是把他们家

Moscow Mule

## 莫斯科骡子

½个来檬

1½盎司伏特加

1茶匙单糖浆（可选）

1杯姜啤（请试试“利兹”牌姜啤，或者也可以用一种自然的、不太过甜的姜汁苏打水）

在铜杯或高球杯里装满冰。在冰上榨取来檬的汁，滴入杯中。加入伏特加和单糖浆（如果你喜欢的话），用姜啤把杯子倒满。

产的黑朗姆酒和姜啤兑和起来。

“莫斯科骡子”是一位伏特加经销商在1941年发明的一款鸡尾酒，它不光很好地应用了姜啤，而且还让美国人熟悉了伏特加，让“斯米尔诺夫”伏特加的销量在短短几年之内就增长到原先的3倍。这款鸡尾酒习惯上要在铜杯里饮用，但这只是个市场营销的噱头。据说它的发明故事是这样的：一位伏特加经销商和一位调酒师联合起来，调制了这款调和酒饮，这样可以让调酒师把没卖出去的姜啤找到新用途，同时又有助于提升伏特加的销量。调酒师的女朋友则据说是一家铜杯工厂的厂主，她的产品也便成了配方的一部分。

## 椒蔻

*Aframomum melegueta*

姜科

椒蔻是一种西非植物，它那又小又黑的种子具有胡椒的辣味，同时伴随有类似绿豆蔻和其他姜科近亲的更醇厚、更香辛的味调。它通过早期的香料贸易路线传入欧洲，成了一种既能用于食品，又能用于啤酒、威士忌和白兰地的调味品，有时候也用来掩盖劣酒或掺水酒的气味。今天在一些啤酒（最著名的例子是“萨缪尔·亚当斯夏季艾尔”啤酒）中仍然可以找到它，此外它也仍然还是阿夸维特酒、芳香利口酒以及包括“孟买蓝宝石”在内的金酒的重要成分。

就像姜科的其他植物一样，椒蔻其貌不扬：它那苇秆般的细茎只能长到几英尺高，上面长着又长又窄的叶子。它的花是紫红色的喇叭形，花谢之后就结出淡红色长圆形的果实，每一枚果实包含60至100枚小型褐色种子。

椒蔻的药用特性曾经帮助动物园解决了一个长期存在的难题。从野外捕获的西非低地大猩猩时常会罹患心脏疾病；事实上，圈养低地大猩猩有40%的死因是心脏病。在野外，椒蔻构成了低地大猩猩食谱中80%~90%的成分，这意味着这种植物的消炎功效可以保持它们的健康。现在，一个旨在改善野外捕获大猩猩福利的大猩猩健康计划正在运行之中，人们正在考虑给它们开出椒蔻——而不是金酒——的处方，让它们生活得更好。

## 欧洲刺柏

*Juniperus communis*

柏科

研究鸡尾酒历史的学者们正在开展一场竞赛，看谁能从医药文献中发现金酒（过去也翻译为“杜松子酒”）最早的前身。17世纪的一位叫弗朗西斯库·德·勒波厄·西尔维乌斯的荷兰医师一度被认为是金酒传统的开创者，因为他曾在药用饮剂中使用过欧洲刺柏提取物。然而，现在赢得这个头衔的人看来是13世纪的比利时神学家托马斯·范·康坦普雷。与他同时代的荷兰人雅各布·范·迈尔兰特在其1266年的著作《自然之花》中把他的著作《论物性》译成了荷兰语。在这本书中，范·康坦普雷建议把欧洲刺柏果在雨水或葡萄酒中煮熟，可以治疗胃痛。这还不是金酒，但任何把欧洲刺柏和酒精结合在一起的东西都是在金酒的发明之路上迈出的一步。

但是，说荷兰人发明了欧洲刺柏的药用用途是不对的。公元2世纪的古希腊医师盖伦就在他的著作中说欧洲刺柏果能“清洗肝肾，明显可以让任何黏稠的汁液变稀，因此可在医药保健中应用”。这段记载自然也暗示了那时可能已经有欧洲刺柏果和酒精的混合制剂存在，当然，这样的制剂尝上去肯定一点儿不像我们今天饮用的上好金酒。

欧洲刺柏是古老的柏科的成员。在2.5亿年前的侏罗纪，欧洲刺柏就已经出现了。在那个时候的地球上，大多数的陆块聚集在一起形成单独一个名叫“泛大陆”的古陆——这就是欧洲刺柏这个种（学名*Juniperus communis*）现在在欧洲、亚洲和北美洲都有野生分布的原因。

因为欧洲刺柏的历史如此悠久，如今它已经演化出几个亚种。在金酒中用得最广泛的是原亚种（学名*Juniperus communis* subsp. *communis*），这是一种寿命可达200年的小乔木或灌木。它们是雌雄异株植物，也就是说，每棵树要么是雄性，要么是雌性。来自雄性刺柏的花粉凭借风力可传播100多英里，最终到达雌树那里。一旦传粉完成，刺柏的“浆果”——实际上是球果，但因为其鳞片是肉质的，所以看上去很像水果的果皮——便会慢慢成熟，完成这个过程要2至3年。收获刺柏果不是件容易的事情：一棵雌株上结的刺柏果的成熟程度是各个不同的，所以人们一年必须对同一棵树采摘好几次。

金酒蒸馏师更喜欢使用来自托斯卡尼、摩洛哥和东欧的刺柏果。大部分的刺柏果仍是采自野生欧洲刺柏。举例来说，阿尔巴尼亚与波斯尼亚和黑塞哥维那两国加起来每年一共能生产700多吨刺柏果，其中大部分都是由个体采摘者在野外采摘回来之后再买给一家大型香料公司。采摘刺柏果毫无疑问是个低技术含量的工作，而且非常耗时——采摘者在枝条下面放

## 了解金酒

**蒸馏金酒：**加刺柏和其他植物制剂重蒸的烈酒，重蒸前已有其他风味。

**荷兰金酒：**一种荷兰式的金酒，其酿造方法与威士忌类似，系用大麦芽糊浆蒸馏而得。“老荷兰金酒”是一种古老款式，酒色较深，麦芽风味也更浓。“小荷兰金酒”则是较新颖的款式，风味较淡，酒色也浅，这通常是因为采用了更加精密的蒸馏工艺。这两款都可以用酒桶陈化或不陈化。

**金酒：**一种类似伏特加的高度数烈酒，用欧洲刺柏和其他天然或具有“天然等同性”的调味品调味。

**伦敦金酒**或叫**伦敦干金酒：**加刺柏和其他植物制剂重蒸的烈酒，但重蒸前除水和乙醇外没有其他成分。

**马翁酒：**用葡萄酒重蒸的金酒，仅在西班牙地中海沿岸外的梅诺尔卡岛上酿造。

**老汤姆金酒：**一种古老的英国款式的加甜金酒，现在在经典鸡尾酒酒迷中重新开始流行。这种酒以前在豪华酒店发售，因为像自动售货机一样的分发处有固定的猫头作为标志而得名。（在英语中，tom一词既是人名“汤姆”，又有雄猫的意思。）英国记者詹姆斯·格林伍德在1875年这样描述这个场景：“‘老汤姆’不过是一种动物的绰号，它具有暴烈的本性，任何敢于冒险品尝它的人都要在一段时间内忍受它的爪牙那种尖利而持久的作用，因此被人们当成了那种叫金酒的烈性酒饮的最适宜代表。”

**普利茅斯金酒：**金酒的一种，类似伦敦干金酒，只在英格兰普利茅斯酿造。

**黑刺李金酒：**把黑刺李浸泡在金酒中得到的利口酒，以25度或更高的酒精体积百分含量装瓶。

置一个篮子或铺开一块防水布，然后用棍子猛敲刺柏树，竭力只把深蓝色的成熟刺柏果敲落下来，而让幼小的绿色刺柏果继续留在树上。刺柏果一旦采摘下来，就在凉爽阴暗的地方铺开晾干。过多的阳光或热量会让刺柏果失去其中的风味精油，而潮湿的环境会让它们发霉。

刺柏果含有α-蒎烯和月桂烯，前者为它带来了松树或迷迭香风味，后者则是大麻、啤酒花和亚洲百里香的风味成分之一。在很多芳草和香料中都能找到具有活泼柑橘风味的柠檬烯，它在刺柏果中也存在。无怪刺柏果可以与芫荽、柠檬皮和其他香料组合起来为金酒增味——很多其他植物也含有同样的风味成分，只是组成比例不同罢了。

到荷兰人反抗西班牙统治的时候，他们已经开始为了医药以外的用途蒸馏金酒了。荷兰和西班牙的冲突于1566年爆发，以这种或那种的形式一直持续到1648年。当英国士兵渡海前来帮助荷兰人时，他们学会了在战场上一次享用一点点金酒，还把这种行为称为“荷兰之勇”，因为它能给军队带来力量。埃德蒙德·沃勒在1666年的一首题为《给画家的指导》的诗中就这样纪念它：“荷兰人失去了葡萄酒和所有的白兰地／失去了所有这些带来勇气的东西。”

一旦英格兰人搞到了金酒，就没有谁能阻止他们了。刺柏果在1639年便作为一种成分出现在英格兰蒸馏师的配方里。到18世纪时，未获许可的金酒酿造在英格兰还是合法行为，粗制滥造、毒性很高的金酒取代了啤酒，成为人们饮酒的首选。但是，一系列的改革导致政府为金酒蒸馏颁发了更多的许可证，同时收取更多的税，到19世纪时，英格兰终于开始生产我们今天熟知的那种爽口干金酒的早期款式了。

金酒其实不是别的，就是一种调味伏特加，其中的主要风味是刺柏，所以如果有金酒饮家说他从不喝伏特加，那么他其实并未理解自己那种癖

**金酒的常见原料**

| 欧白芷根 | 芫荽 | 椒蔻 |
| --- | --- | --- |
| 月桂叶 | 荜澄茄 | 刺柏果 |
| 绿豆蔻 | 茴香 | 薰衣草 |
| 柑橘皮 | 生姜 | 香根鸢尾根 |

好的本质。作为金酒基酒的烈酒一般用含大麦和黑麦——可能还会有小麦和玉米——的混合谷物酿造。可以把刺柏果和其他调味品浸在基酒中重新蒸馏，或是放在悬挂在蒸馏器中的“植物盘”中，或者单独提取它们的风味物质再和蒸馏完的基酒混合。不同的加工方法会从植物原料中提取出不同的油分，从而产生不同的风味。

除金酒外尚有刺柏烈酒，其酿造方法是先发酵泡在水中的刺柏果，得到刺柏“果酒”，再把它蒸馏成烈酒。这种刺柏烈酒有时候会以“刺柏白兰地”的名义在东欧市场上售卖。斯洛伐克的“圣尼古拉”蒸馏坊就是一个例子，他们除了销售刺柏白兰地外，还销售一种叫“周年庆典松树酒”的烈酒，在瓶中会装入一段刺柏的嫩枝。有人在描述它的味道时，说它可以传达一种“饮用刺柏嫩枝的愉悦”，信不信由你。

一些美国蒸馏师正在用本地的刺柏做实验，而不打算再依赖传统的欧洲刺柏果资源。俄勒冈州的“本氏蒸馏坊”就在采摘野生刺柏果，用来给其金酒调味；事实上，本氏蒸馏坊的经营者说过，他之所以开始酿造金酒，就是要利用西北太平洋地区的刺柏资源。威斯康星州的华盛顿岛也是一种优良刺柏的产地，到此地观光的游客可以参加为当地的知名金酒蒸馏坊“死亡之门”采摘刺柏果的短途旅行。然而，不是所有的刺柏都适合采摘。圆柏（又名桧柏，学名*Juniperus sabina*）、得州圆柏（学名*Juniperus* *ashei*）和红果圆柏（学名*Juniperus pinchotii*）就是三个有毒的种；还有很多其他种也可能具有毒性，但还没有得到研究。对任何希望拿刺柏果浸剂做实验的人来说，建议最好还是从声誉较好的地方搞来欧洲刺柏原亚种的刺柏果。

由于野生生境的破坏，以及对旧树林补植的失败，今天英格兰的刺柏

The Classic Martini

## 经典马天尼酒

有一个老笑话说，用来调制马天尼酒的原料不应该再用别的什么东西，只需一个有关味美思酒的谣言就够了。这个笑话你最好当作没听过。如果调酒师只是把少许味美思酒倒入玻璃杯中，让它在杯里晃上几圈，倒掉之后才往杯里倒入金酒的话，那他并不是在调制鸡尾酒；他们只不过是卖给你一杯金酒罢了。味美思酒是一类葡萄酒，只要它是新鲜的、刚开瓶的、冷藏的，就是一种优秀的鸡尾酒辅料。几个月前开瓶、瓶身已经落上尘土的味美思酒应该倒掉。

马天尼酒应该是用小玻璃杯盛装、冷时饮用的一小份酒饮。有的酒吧把多达4到5盎司的纯金酒倒入巨大的鸡尾酒杯，让饮家苦于应付其中温暾而未稀释的金酒，这不叫鸡尾酒。

1½盎司金酒
½盎司干白味美思酒
油橄榄或柠檬皮

把金酒和味美思酒加冰用力摇和，过滤后倾入鸡尾酒杯。用油橄榄做装饰物。

果资源已经陷入短缺。植物保护慈善机构“英国植物生活”已经开启了一场拯救英格兰刺柏的运动，试图借助英国人对金酒兑汤力水的喜爱，吸引人们关注他们的事业，促进欧洲刺柏的保护和生境的恢复。

## 香蜂花

*Melissa officinalis*

唇形科

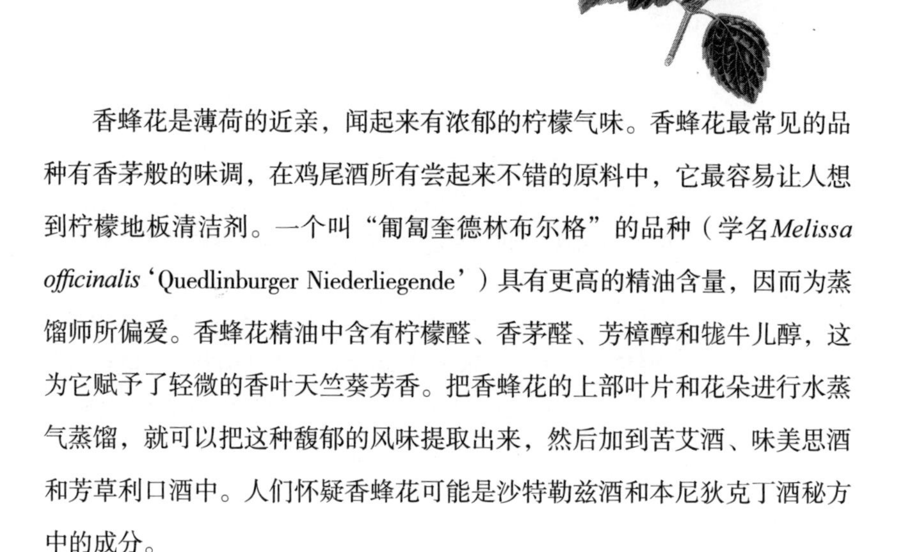

香蜂花是薄荷的近亲，闻起来有浓郁的柠檬气味。香蜂花最常见的品种有香茅般的味调，在鸡尾酒所有尝起来不错的原料中，它最容易让人想到柠檬地板清洁剂。一个叫“匍匐奎德林布尔格”的品种（学名*Melissa officinalis*‘Quedlinburger Niederliegende’）具有更高的精油含量，因而为蒸馏师所偏爱。香蜂花精油中含有柠檬醛、香茅醛、芳樟醇和牻牛儿醇，这为它赋予了轻微的香叶天竺葵芳香。把香蜂花的上部叶片和花朵进行水蒸气蒸馏，就可以把这种馥郁的风味提取出来，然后加到苦艾酒、味美思酒和芳草利口酒中。人们怀疑香蜂花可能是沙特勒兹酒和本尼狄克丁酒秘方中的成分。

香蜂花是蜜蜂花属植物。蜜蜂花属的属名*Melissa*来自古希腊语表示“蜜蜂”的单词；之所以如此命名，是因为这个属的植物的微小的花对蜜蜂的吸引力实在太大了。

# 橙香木

*Aloysia triphylla*

马鞭草科

橙香木通称柠檬马鞭草（虽然它并不是草本植物），是一种极为芳香却貌不惊人的灌木。它有一段可歌可泣的历史。在18世纪橙香木就从原产地阿根廷引种到了欧洲，但在植物学文献中一直没有得到正确描述。直到1778年，一位正在拉丁美洲进行考察的法国植物学家若瑟夫·董贝才重新采集到它。这场考察注定多灾多难：就在身边发生的一场秘鲁内战使董贝在1780年陷入了困境；虽然他在战争之后幸存下来，一场霍乱又暴发了，接着他又遇到沉船事故。当董贝在1785年终于设法返回西班牙时，他辛苦数年采集的珍稀植物活体标本却又被扣留在海关仓库中，最后大部分都腐烂死亡了。橙香木是其中仅有的几种幸存下来的植物之一。这一回，董贝的同事终于注意到了这种植物，它最终得到了正确的鉴定和描述。

不幸的是，董贝的麻烦还没有结束。法国政府又派他进行另一场到北美洲的考察活动，但这一回他最远只到了法属瓜德罗普岛，就在那儿被当地的总督逮捕了。瓜德罗普总督当时仍然忠于君主制，不信任安排董贝外出考察的新成立的法兰西共和国。虽然这位探险家最终得以证明自己的清白，但是他被命令马上离岛，不管怎样，这倒正合于他的意图。然而，他乘坐的船只几乎马上又被人俘虏了。这些人很可能是为英国政府效力的私掠者，于是他在邻近的蒙特塞拉特岛被投进监狱，并于1794年死在那里。

仅仅一杯橙香木利口酒很可能并不能为董贝先生带来多少安慰，但是在他帮助下引进的这种植物如今却为法国南部和意大利的许多传统绿色和黄色利口酒带来了甘甜清亮的柠檬风味，其中最有名的是“沃莱马鞭草”利口酒，由法国中南部城镇沃莱地区勒皮的“帕热·维德朗”蒸馏坊制造。橙香木也是一些意大利苦酒的成分。如果你在法国的酒瓶上面见到“verveine”（马鞭草）字样，或在意大利的酒瓶上面见到“cedrina”（橙香木）字样，就说明酒中有橙香木成分。

*Dombey's Last Word*

## 董贝的遗言

这是经典鸡尾酒“遗言”的一个令人意想不到的变式，用来向若瑟夫·董贝致敬。在这款鸡尾酒中，沙特勒兹酒为橙香木风味更为明显的利口酒所代替，而来檬也换成了柠檬。如果不考虑董贝陷入的政治旋涡的话，为了迎合这个鸡尾酒名称，这款鸡尾酒应该把来自3个同样处于持续不断的动荡之中的国家——英格兰、法国和意大利——的原料结合起来。

½盎司金酒（普利茅斯金酒或其他伦敦干金酒）

½盎司“沃莱马鞭草”利口酒

½盎司“路萨朵”马拉斯奇诺利口酒

½盎司鲜榨柠檬汁

1枝鲜橙香木

把橙香木枝以外的所有原料加冰摇和，滤入鸡尾酒杯。沿着杯沿揉搓一片橙香木叶，用另一片叶子做装饰物。如果你买不到“沃莱马鞭草”利口酒，那么绿色沙特勒兹酒是不错的替代物。

## 栽培你自己的橙香木

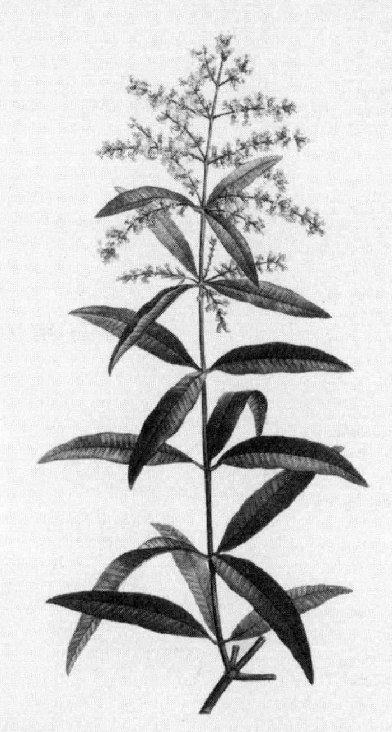

全光照

少量灌溉

可耐15° F / –9° C

新鲜橙香木不是那种在副食品店里普遍有售的芳草，所以如果气候条件允许的话，这种植物值得你亲自栽培。橙香木不耐寒，在初霜冻来临时地上部分就会全部死光。但如果用稻草苫盖，则可以让它在度过低达零下12摄氏度的低温天气后存活下来。请在整个冬天把枝条留在植株之上，在春天新叶萌发的时候再做修剪。有些寒冷气候区的园艺师会在秋天剪下插条，在整个冬天置于室内照料，再在春天移栽到室外露地。

除了要避免受冻之外，橙香木基本不需要什么照管。你不需要施任何专门的肥料；实际上，和很多芳草一样，它喜欢贫瘠、排水良好、干燥的土壤。请把它种在有全光照的地方；哪怕只是一点遮阴，都会损害它的风味。橙香木的风味物质系从叶片中提取，叶片的精油含量在秋天达到顶峰。在没有霜冻的地区，橙香木可以长成小乔木；但在有霜冻的地区，它在整个生长季只能长到8至10英尺高，并长出被细小白花覆盖的花梗。

## 洋甘草风味的芳草：帕斯提酒原料大全

洋甘草：一种叶片羽状、花蓝色形成花穗的欧洲豆科植物的根；洋甘草根的提取物，用于医药、制酒和糖果；一种用洋甘草或茴芹之类替代品调味的糖果。此词也用于指称多种作为真洋甘草替代品的植物。

### 洋甘草

*Glycyrrhiza glabra*

豆科

洋甘草这种南欧多年生小草本实际上是一种豆科植物，但和很多豆类不同，它只能长到2至3英尺高，也不是藤本植物。洋甘草含有风味物质的部分是根，因此洋甘草根是人们的收获目标。除了茴香脑之外，洋甘草根还具有高含量的天然甜味剂甘草甜素，大量摄入可导致高血压和其他严重症状。在香烟中加入洋甘草可以掩盖其粗粝的气味，并能保持其湿度；它还可用于制作糖果和利口酒。

## 茴芹 ［伞形科］

*Pimpinella anisum*

茴芹是一种疏散的小草本，原产于地中海地区和西南亚，看起来非常像它的近亲茴香、欧芹和野胡萝卜。茴芹结出的微小果实通称“茴芹籽”，其中的茴香脑含量很高，被广泛用于利口酒、味美思酒和黄色意大利餐前酒“加利安奴”之中。茴芹在英文中有时候也叫作“地榆虎耳草”，尽管它既不是地榆（蔷薇科的一种小植物）也不是虎耳草（一类生长缓慢、在多石土壤上较为繁茂的高山植物）。

## 茴藿香 ［唇形科］

*Agastache foeniculum*

尽管茴藿香名字中带“茴”字，又具有茴芹风味，这种原产北美洲的薄荷状植物所含的茴香脑实际上并不多。它的风味主要来自草蒿脑，这是能够在龙蒿、罗勒、茴芹、八角茴香和其他芳香中找到的另一种风味物质。虽然蒸馏师也用它来调味，但它更常用作鸡尾酒的辅料。茴藿香在英文中叫“茴芹神香草”，这个名字多少有些误导，因为它既非茴芹又非神香草，虽然这两种植物也都具有洋甘草风味。

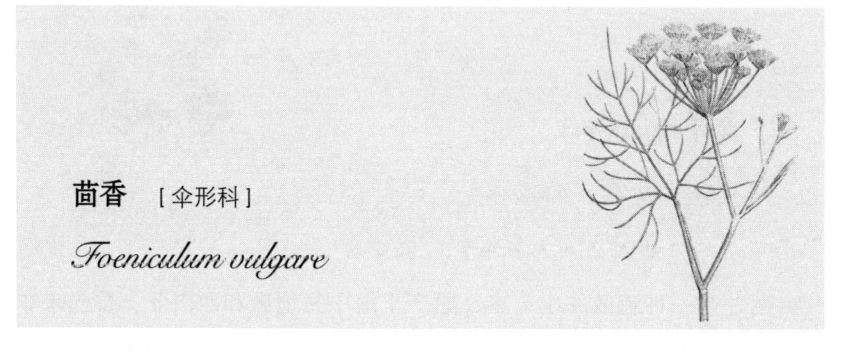

## 茴香 [伞形科]

*Foeniculum vulgare*

茴香是高大、引人注目的多年生草本植物，具有细裂的花边一般的叶子和浅黄色的花，在地中海地区、北非和亚洲的烹饪中都有应用。茴香的块茎、叶子和茎秆都可食用，但用来给苦艾酒、帕斯提酒和其他利口酒调味的却是它的果实——虽然常被叫作“种子”，但是真正的种子实际上在茴香微小长圆形的果实里面。

球茎茴香（学名*Foeniculum vulgare* var. *azoricum*）也叫佛罗伦萨茴香，是茴香的一个品种，人们种植它主要为了食用其块茎，但它的果实中茴香脑和柠檬烯含量较高，因而具有香甜的柠檬风味。这两种风味物质在另一个品种甜茴香（学名*Foeniculum vulgare* var. *dulce*）的果实中含量也较高，甜茴香因而可供生产精油和蒸馏。这个品种还有另一个优点，就是桉树脑含量很低，而桉树脑会给烈酒带来令人不快的像是药味的樟脑气味。茴香花粉的精油含量也很高，可惜很难大量采集。

## 洋甘草：现在来上一堂化学课

帕斯提酒和其他这样的烈酒中的洋甘草风味实际上是来自几种不同的植物，它们彼此之间并无亲缘关系，这挺让人惊讶。但是，它们都有一个共同之处，就是都含有茴香脑。茴香脑是一种洋甘草味的分子，具有几个独特的特征。它可溶于酒精，但不溶于水，所以洋甘草风味酒饮的酒精含量普遍较高，这可以避免茴香脑分子从溶液中析出。但是当更多的水被加进酒里之后——特别是冷水，这是人们饮用帕斯提酒和苦艾酒的习惯——茴香脑便和酒精分离开来，在酒中形成乳白色或暗绿色的浑浊物，就像苦艾酒的情况一样，这种浑浊物被称为“悬乳”。

在加入水之后，茴香脑之所以不会简单地浮到酒的顶部形成油花（就像橄榄油或黄油漂浮在一碗汤的顶部那样），是因为它具有化学家所谓的小“表面张力”。不妨设想有两滴彼此靠近的水。如果它们挨得非常近，就会混在一起，变成一滴水。水滴的表面张力较大，因此易于相互融合。与此相反，不妨再设想有两个肥皂泡。它们可能会彼此粘连在一起，但不一定会融合、形成一个更大的泡泡。这是因为它们的表面张力较小。同样，茴香脑较小的表面张力减缓了酒中的茴香脑小液滴彼此融合形成一大团油的速度。这就意味着当水加到酒杯里时，虽然茴香脑会析出，但不会团聚在一起，于是帕斯提酒或苦艾酒便会保持均匀的浑浊状态。

有些蒸馏师使用冷过滤技术来除去这些较大的不稳定分子，否则，在有水存在甚至是温度较低时，它们就会析出，把酒饮弄浑浊。这就是一些洋甘草味酒饮不会变浑的原因。还有一些来自植物的油状风味分子刚好是透明无色的，这意味着即使它们析出呈悬浮状态，也不会像茴香脑那样让酒变浑。

## 神香草 [唇形科]

*Hyssopus officinalis*

神香草是一种类似薄荷的开蓝色或粉红色花的植物，原产于地中海地区，是苦艾酒、芳草利口酒和天然止咳药的成分。尽管它在洋甘草风味的利口酒中用得很多，化学分析表明它其实含有更多樟脑和松油风味的成

The Perfect Pastis

### 完美的帕斯提酒

1张去巴黎的机票

1个夏日午后

1间路边咖啡馆

一抵达巴黎，马上找一间看上去常常被真正的巴黎人光顾的咖啡馆。争取弄到一个座位，订一杯帕斯提酒，谢谢。如果端上来的酒里没有兑水，但另外提供一杯冷水的话，就请你把它们和你自己混合起来吧。把水淋在帕斯提酒里，直到获得一个令人满意的比例——通常是3至5份水兑1份帕斯提酒。

分。大量摄入神香草提取物可导致癫痫，但给烈酒调味那样的小剂量应用则被认为是安全的。

## 八角茴香 ［五味子科］

*Illicium verum*

八角茴香是中国的一种常绿小乔木八角的果实，八角树和木兰有亲缘

Sazerac

### 萨兹拉克酒

这款经典的新奥尔良鸡尾酒，对于任何不习惯洋甘草风味鸡尾酒的人来说，都是最佳入门饮品。

1块方糖

2至3甩“佩绍”苦精

1½盎司“萨兹拉克”黑麦威士忌或其他黑麦威士忌

¼盎司圣草酒、苦艾酒或帕斯提酒

柠檬皮

调制这款饮品需要多少有些花哨的技术，但这技术值得一学：在古典杯中装满冰，让它冷却下来。在第二个古典杯中研磨方糖和苦精，然后加入黑麦威士忌。重新拿起第一个杯子，把里面的冰倒入下水槽，然后让圣草酒绕着杯壁旋转，也倒掉。把黑麦威士忌混合物倾入杯壁挂上了一层圣草酒的杯子，用柠檬皮做装饰物。

关系。八角茴香在未成熟的时候就被采摘下来，然后在太阳下面晒干。八角茴香呈星状，具有5至10个尖角，每个尖角里面有一粒种子。八角茴香的种子里并不含精油，精油集中分布在星状的外皮也就是它的果皮里面。比起茴芹来，从八角茴香提取精油要更容易、更便宜，所以八角茴香被广泛用于给帕斯提酒和芳草利口酒调味。不过，近些年来在全世界收获的八角茴香中有多达90%被制药企业采购走了，他们用八角茴香制造“达菲”，这是一种用于对抗流感大流行的药物。

八角树生长在中国、越南和日本。日本八角（学名*Illicium anisatum*）是八角的近亲，却有剧毒，可以导致误摘的人中毒。所以在野外采摘八角是不明智的行为。

## 茉莉芹

*Myrrhis odorata*

伞形科

茉莉芹的茎叶具有高含量的茴香脑，因此成为阿夸维特酒和其他烈酒中用来提供洋甘草风味的有用成分。就像伞形科的其他植物一样，茉莉芹是叶羽状、开白色伞形花的多年生草本。尽管在英文中有时候也管它叫“英国没药”，但请不要把它和能够提取出颇具药效的树脂的没药树混为一谈。

**洋甘草风味酒饮大全**

| | |
|---|---|
| 苦艾酒 | 法国 |
| 阿瓜尔迪恩特酒 | 哥伦比亚 |
| 阿内松酒 | 意大利 |
| 阿尼斯酒 | 西班牙、墨西哥 |
| 结霜阿尼斯酒 | 葡萄牙 |
| 茴香甜酒 | 法国、意大利、西班牙、葡萄牙 |
| 阿拉克酒 | 黎巴嫩、中东 |
| 圣草酒 | 美国 |
| 密斯特拉酒 | 希腊 |
| 乌佐酒 | 希腊、塞浦路斯 |
| 帕斯提酒 | 法国 |
| 帕特哈兰酒 | 西班牙 |
| 拉奇酒 | 土耳其、巴尔干国家 |
| 杉布卡酒 | 意大利 |

## 铁线蕨

*Adiantum capillus-veneris*

凤尾蕨科

铁线蕨具有精巧的扇形叶片和引人注目的黑色叶柄，从维多利亚时代以来就是受人珍爱的保护植物。铁线蕨是一种全世界分布的蕨类，原产于南北美洲、欧洲及亚洲和非洲部分地区，人们对它见识久了，便找到了把它当成传统药材的方法。有一种叫“铁丝草”的糖浆制剂可谓是从药用汤力水到鸡尾酒原料的过渡。

17世纪的本草学家尼古拉·库尔佩珀推荐用铁丝草糖浆治疗咳嗽、黄疸和肾病。随着时间推移，铁线蕨本身作为原料已经越来越不重要了，“铁丝草”这个名字逐渐只用来指称用糖、水、蛋清和橙花水调制的糖浆。如今，这款糖浆又被人们再次起用，用来重新调制一些老式鸡尾酒和潘趣酒，比如经典的“杰利·托马斯的摄政者潘趣酒”。

虽然人们普遍认为铁线蕨不具毒性，美国食品药品监督管理局也批准它进入食品添加剂名单，但是很多其他种的蕨类植物却有毒，可以导致严重的肠胃疾病。蕨类的一些种——包括蕨菜在内——还含有致癌物。另外，已知铁线蕨具有从土壤中吸收砷之类毒素的突出能力，因此如果不知道土壤条件的话，请勿从野外采摘铁线蕨。由于所有这些原因，自制铁丝草糖浆时必须要小心。

*Capillaire Syrup*

## 铁丝草糖浆

几枝鲜铁线蕨

2杯水

1盎司橙花水

1½杯糖

把水煮沸，倒在铁线蕨上。就这样浸泡30分钟。过滤，加入橙花水和糖。必要时可以重新加热，让糖溶化。在冰箱冷藏室中可以保存数周，在冷冻室中则可以保存更长时间。

在任何需要单糖浆的配方中都可以使用这款糖浆，但是利用下面这个在杰利·托马斯1862年出版的著名手册《调酒师指南》中记载的配方，可以进行精确符合历史的实验。

*Jerry Thomas' Regent's Punch*

## 杰利·托马斯的摄政者潘趣酒

1½品脱浓绿茶

1½品脱柠檬汁

1½品脱铁丝草糖浆

1品脱朗姆酒

1品脱白兰地

1品脱亚力酒（见下面的“注意”）

1品脱库拉索利口酒

1瓶香槟

凤梨切片

把所有原料放在潘趣酒碗里。在这个原始配方中，柠檬汁略有一些过量；可以试着少称量一些，并用更甜的“迈尔”柠檬来代替。如果在每杯上面再另外用一点香槟做盖顶，也可以改善品味。此配方为30人份。

**注意：**亚力酒是用椰子或海枣的含糖汁液蒸馏所得的烈酒的宽泛通称。这种酒不易买到，但是用甘蔗和红米酿造的巴达维亚亚力酒却在很多地方有售。虽然这两种亚力酒的风味可能差别很大，但是巴达维亚亚力酒仍然是这一款和其他款的潘趣酒的上好原料。

**变式：**在上面的配方中用“盎司”替换“品脱”可以调制出2人份的鸡尾酒。请使用大约4盎司的香槟。

## 旋果蚊子草

*Filipendula ulmaria*

蔷薇科

旋果蚊子草是一种杂草般的沼生多年生植物，叶片织成密密的毯，上面开出高2到3英尺的由奶油白色花组成的花穗。它原产于欧洲以及亚洲部分地区，至少从中世纪开始就被当地人作为药用汤力水的一种成分。事实上，这种植物的水杨酸含量很高，这让它成了早期的阿司匹林配方药中的重要成分。

作为一种调味品，旋果蚊子草能散发出匍枝白珠和扁桃仁的混合风味，怡人而轻盈。考古证据显示，从大约公元前3000年起人们就拿旋果蚊子草和其他芳草一起为啤酒调味；后来，它便成了金酒、味美思酒和利口酒的一味原料。

## 肉豆蔻仁和肉豆蔻衣

*Myristica fragrans*

肉豆蔻科

为了攫取对全世界肉豆蔻供应的控制权，荷兰人使了一着奸计。他们发现印度尼西亚班达群岛受当地酋长的管辖，而在向阿拉伯贸易商出售香料时，这些酋长曾经在历史上长期彼此竞争。于是荷兰人便和每个酋长签订条约，保证为他们提供保护，免受敌对的竞争部落的骚扰；作为交换条件，荷兰人则垄断了他们的香料——主要是肉豆蔻——的采购权。当这些条约被证明难于施行时，荷兰人便屠杀了大多数岛民，并把剩下的岛民卖作奴隶。很快，这些岛屿就变成了完全被荷兰人控制的肉豆蔻种植园。

荷兰人在整个18世纪都保住了他们的垄断地位，他们甚至在1760年焚毁了一个藏满肉豆蔻的仓库，干出这样的事情只为减少供应量和哄抬价格。到19世纪前期，法国和英国贸易商设法从荷兰人控制的那些群岛走私出一些肉豆蔻树幼苗，从而在法属圭亚那和印度建立了种植园，这两个地方也就成为今天大多数肉豆蔻的产地。

作为如此激烈的阴谋和战争的发动目的的肉豆蔻树，是一种优美的常绿树种，可以长到40多英尺高，结出杏一般的果实。果实里的种子便是我们称之为肉豆蔻仁的东西（一般也简称为“肉豆蔻”）。在种子外面则是一层带网眼的红色覆被物，术语称之为假种皮。在香料贸易中，这便是人们称之为肉豆蔻衣的东西。

肉豆蔻衣具有更浓郁、更苦的风味，颜色则要浅一些，但也更昂贵。从100磅肉豆蔻仁中只能提取出1磅肉豆蔻衣。肉豆蔻中的芳香物质消散得非常快，所以在使用时必须现磨。

肉豆蔻仁是香料利口酒的关键成分，对于本尼狄克丁酒来说，这一点尤其明显。把现磨的肉豆蔻仁加在用苹果白兰地或朗姆酒制作的秋季鸡尾酒中，它会显得十分美味。

# 香根鸢尾

*Iris pallida*

鸢尾科

1221年，多明我会教士在意大利佛罗伦萨建立了“新圣母”药坊和香水坊，此后它便因使用香根鸢尾的根状茎而闻名于世。这些教士并不是最早应用香根鸢尾的人，因为古希腊人和古罗马人的文献中已经提到了这种植物。但和古人不同，他们在其香水、甘露酒和药粉制品中不受限制地使用着这种稀有珍贵的材料。

香根鸢尾的应用十分广泛，这主要不是因为它的香味——尽管它的确含有一种叫鸢尾酮的化合物，因而具有一种淡淡的香堇菜气味——而是因为它是一种定香剂，能够把其他的芳香或风味物质固定下来。这些香味物质都缺失了一个原子，所以具有挥发性，很容易从它们悬浮的溶液中逸出；香根鸢尾能够补足这个缺失原子，这样就起到了定香作用。

起先人们一点也不了解这个化学过程。除此之外，还有另一件事很可能也是香水师和蒸馏师所不理解的，就是香根鸢尾的根状茎必须干燥两到三年，然后才能发挥定香剂的作用。现在我们知道，这么长的时间能够让一个缓慢的氧化过程得以发生，从而引发导致根状茎中存在的其他有机化合物转化为鸢尾酮的化学变化。

全世界栽培的香根鸢尾总共只有大约173英亩；大多数香根鸢尾都属

于两个品种，一个是栽培于意大利的“达尔马提亚”香根鸢尾（学名*Iris pallida* ‘Dalmatica’），另一个是它的杂交后代佛罗伦萨德国鸢尾（学名*Iris germanica* var. *florentina*），栽培于摩洛哥、中国和印度。“白花”德国鸢尾（学名*Iris germanica* ‘Albicans’）也可用于香料生产。

要提取香根鸢尾精油，首先必须把其根状茎碾磨成粉，以水蒸气蒸馏法制得一种叫“香根鸢尾香脂”的蜡状物。之后，再用酒精从中提取出“净油”——这是一个香水业用语，指的是一种较为浓郁的精油。

在几乎所有的金酒和很多其他烈酒中都可以找到香根鸢尾。它在香水业中也用得很普遍，这是因为它不光可以定香，而且还可以紧附在皮肤上。不巧的是，香根鸢尾又是一种常见过敏源，因为这个原因，过敏症患者可能会对化妆品和其他芳香制品过敏——也可能会对金酒过敏。

## 肖乳香

*Schinus molle*

漆树科

肖乳香果来自漆树科的肖乳香树。漆树科是最有趣的植物的科之一，你在这个科里可以找到杧果、腰果、漆树，也可以碰到毒漆藤、毒漆和毒栎。因此，在接触漆树科植物时要小心——比如说，对毒漆藤严重过敏的人可能会发现杧果皮也能让他们起皮疹。好在杧果肉是完全安全的，不带果壳的腰果仁也是如此。普遍生长于美国较温暖地区的肖乳香（学名

*Schinus molle*）也是一种安全的香料，但是它同属的亲戚、生长在整个拉丁美洲地区的黄连木叶肖乳香（学名*Schinus terebinthifolius*）却会引发严重的过敏反应。（这两种树很容易区分：肖乳香的叶子又长又窄，而黄连木叶肖乳香的叶子却是卵形的，而且有光泽。）

在古秘鲁杰出的“塞罗·巴乌尔”发酵坊，肖乳香果作为酒饮成分的历史在大约公元1000年就开始了。考古证据显示，瓦里人在大约公元600年的时候在这一地区定居，建立酒坊，酿造用肖乳香果调味的玉米啤酒。妇女赢得了酿酒大师的高级荣誉。瓦里人在公元1000年时焚毁了他们的发酵坊——可能在战争期间逃离了这一地区——但是几个世纪之后，早期的西班牙修士报道了用肖乳香酿造果酒的习俗，这意味着秘鲁人的传统一直延续了下来。如今，人们把肖乳香当作啤酒、金酒、调味伏特加和苦精的调味品。

## 洋菝葜

*Smilax regelii*

菝葜科

很多人听到“洋菝葜”（音译为“撒尔沙”）这个词，会想到一种类似根啤的老式苏打水。这种名为“洋菝葜”的饮品实际上是用白檫木、桦树皮和其他调味品制作的，其中并不含真正的洋菝葜。真正的洋菝葜是一种多刺的攀缘藤本，在它的原产地中美洲被用作传统药材，甚至一度被誉为一种能治疗梅毒的药物。在避孕药的研发历史上，它也扮演了关键角色：1938年，一位叫拉塞尔·马克尔的化学家发现，从洋菝葜中提取的一种植物固醇可以通过化学反应转变为孕酮。但要对这种植物实行大规模加工，成本极为高昂，于是他找到了一种易于处理的植物—— 一种墨西哥野薯蓣。他的发现促成了避孕药的上市，接踵而至的就是性革命。（同时上市的还有认为洋菝葜含有天然睾酮、可以提升性能力的传言，但这完全不是真的。）

从香料供应商那里能买到洋菝葜干燥根磨成的粉，可以把它用作利口酒和其他烈酒中的一种成分。此外，另一种藤本植物代菝葜（学名 *Hemidesmus indicus*）的根磨成的粉也是市场上常见的香料，它有甘甜香辛的香草般风味。美国俄勒冈州的“飞行”金酒就靠代菝葜为它营造一种醇厚深沉的可乐风味，这种金酒的蒸馏师相信，这样的风味能够突出酒味中的精细部分，让“飞行”显得与众不同。

## 白檫木

*Sassafras albidum*

樟科

想象一下欧洲殖民者刚刚到达北美洲时的场景。他们尽可能携带了食物和药物，但是到他们上岸的时候，其中大部分不是吃掉了，就是变质了。他们遇到了以前从来没见过的动植物，他们别无选择，只能进行一场危险的试错游戏，从中找出能够吃喝的东西。每一种浆果、叶子或根茎都可能拯救或扼杀他们的生命。

白檫木就是他们遇到的新植物之一，这是一种原产北美东海岸的极为芳香的小乔木。人们马上就把它的叶片和根皮用作药物，1773年的一部殖民地早期历史著作就记载白檫木可以用来“发汗、祛除黏稠体液、祛除梗阻、治愈风湿和瘫痪”。19世纪有一种流行的万灵药剂叫“戈德弗雷氏甘露”，其中就含有糖蜜、白檫木油和鸦片酊。

碾成粉的白檫木叶子叫“菲雷”，是美国秋葵汤中的关键原料。白檫木的根皮可以用来给茶和早期的洋菝葜苏打水调味，也可以加在酒精含量极低甚至完全不含酒精的根啤里。它是一种经典的美国香料。然而，美国食品药品监督管理局在1960年禁用了这种原料，因为其中有一种叫黄樟素的主要成分被发现有致癌性和肝毒性。今天，在预先除去了黄樟素的情况下，白檫木根只被允许用作食品添加剂。好在它的叶子中的黄樟素含量要低得多，因此烹制卡津式菜肴的厨师现在仍然可以买到“菲雷”。

如今，宾夕法尼亚州一家叫“机械复制时代的艺术”的公司以“树根”利口酒的名义让用白檫木做原料的传统配方重见天日。这是一款根啤风味的醇厚烈酒，含有桦树皮、红茶和香料——但是其中并没有白檫木。取而代之的是柑橘皮、留兰香和匍枝白珠的混合物，但是它们的风味实在太像白檫木了，完全可以乱真。

## 圆叶茅膏菜

*Drosera rotundifolia*

茅膏菜属

在鸡尾酒中不常能见到食肉植物的身影——至少到目前为止是这样。但如果波本酒可以用熏猪肉浸制、单糖浆可以用荨麻调味的话，可能那些捕食昆虫的酸沼植物也随时会重新回到酒品菜单之上。

有一种叫圆叶茅膏菜的矮小食肉植物曾经被用在甘露酒里。它原产于欧洲、南北美洲以及俄罗斯和亚洲的部分地区；夏天它在这些地区的沼泽中繁茂生长，之后便蜷缩成一团，耐心等待漫长寒冷的冬天过去。圆叶茅膏菜具有由狭窄红色叶子组成的莲座状叶丛，可以分泌香甜黏稠的蜜汁诱骗昆虫；之后，它便用消化酶从这些受害者那里吸取养分，以此谋生度日。

用这种植物制作的甘露酒叫“罗索利奥酒”，如今这个名称已经被用来指任何在烈酒中浸有水果和香料、有时还兑入葡萄酒的利口酒。学者对于“罗索利奥”（rosolio）这个词的词源有不同意见（有人认为它最初实际上指的是玫瑰“rose”花瓣的酒精浸剂），不过它很可能是来自圆叶茅膏菜的古名“rosa-solis”（直译为“太阳玫瑰”）。休·普拉特爵士在1600年写下了罗索利奥酒的一个配方，其中明确包含了这种食肉植物；他甚至还建议在浸制之前先把其中的虫子择干净，对现代调酒师来说，这仍然是建议遵循的加工步骤。现在把这个配方抄在下面：“在七月采集一加仑的太阳玫瑰草，择去叶子上的所有黑尘，再取海枣半磅，肉桂、姜、丁子香各一磅，谷物半盎司，绵白糖一又二分之一磅，新鲜或干燥的红玫瑰叶四把，都浸在一加仑装玻璃瓶中的优质‘复合水’里，然后以蜡密封，在二十天时间里每两天充分摇和一次。”

尽管今天在吧台后面很少见到圆叶茅膏菜的身影，但是仍然有一款叫“茅膏菜利口酒”的德国利口酒声称圆叶茅膏菜是其中的一味原料。从沼泽中采集足量的圆叶茅膏菜、择去其中的虫子的工作强度可能超出了一般鸡尾酒调制者能够承受的范围，但这很可能是项安全的事业。圆叶茅膏菜不含任何已知的毒素，甚至还有有限的证据显示它能止咳消炎——这再一次表明，中世纪的那些本草学家可能真的知道他们在做什么。

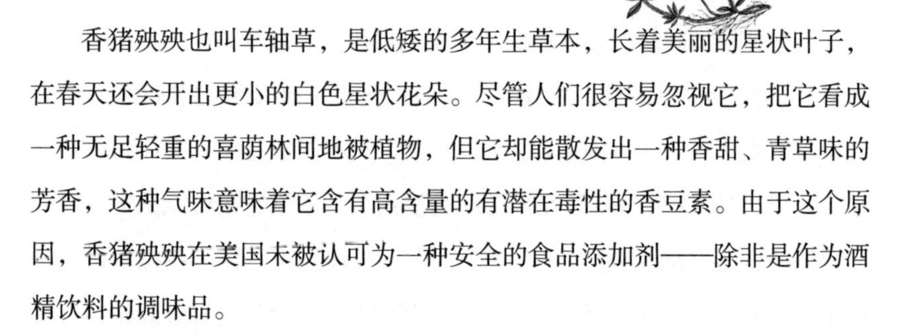

## 香猪殃殃

*Galium odoratum*

茜草科

香猪殃殃也叫车轴草，是低矮的多年生草本，长着美丽的星状叶子，在春天还会开出更小的白色星状花朵。尽管人们很容易忽视它，把它看成一种无足轻重的喜荫林间地被植物，但它却能散发出一种香甜、青草味的芳香，这种气味意味着它含有高含量的有潜在毒性的香豆素。由于这个原因，香猪殃殃在美国未被认可为一种安全的食品添加剂——除非是作为酒精饮料的调味品。

香猪殃殃是“五月酒”的传统原料。五月酒是德国的一种调香葡萄酒，早春，人们把香猪殃殃的嫩枝浸在葡萄酒中，那时它的香豆素含量还没有上升到有害的程度。五月酒常在五月节宴会上与水果一同享用。

## 烟草

*Nicotiana tabacum*

茄科

吸烟者可能会坚持认为，没有比一支香烟更适合与一杯酒搭配的东西了——但如果在酒瓶里就把它们搭配在一起呢？烟草利口酒这种古怪的混合制剂大概只能在美洲被发明出来。人类学者克罗德·列维-施特劳斯在他1973年的著作《从蜂蜜到烟灰》中描述了哥伦比亚、委内瑞拉和巴西把烟草浸在蜂蜜中的习惯。因为南美洲还有用蜂蜜发酵的饮品，所以人们把烟草发酵之后再饮用的做法也就显得不那么不可思议了。

美洲原住民种植烟草、抽烟草叶子的行为已经有2000多年历史了，但是在探险者把烟草从新世界带回欧洲之前，欧洲人却从未听说过这种植物——事实上，无论是什么东西的烟，他们都不会吸多少。很快，烟草就扩散到印度、亚洲和中东。起先，它作为一种药物大受欢迎：人们认为它可以治疗偏头痛，驱逐瘟疫，止咳，甚至治愈癌症。

烟草中的活性成分是名为尼古丁（烟碱）的神经毒素，它可以用来杀灭昆虫，但不巧的是也可以杀人。在19世纪，人们广泛推荐用一种叫“烟草酒”的东西做杀虫喷剂，不过它和最近引入美国的烟草利口酒没什么关系。

在这些烟草利口酒中，法国贡比埃酒厂蒸馏的“珀里克烟草利口酒”是最著名的。按照蒸馏师的说法，制作这款利口酒的工艺可以让瓶中只剩下检测不出来的痕量尼古丁。（尼古丁的沸点很高，达246摄氏度，因此它可能一点也不会经过蒸馏器。）这款利口酒用葡萄生命水烈酒调制，在橡木桶中要陈化一年多时间；它具有甘甜芳香的风味，毫无疑问与众不同。用来制作这款利口酒的烟草来自一个格外浓烈可口的烟草品系，只能在美国路易斯安那州圣詹姆斯教区找到。

在这个地区，“珀里克”烟草很可能已经被原住民种了至少1000年；而定居者栽培和加工这种烟草的历史至今也才只有200年。“珀里克”烟叶的加工方法本身就足以让任何蒸馏师赞叹不已：先是把烟叶轻微烘干并捆成束，然后塞在威士忌酒桶里，烟叶中剩余的汁液会缓慢发酵。这个过程为最终的烟叶制品添加了泥土味、森林味和水果风味。事实上，有一项研究就从这样加工过的烟叶中鉴定出了330种风味物质，其中48种以前从未在烟叶中发现过。当人们对手工种植原料和传统原料的兴趣延伸到吸烟时，这个品种的烟草便重获复兴；人们把它当成高端混合烟斗烟出售。

“珀里克”利口酒没有优质苏格兰威士忌的那种浓烈的烤烟风味。说它尝起来就像香甜潮湿的烟斗烟闻起来的样子，是描述它的最佳方法。在烟草利口酒中，它是唯一畅销的一款。阿根廷门多萨的一间叫“历史与味道”的蒸馏坊也酿造了一款烟草利口酒；除此之外，烟草在鸡尾酒中最常见的用途则来自自制雪茄苦精，这是在高档酒吧的菜单上能见到的一种在高度烈酒中浸制烟草和香料而成的浸剂。然而，进行这样的实验对调酒师来说是危险的。酒吧里的操作一般都缺乏足够的科学控制，调酒师一不小心就会把含有过量尼古丁的酒饮售给顾客。

## 香豆

*Dipteryx odorata*

豆科

香豆树是一种热带树种，原产于委内瑞拉奥里诺科河沿岸的潮湿土壤之上，可以产出甘甜而有温暖香辛味的香豆。欧洲植物考察者看到了这种豆子的潜力，把它带回伦敦的邱园，在热带温室中栽培。香豆具有香草、肉桂和扁桃仁的味调，是有用的香水原料和烘焙香料。它还可以用来遮盖碘仿这种早期防腐剂的难闻气味，或是添加到烟草之中，而后一种做法直到前不久才被禁止。特别是咀嚼用的烟草块，要专门喷洒一种把香豆浸到酒精中制得的溶液。

这种豆子如此美味，它出现在苦精和利口酒中也就不可避免。根据对旧酒瓶进行的化学分析，“阿伯特氏”这个品牌的苦精的部分风味可能就源自香豆。还有传闻说，“鲁莫那”这款以朗姆酒为基酒的牙买加利口酒也以香豆为其原料之一。但是在1954年，美国食品药品监督管理局禁止把香豆用作食品原料，因为其中的香豆素含量很高。含有香豆的酒饮就这样消失了，但是让香豆从烟草制品中消失却又花了几十年时间，部分原因在于烟草公司一直未被要求披露其配方原料。香豆还被当成一种掺假物，用来模仿墨西哥香草的风味，所以食品药品监督管理局提醒游客：不要在度假期间把相关的制品带回美国国内！

如今，香豆多少已经东山再起。欧洲人可以在荷兰的“范维斯香豆烈酒”、德国的“米歇尔贝尔格35%”利口酒和法国的“昂利·巴尔端”帕斯提酒中找到它的身影。有时候厨师和调酒师也会偷偷摸摸使用它，他们相信，加到酒饮或甜点之上的碾得极细的香豆粉中那极微量的香豆素并不太可能对健康造成危害——事实上，他们争辩说，中国肉桂的香豆素含量也很高，却没有受到任何限制。就这样，这种看上去很像巨大的葡萄干的扁平发皱的黑色豆子成了一种供烹饪和鸡尾酒用的走私品。

## 香草

*Vanilla planifolia*

兰科

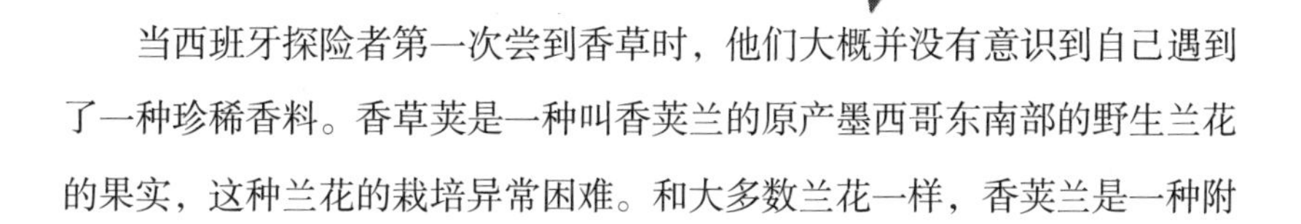

当西班牙探险者第一次尝到香草时，他们大概并没有意识到自己遇到了一种珍稀香料。香草荚是一种叫香荚兰的原产墨西哥东南部的野生兰花的果实，这种兰花的栽培异常困难。和大多数兰花一样，香荚兰是一种附生植物，也就是说，它的根会暴露在空气中，而不是扎在土里。香荚兰会攀上树干，在高于地面100英尺的树枝上繁茂生长。在长达两个月的花期里，每天它只开一朵花，等待它唯一的授粉昆虫——一种学名为*Melipona beecheii*的微小无螫针蜂类为它传粉。香荚兰的花被授粉之后，便会在接下来的6至8个月时间里长出香草荚来。虽然一枚香草荚包含有上千枚的微小种子，但如果没有一种特别的菌根真菌的帮助，它们是无法萌发的。

这还不算完，更麻烦的是，香草荚在刚摘下来的时候尝起来什么也不是。它们首先必须经过发酵，激活其中的酶，才能让香草风味释放出来。传统上完成这步加工的方法是把香草荚浸在水中，然后在阳光下铺开，晚上还要用布包起来让它们“出汗”。付出这样的艰辛努力是值得的——用香草调味的热巧克力饮料是西班牙人最激动人心的发现之一。

知道了这些，最早把香荚兰输送回欧洲、在温室里种植的尝试最终失败，也就不足为奇了。在19世纪中期之前，没有人知道如何为这种植物授粉。最后人们终于找到了用小竹签来授粉的方法，但这个工作做起来还是不容易，因为香荚兰的每一朵花只开放一天，人们必须在一旁等待，随时准备干蜜蜂的活。甚至在今天，虽然马达加斯加已经成为大多数香荚兰的产地，但因为原产地的蜂类不能进口，它的花仍然必须靠人工授粉。这就无怪香草会和番红花一起竞争世界上最昂贵香料的头衔了。

在香草中已经检测到了100多种挥发性化合物，这可以解释为什么香草纯提取物的风味会如此复杂，在木头、香膏、皮革、水果干、芳草和香料的味调的助益之下，香兰素的甘甜风味得到了极大丰满。这让香草成了一种极出色的万用调味品，在香水制造、烹饪和各种酒饮的制造中都有大用。在可口可乐公司做出生产“新可乐”的不幸转变时，《华尔街日报》就报道说马达加斯加的经济几乎因此崩溃，因为市场上对香草的需求突然大幅滑落了。可口可乐公司一如既往地拒绝就其秘方发表观点，但是人们通过推理不难知道，原来的可乐配方含有香草，新配方则不含香草。

今天，最高品质的香草来自马达加斯加和墨西哥，尽管也有一些人偏爱更具水果风味的塔希提香草。使用这种香料的利口酒种类多得不计其数，用香料调味的柑橘烈酒加它，咖啡和坚果利口酒加它，连甜奶油和巧克力利口酒也加它。卡赫卢阿酒、加利安奴酒和本尼狄克丁酒正是香草风味占据明显主导地位的利口酒的三个例子。

## 苦艾

*Artemisia absinthium*

菊科

从没有尝过苦艾酒的人一定会惊奇地发现它的味道一点也不像苦艾。苦艾是中亚苦蒿的俗称，学名*Artemisia absinthium*，是地中海地区一种有刺激性气味的银灰色草本植物，含有挥发油和苦味化合物，后者可以为调香葡萄酒和利口酒增添一种带薄荷脑味的苦味。但是，人们很少把苦艾的味道作为基本风味。事实上，因为苦艾酒的另一种主要原料是茴芹，它尝起来更像是洋甘草。然而，让它出名的毕竟是苦艾。

苦艾的拉丁学名是现代分类学之父卡尔·林奈在1753年出版的《植物种志》中发表的。当时欧洲人已经用*absinthe*这个词来指称它，所以林奈在为它起学名时，只是简单地把这个传统名字正式确定下来。这个词又可以用来指苦艾酒，仅仅在林奈命名苦艾的几十年之后，这种酒的名字便开始出现在酒水店的广告中。除苦艾和茴芹之外，苦艾酒习惯上还含有茴香；根据蒸馏师的偏好，它还可能含有几种其他原料，比如芫荽、欧白芷、刺柏和八角茴香等。

在葡萄酒和烈酒中使用苦艾的做法至少可以追溯到古埃及时代。埃伯斯纸草是公元前1500年的古老医学文书，其中就提到了苦艾，建议用它杀灭线虫、治疗消化疾病，而这份纸草文书实际上又是几百年前的更早的文书的抄稿。与此同时，古代中国也在制作泡有艾蒿的药酒；通过对在考古遗址发现的饮器进行化学分析便可以证实这一点。

人们最终意识到，向葡萄酒和其他蒸馏酒饮中添加苦艾事实上可以改良其风味，至少也有助于掩盖粗制滥造的劣酒的臭气。

就像很多药用汤力水一样，苦艾葡萄酒最终变成了一种消遣饮品——味美思酒。在啤酒花得到应用之前，苦艾还为啤酒增添了苦味成分，以及抗微生物的特质。在多种意大利和法国利口酒中，苦艾也有广泛应用。

尽管苦艾（中亚苦蒿）是苦味艾蒿中最知名的一种，另外尚有几个原产于阿尔卑斯山、统称“山苦艾”的种也可用于利口酒调味。在这些利口酒中有一款就叫“山苦艾”，可能也是最好地捕获了这类芳草实际风味的一款。山苦艾通常都是矮小坚韧的植物，有些种只有几英寸高，在严酷的多石环境中生长良好。野生种都已经得到保护，只在非常有限的条件下被允许采摘。

有关苦艾危险性的传言常常被过分夸大。苦艾的确含有一种叫侧柏酮的化合物，在极高剂量时可以引发癫痫，甚至致死，然而苦艾酒和利口酒中残留的侧柏酮含量实际上非常低。19世纪后期那些有关苦艾酒在法国的波希米亚人群体中引发幻觉和放荡行为的故事大多数都是虚假的；就算苦艾酒真有什么致幻性，那也可能只是其中高得不寻常的酒精含量造成的。传统上苦艾酒要以70至80度的酒精体积百分含量装瓶，这使它的酒精含量达到了金酒或伏特加的两倍。

今天，苦艾在欧洲、美国和全世界其他很多地方都可以合法应用。有些国家政府会对可能出现在最终产品中的侧柏酮的含量加以控制。不过，有一个事实是很多其他烹饪用植物（包括鼠尾草）的侧柏酮含量更高，但是它们却一点也没受控制。

## 栽培你自己的苦艾

全光照

少量灌溉

可耐–20°F / –29°C

觉得苦艾酒引人入胜的人，都应该尝试自己种植几株苦艾，不是为了喝它——因为制作任何具有起码品质的苦艾酒都需要用蒸馏器——而只是因为它是一种美丽而有趣的植物。

在园艺中心或专门经营芳草的邮购苗圃中可以买到多种艾蒿。它们全都长着精致的、细裂的叶片。不过，你想种的那一种很少以

“苦艾”之名出售；寻找它的时候请用拉丁名。苦艾可以耐受低至零下29摄氏度的冬季低温，但它更喜欢温暖的地中海式气候。请在全光照条件下种植，但不必担心它是否只能生长在肥沃土壤之上；事实上，贫瘠、排水良好的干燥土壤才是它想要的。苦艾最终可以长到2至3英尺高和同样的宽度，但在修剪之后可以形成较为瘦高的株形。在6月份剪去苦艾的一半枝叶可以让它保持一个良好的丘状株形。

苦艾不适合作为鸡尾酒辅料，因为它的风味过于粗粝，在鸡尾酒中很难处理。然而，如果你打算邀请诗人和画家共同度过一个有苦艾酒的晚上，请切取几枚枝条带到室内，召唤绿仙女的灵魂吧！

## 用于利口酒的蒿属种类的指南

山龙蒿，*Artemisia genipi*
冰川苦蒿，*Artemisia glacialis*
西北蒿（罗马苦艾），*Artemisia pontica*
荒漠蒿，*Artemisia campestris*
岩蒿，*Artemisia rupestris*
中亚苦蒿（苦艾），*Artemisia absinthium*
黄苦蒿，*Artemisia umbelliformis*

*Dancing with the Green Fairy*

## 与绿仙女共舞

忘掉把浸过苦艾酒的方糖在火上点燃的把戏吧。传统上，饮用苦艾酒时只需要兑冷水，如果你希望你喝的酒更甜一点，也可以加块方糖。（现代的手工蒸馏师则反对加糖。）

兑入苦艾酒里的水引发了释放风味物质和改变酒色的化学反应，这个现象称为“悬乳”，但你也可以把它看成绿仙女的驾到。

1盎司苦艾酒

1块方糖（可选）

4盎司混有方冰的冰水

把苦艾酒倾入干净的笛状玻璃杯。在玻璃杯上方横着搁一把勺子。（有可能的话请使用金属制的带槽孔的勺子，或是传统的苦艾酒勺。）喜欢的话可以把方糖放在勺子里。（如果不想要那么甜的味道，可以只加半块方糖，或者干脆不加糖。）

现在，把冰水非常缓慢地滴在方糖之上，一次只滴几滴，方糖会缓慢溶解，糖水也便滴入杯中。如果你完全没加方糖的话，只需每次一滴地往酒杯里滴冰水即可。

溶解在酒精溶液中的苦艾精油非常不稳定，加入冷水可以打破化学键，让精油游离出来。在精油释放的过程中，你会发现苦艾酒变成了一种牛奶般的暗绿色——这就是“悬乳”。因为不同的风味分子在游离时有略微不同的解离速率，请慢慢让风味物质一种接一种地现身。

请继续尽可能慢地滴入冰水，直到已经把一份苦艾酒与3至4份冰水兑和在一起为止。然后，请用同样闲适的节奏饮用它吧。你不需要再采取什么措施保持它的冰冷，随着酒逐渐变温，它的风味会继续显现出来。

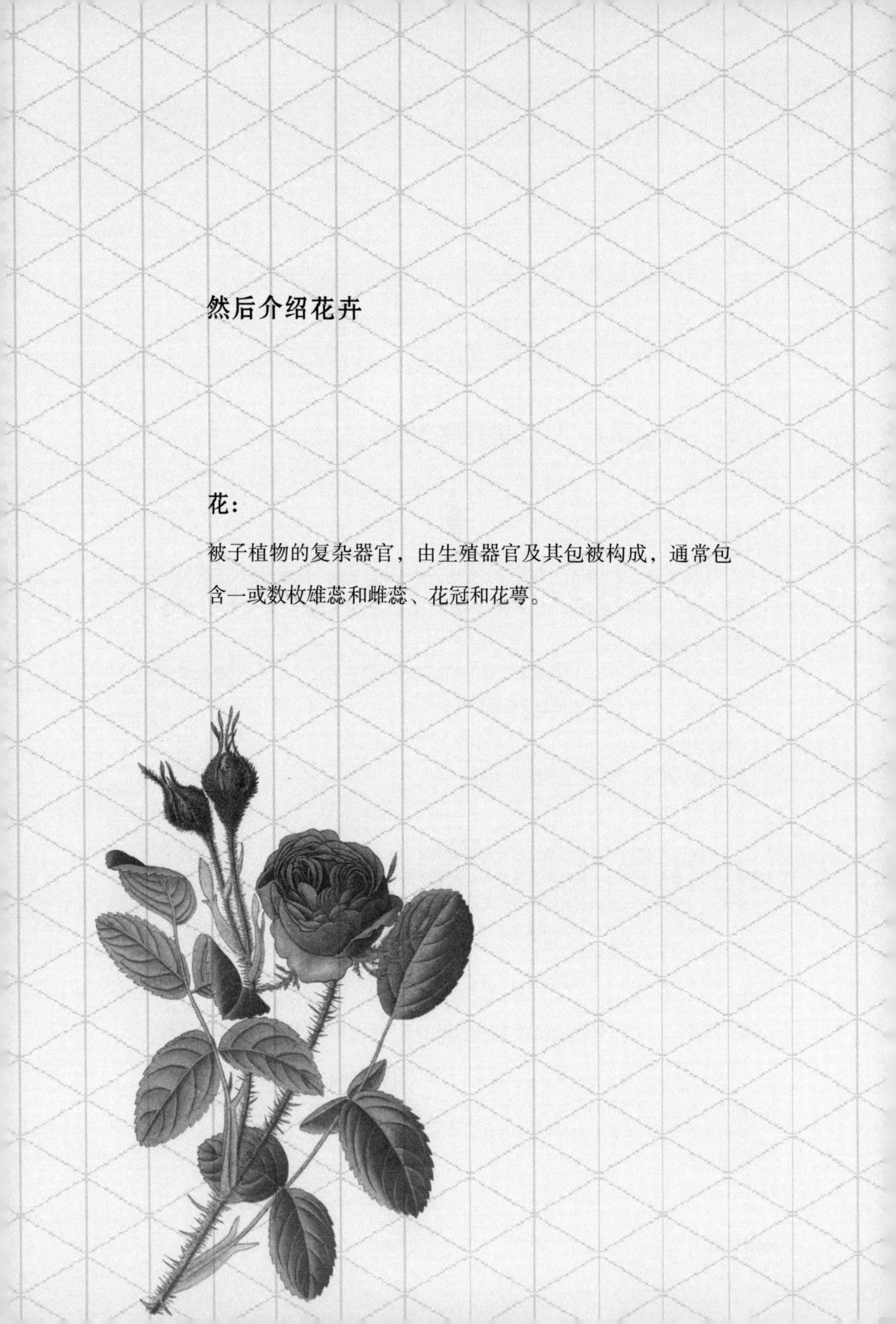

## 然后介绍花卉

### 花：

被子植物的复杂器官，由生殖器官及其包被构成，通常包含一或数枚雄蕊和雌蕊、花冠和花萼。

## 洋甘菊

*Matricaria chamomilla*和 *Chamaemelum nobile*

菊科

菊科有两种不同的植物都叫洋甘菊。“罗马洋甘菊”是果香菊的俗称，学名*Chamaemelum nobile*，是草坪上可见到的低矮多年生草本；“德国洋甘菊”是母菊的俗称，学名*Matricaria chamomilla*，是直立的一年生草本。在作为烹饪和药用芳草时，德国洋甘菊用得更普遍一些；它也很少引发过敏反应，相比之下，罗马洋甘菊却常常致人过敏。

洋甘菊“花”的圆柱状黄色“花心”实际上是由很多微小的花朵融合在一起形成的结构，这是向日葵和其他菊科植物的共有特征。德国洋甘菊（母菊）的学名有时也写作*Matricaria recutita*；*recutita*或*recutitus*这个词在拉丁语中意为“环切过的”，这大概说明它那圆柱状的花心让从前的一些植物学家看上去觉得很熟悉，好像某个东西。德国洋甘菊含有一种叫“母菊薁”的成分，为洋甘菊提取物赋予了令人惊异的蓝绿色泽。

洋甘菊花含有种类丰富的可供药用的芳香化合物，在花朵刚成熟并晒干的时候，它们组成的混合风味最为浓郁。除了众所周知的镇静作用外，药学研究显示，洋甘菊花的消炎和抗菌作用对缓解胃部不适也的确有帮助。

“亨德里克氏”金酒的酿造者声称洋甘菊是其中的一味原料，还有几位蒸馏师把它作为自己所酿利口酒的核心成分。美国加利福尼亚州的“J.威蒂烈酒”蒸馏坊制作有一款洋甘菊利口酒，而意大利蒸馏坊“马罗洛”

也把洋甘菊浸在格拉帕酒中，制成一款甘甜舒心、有惊人花香风味的餐后酒。洋甘菊还是味美思酒的关键成分，是味美思酿造者愿意向参观其酒厂的游客公开的少数几种原料之一。

## 西洋接骨木

*Sambucus nigra*

忍冬科

直到最近几年，美国人的味觉才算真正感受到了西洋接骨木花赋予的那种风味。然后在2007年，一款叫“圣日耳曼”的暗黄色利口酒进入了鸡尾酒圈子。尽管经销商把它宣传为一种高雅的法国利口酒，它的味道却很可能更让英国饮家感到熟悉，他们饮用接骨木葡萄酒和不含酒精的接骨木甘露的习惯已经有年头了。

西洋接骨木在全欧洲和全美国都有分布。它是一种历史悠久的绿篱植物，在乡下可以野生生长，每年从大块的根基之上抽出新芽。这种灌木能结出紫黑的小浆果，可以榨成果汁、做成果酱或是酿成自酿果酒。接骨木果有一种强烈的水果般风味，并不对所有人的胃口，但是19世纪无良的葡萄酒贸易商却用它们给葡萄酒和波尔图酒掺假，没有人能觉察出这种掺假酒在味道上的差别。

不过，为接骨木利口酒赋予其独特芳香的，是西洋接骨木的蜜味花朵组成的平顶花簇，而不是它的果实。没有别的烈酒尝起来比接骨木利口酒更像开满花的草甸了；如果有人想知道蜜蜂把自己埋在花瓣里面时尝到的滋味，那么他可以尝尝接骨木利口酒，它就是那个味道。

圣日耳曼酒的蒸馏坊几乎不透露他们的配方，已经公布的信息也都隐蔽在幻想性的散文里面。蒸馏师声称法国的农夫会在春天收获西洋接骨木花，用“特别组装的自行车”把它们从法国阿尔卑斯山的山脚下搬到“当地库房”里。他们还说在加工过程中并没有把接骨木花浸在酒里，而是用了一种秘密的方法让风味现身。然后他们再把接骨木花提取物与葡萄生命水、糖混合在一起，其中很可能还加了一些柑橘果（尽管这款酒中的柑橘风味非常轻微）。最终的成品就是这款利口酒，尝起来有花和蜂蜜的味道，还有来自水果——仿佛是梨，又仿佛是甜瓜——的一丝邈远的幽灵般诱惑。

### 杉布卡酒是用西洋接骨木调制的吗?

杉布卡酒是一种茴芹风味的意大利利口酒，在正餐之后单独饮用极为怡人。（请不要理会那种把咖啡豆浸在杉布卡酒中然后点燃的无聊建议。你只需在餐后往酒杯里倒一点点杉布卡酒，然后像个成年人一样慢品就可以了。）在它那压倒性的洋甘草风味之外，杉布卡酒还从接骨木果那里得到一种水果风味的复杂味调。有些黑杉布卡酒那种午夜般的浓重紫红色泽也是来自碾碎的接骨木果果皮，但另一些酒的色泽则是用人工色素染的。

*Elderflower Cordial*

## 接骨木甘露

4杯水

4杯糖

30簇新鲜（未变褐或腐烂）的西洋接骨木花

2个柠檬，切片

2个甜橙，切片

1¾盎司柠檬酸（在保健食品店可以买到）

把水和糖煮沸，冷却。在其冷却过程中，到户外切回西洋接骨木花簇，最好在温暖的下午进行，这时其香气最为浓郁，要轻轻摇动驱走其间的虫子。马上带回室内，用餐叉齿把花从花梗上分离下来。把所有原料放在大碗或大杯中，静置24小时，需要时可搅拌、尝味。24小时后，过滤这一混合物，把汁液盛入清洁灭菌的美胜瓶。在冰箱冷藏室中可保存一个月之久，在冷冻室中的保存时间则更长。

## 把接骨木花喝下去

“圣日耳曼”之类的接骨木利口酒以及自制甘露和几乎任何酒饮兑在一起都很不错，可以为它们增添花香和蜂蜜味调，但又不会腻人。下面是你可以尝试的几种勾兑方法：

在香槟中加一甩；酒面上可以漂浮一朵黄色的三色堇花。

用接骨木利口酒／甘露和沙特勒兹酒（勇敢的话可以使用绿色款，否则请用黄色款）各½盎司代替味美思酒来调制马天尼酒。用柠檬皮做装饰物。

用苏打水和接骨木利口酒代替“金酒兑汤力水”鸡尾酒中的汤力水，用柠檬代替来檬榨汁。

## 栽培你自己的西洋接骨木

全光照 / 部分光照

常规灌溉

可耐−30° F / −34° C

虽然西洋接骨木的果实可用来制作果酱、果酒和甘露，但是它可能具有轻微毒性。这种植物的全株都含有一种能产生氰化物的物质，此外还含有其他毒素；即使是它的果实，也只能在完全成熟之后采摘。北美洲接骨木属的种如总序接骨木（学名*Sambucus racemosa*）、美洲接骨木（学名*Sambucus canadensis*）等的毒性可能比在英格兰绿篱中生长的西洋接骨木还大。对接骨木果做烹饪处理有助于减少这些毒素。

除了极冷的气候，西洋接骨木什么都能忍受。它可以在气温低达零下34摄氏度的冬季存活。西洋接骨木为浅根系植物，每年春天应该追加堆肥和营养均衡的肥料，在夏天要加以常规灌溉。为了让接骨木树能结出累累果实，请在冬季或早春砍去所有三年以上的茎或枝条。死去或遭受病害的茎也要除去。“约克”和“肯特”是两个广受欢迎的西洋接骨木品种，但是你最好找一个在你所在地区表现最良好的品种。

西洋接骨木有一个观赏性品种，售卖时的品种名是“黑花边”。因为具有引人注目的黑色叶子和粉红色的花簇，它在全世界都是受欢迎的观赏植物。无论附近有没有配种的树，这个品种都会开花，但如果要让它结果，附近就必须有另一棵接骨木树。

## 啤酒花

*Humulus lupulus*和

*Humulus japonicus*

大麻科

啤酒不是用啤酒花酿造的。它是用大麦酿造的，有时候则是用其他谷物酿造的，然后只是用啤酒花调味罢了。但是，我们简直没法想象不含这种古怪的苦味藤本植物的啤酒会是什么样。

发酵师在大约公元800年的时候发现啤酒花可以加到啤酒中以改进其风味，延长其保存时间；在此之前，他们曾把各种古怪的芳草和香料都往啤酒里加。有一个叫“格鲁伊特”（Gruit）的古老德国用语，指的便是曾经加在啤酒里的草本成分的气味。进入发酵罐中的植物不光有蓍草、苦艾、旋果蚊子草，甚至还有毒参、颠茄和天仙子这样剧毒、致死性的植物，因此常常导致不幸的结局。然而，一旦啤酒花在中世纪从中国传入欧洲，这种局面就改变了。

公元736年在巴伐利亚建立的啤酒花农场是最早建立的啤酒花农场之一。那个时候，酿酒和其他类似的科学或医药研究都是僧侣的事业。后来，开辟啤酒花农场的修道院逐渐遍布全欧洲，到16世纪的时候连英格兰也有了啤酒花农场。有了这种植物，一种新型啤酒就诞生了。

今天我们很难意识到早期的啤酒酿造者会面对严重的贮藏困难。但是你不妨想象这样的场景：在漫长而阴郁的冬天快要结束的时候，人们想要从地下室的最后一桶啤酒中取一些来饮用，却不料几个月前细菌就已经让它变质了。乘坐“五月花”号抵达新世界的定居者可能遇到了同样的问题——记述了这批早期清教徒移民生存情况的《莫尔特报告》就隐约指出，移民者是受啤酒短缺所迫才被迫偏离原定计划在普利茅斯登陆的：“我们现在没法再花时间搜寻和考虑了：我们的饮食大部分都消耗光了，特别是啤酒。”因为没有给水消毒的方法，海上除了咸水又别无他物，啤酒很可能是保证他们在漫长的旅途中存活的一种饮料。一旦啤酒喝光或败坏，他们就要陷入真正的麻烦之中了。

### 为什么啤酒瓶是褐色的?

啤酒酿造者很久以前就知道深色瓶子可以保护啤酒免受光照，避免它产生一种臭鼬般的“曝光”味道。但是直到2001年，美国北卡罗来纳大学教堂山分校才准确找到了引发这种恶劣味道的物质。啤酒花中有一类叫“异葎草酮”的化合物，在暴露于光照条件下时会分解为自由基。这些自由基在化学成分上与臭鼬的分泌物类似。要发生这些化学反应并不需要多久的时间——如果把啤酒倒入品脱杯中，坐在阳光下饮用，有些啤酒饮家会注意到杯底的酒也有那种臭鼬味道。

既然这样，为什么还会有一些啤酒是装在无色的酒瓶里出售呢？首先，便宜的啤酒会这么干。其次，一些大规模酿造的啤酒乃是用改变了化学结构的啤酒花化合物制作而成，这些物质并不会遇光分解。不过，如果你见到的无色酒瓶灌装的啤酒是放在密封的盒子里出售，那可能还是因为啤酒商知道酒的味道在光照之下会很快退化。那么，那种在啤酒里加一枚来檬角的传统呢？——它只是掩盖臭鼬般味道的营销策略罢了。

但是啤酒花传入了欧美之后，就把啤酒变成了一种高级得多的酒品。啤酒花藤的球花（实是雌花簇）满是黄色的腺体，能分泌啤酒花苦味素。这是一种含有酸性物质的树脂，可以让啤酒起泡，为它赋予苦味，又可以延长它的保存时间。这些所谓的“阿尔法酸”对于好啤酒的酿造来说实在太关键了，以致啤酒花要根据所产生的阿尔法酸的量分成不同级别。芳香

### 艾尔啤酒和拉格啤酒的区别是什么？

这要取决于你问的是谁，提问时是什么年代。如果你回到2000年前那片今天是德国的地区，你会发现“艾尔”指的是某些类似啤酒的发酵饮料，而我们今天对这些饮料还知之甚少。如果你到的是公元1000年的英格兰，那么你会见到人们用“艾尔”和“啤酒”这两个词指代两种不同的饮料：“艾尔”才是我们今天称为啤酒的东西，而“啤酒”却是一种用发酵的蜂蜜和果汁制成的饮品。

之后，随着啤酒花的传入，一同出现的还有德语术语“拉格”，用来把含有啤酒花的酒饮和不含啤酒花的酒饮区分开来。然而，今天差不多所有啤酒都用啤酒花来调味。于是“拉格”和“艾尔”这两个词又分别用来指称用底部发酵酵母和顶部发酵酵母酿造的啤酒。让事情变得更复杂的是，在大不列颠又发起了一场值得赞许的“真正艾尔啤酒运动”，宣称真正的艾尔啤酒不仅必须用顶部发酵酵母酿造，而且必须用传统英格兰方式酿造——也就是说，必须在酒桶中经过二次发酵，出售时要盛在啤酒馆的酒桶里，不能装瓶。

然而，对于一般饮家来说，酵母在发酵桶中生活在什么部位几乎是无关紧要的。更重要的是要知道，大多数英国啤酒都叫艾尔啤酒，而大多数德国和美国啤酒都叫拉格啤酒。而且，在全世界的酒吧里，当语言失去效力时，打打手势通常也便可以让你叫到一份啤酒了。

型啤酒花的阿尔法酸含量较低，但能产生怡人的风味和芳香；而苦型啤酒花的阿尔法酸含量较高，可以让啤酒保存更多时间，并能贡献更多的苦味，与麦芽的酵母风味分庭抗礼。

啤酒花是些蓬勃健壮的藤本植物，和大麻的关系非常近；在又湿又黏的大麻花蕾和雌性啤酒花芳香而同样发黏的球花之间，有微弱的家族相似性。和大麻一样，啤酒花也是雌雄异株植物。在没有雄株存在的情况下，雌株仍可以产出备受珍重的球花，但不会结种子，也就无法繁殖。种植啤酒花的农夫只挑选雌株种植，他们会在田里细细搜索一切不速而至的雄株，发现之后就立即把它们拔除。他们不想让雌株结籽，因为发酵师是不会买满是种子的啤酒花的。

啤酒花并不是在任何地方都能生长。这些高大的多年生藤本在生长时需要一天有13个小时的光照，满足这种条件的地区仅仅是全球南北纬35度至55度之间的狭长地带。因此，啤酒花在德国、英格兰和欧洲其他地区得到了广泛栽培。在美国，啤酒花大部分生长于西部地区——因为有白粉病和霜霉病为害，在东部各州无法栽培啤酒花，所以它的种植业只能被迫西进。在俄勒冈州和华盛顿州，发展啤酒花产业还有另一个优势：在禁酒时期，农夫们仍可以把干啤酒花用船运往亚洲，由此便可不受禁酒令的影响。

在南纬35度至55度，啤酒花生长在澳大利亚和新西亚；在北半球同纬度地区，它还在中国和日本得到栽培。也有人曾试图把它们种在津布巴韦和南非，但因为达不到最佳日照时数，人们不得不在啤酒花园圃中安装路灯。与此同时，乐观的植物学家也在努力培育对日照不敏感的啤酒花品种，在花期不会受过长或过短日照的负面影响。

在生长季期间，啤酒花的生长惊人地旺盛，一天就可以拔高6英寸。

## 啤酒花的品种

| | |
|---|---|
| **芳香型（旧世界）啤酒花** | 瀑布（Cascade）<br>群簇（Cluster）<br>东肯特戈尔丁斯（East Kent Goldings）<br>法格尔（Fuggle）<br>哈勒陶尔（Hallertauer）<br>赫斯布鲁克（Hersbrucker）<br>泰特南（Tettnang）<br>威拉米特（Willamette） |
| **苦型（高阿尔法酸）啤酒花** | 阿玛里洛（Amarillo）<br>发酵师黄金（Brewer's Gold）<br>金条（Bullion）<br>奇努克（Chinook）<br>埃罗伊卡（Eroica）<br>拿格特（Nugget）<br>奥林匹克（Olympic）<br>棘苞（Sticklebract） |

**国际苦度单位（IBU）：衡量啤酒花中由阿尔法酸造成的苦味水平的国际量表。**

| | |
|---|---|
| 大众市场美国啤酒 | 5至9 IBUs |
| 波特啤酒 | 20至40 IBUs |
| 皮尔斯纳拉格啤酒 | 30至40 IBUs |
| 司陶特啤酒 | 30至50 IBUs |
| 印度淡色艾尔啤酒 | 60至80 IBUs |
| 三料印度淡色艾尔啤酒 | 90至120 IBUs |

白天，啤酒花的藤梢从中央的茎向四周伸展；晚上，它们便缠绕在线绳或其他支持物之上。“在下午晚一点的时候走到啤酒花田里，你会看到所有的藤梢都以45度向外伸展。”俄勒冈的啤酒花农盖尔·戈西说，“第二天早晨再去看的时候，它们又紧紧缠在藤架上了。”啤酒花以顺时针方向在藤架上作螺旋状的缠绕，这便引发了一些和植物学有关的都市传说，其中之一是说它们在南半球会逆时针生长，另一个说法是它们顺时针生长是为了从东向西跟随太阳。这两个说法没有一个是正确的。就像人类的左利手一样，啤酒花的顺时针生长习性是天生的，是遗传因素决定的，和它们相对于太阳或赤道的位置没有关系。（研究“缠绕手性”的植物学家发现，啤酒花这种按顺时针方向缠绕的习性非同寻常，因为在所有攀缘植物中有90%偏好于逆时针生长。）

啤酒花并非只能在线绳藤架上攀爬。因为藤上有微小的倒刺，它也可以在乔木或其他植物上攀缘。古罗马人以为这种藤会把树木绞杀而死，于是把它命名为“小狼”，这便是啤酒花学名中的*lupulus*一词的由来。

农夫们很快就发现，啤酒花实在不是一种易于接触的藤本植物。华盛顿州的种植者达伦·加马什就很清楚，当他像祖父母那样用手采摘啤酒花时，这种植物会让他觉得十分不适。“啤酒花藤上长着粗糙的小刚毛，会一直用力摩擦你的皮肤，甚至划出道道伤痕。特别是天气炎热的时候你会

**啤酒花窑**

在英格兰也叫“欧斯特房”，是专门用来烘干从田里收获的啤酒花的外形独特的仓库，顶上有圆锥形的尖塔。在尖塔的上部悬挂有一个木框，人们把啤酒花铺在木框上，在下面点起火来烘干啤酒花。然后就可以把干啤酒花装袋，在仓库中贮藏。

## 栽培你自己的啤酒花

全光照

常规灌溉

可耐-10° F / -23° C

如果没有观赏性的啤酒花藤，任何啤酒花园都是不完整的。专门的啤酒花苗圃会出售“瀑布”或“法格尔”之类发酵师最爱的品种，但是好的园艺中心也会栽有观赏用品种，在培育这些品种时，人们更看重其外观而不是风味。金色啤酒花品种“金色”的叶片为黄色至青柠色，是一种畅销的园艺植物；另一个品种“比安卡”的幼叶则是浅绿色，成叶则转为较深的绿色，二者形成了悦目的对照。

请在潮湿、肥沃的土壤上种植啤酒花，给予全光照或部分遮阴。它们在南北半球纬度在35度至55度之间的地区生长最好，并可忍受零下23摄氏度的低温。在冬天，啤酒花的地上部分会全部枯死；如果冬天气温比较温和，霜冻没有让它枯萎的话，则应该多加剪伐，这样可以让它长得更繁茂。啤酒花在仲夏可长到25英尺高，从第三年开始开花。一旦啤酒花开始结出球花，整个植株会变得极为沉重，所以让它攀缘的藤架必须结实耐用。

啤酒花通常在8月后半月和9月收获。成熟的啤酒花摸上去应该是干燥纸质的，而且有浓郁的啤酒花气味。挤压一朵看上去似乎已经成熟的啤酒花，如果它能反弹回原先的形状，就表明可以采摘了。收获的啤酒花要马上在筛网上铺开，下面最好还有一台电风扇，在晾干的时候可以加速空气流通。

出汗，然后发咸的汗水会流进伤口——这真是难受极了。”他说，“很多人还对啤酒花过敏。”正因为这个原因，今天大多数的啤酒花都用机器采摘。

即使是收获之后，危险也仍然存在。刚采摘下来的啤酒花会像堆肥堆一样发热，而且可以着火。事实上，当大包的啤酒花堆垛在一起贮藏的时候，它们可能会自燃，把仓库整个烧毁。美国太平洋西北地区早年种植啤酒花的时候，啤酒花园圃着火简直成了司空见惯的事情。

不过，大多数发酵师并不怎么知道啤酒花农要忍受扎人的藤，要对付仓库大火，还要把痴情的雄株从田里拔除，好让这种庄稼能卖个好价钱。他们见到的运到发酵坊的啤酒花甚至通常都不再是球花的模样——这些啤酒花被压成了小团，装在真空密封的袋里运输。只有少数发酵师会在啤酒花收获的季节用直接从田里采摘的鲜啤酒花酿造应季啤酒。如果你想体验新鲜采摘的啤酒花的味道，请在秋季寻找那些标有“新鲜啤酒花”或“添加湿啤酒花”的啤酒吧。

## 素方花

*Jasminum officinale*

木樨科

第一个闻到素馨的人肯定想用它来造酒。谁能抵抗那种甜蜜得让人沉醉的芳香呢？事实上，素馨的确出现在早期的甘露酒和利口酒配方中：安布罗斯·库珀在1757年出版的《熟练的蒸馏师》里面就有素馨水的配方，要求用到素馨、柑橘皮、烈酒、水和糖。类似的配方在18世纪和19世纪的烹饪书中大量出现，1862年伦敦世界博览会还有一条记录显示，来自希腊爱奥尼亚群岛的素馨利口酒在这次世博会上赢得了奖牌。

在香水和利口酒中用得最多的素馨是素方花，在英文中有时也叫“诗人素馨”。（还有一种名为“诗人素馨”的植物在英文中也叫“西班牙素馨”，中文则就叫“素馨花”，学名*Jasminum grandiflorum*；植物学家现在还在争论它是否真的是一个独立物种。）同属另一种茉莉（学名*Jasminum sambac*，在英文中也叫“阿拉伯素馨”）在夏威夷人的花环中很常见，在亚洲的茉莉花茶和香水中也有应用。（顺便说一句：所谓“茉莉花茶”通常是洒有茉莉香精的绿茶，而不是用茉莉花制作的凉茶。）这几种素馨都不是花园里常见栽培的素馨属植物，但热带和芳香植物的采集者却能轻松追踪到它们的身影。

素馨的芳香源自几种有趣的化合物。乙酸苄酯和金合欢醇都为素馨赋予了带有蜂蜜和梨味调的甜蜜花香，芳樟醇那无处不在的柑橘和花香气息自然也不会缺席。在素馨香气中还有苯乙酸，这种物质在蜂蜜中也可以找到——它同时还是小便排出的一种副产物。香水制造者知道，不同的遗传体质会让我们对芳香气味产生不同的感受；有一半人在闻到素馨时会想到蜂蜜，还有一半人会不幸地想到尿液，他们的感受其实都没错。

素馨在今天并不是利口酒的常见成分，部分原因在于它价格昂贵——“快乐”香水的制造者喜欢吹嘘说从1万朵素方花中才能提取出1盎司的精油。法国“雅克·卡尔丹”蒸馏坊制作了一款浸过素馨的干邑，美国芝加哥的“科瓦尔”和洛杉矶的“绿吧联合”这两家蒸馏坊也都有素馨利口酒出品。

## 罂粟

*Papaver somniferum*

罂粟科

罂粟是一种美丽的一年生花卉，具有巨大的、绉纱质地的花瓣。如今它已经在全世界遭禁，因为它的果实能产出一种饱含鸦片的乳汁。虽然鸦片可以用作止痛药——吗啡、可待因和其他鸦片制剂都可以从罂粟中提取——但它也可以用来制备海洛因。因为这个原因，罂粟在美国被列为二类麻醉药品。但这无法阻止园艺师甘冒违法风险种植罂粟的热情，它实际上仍然是一种非常常见的植物。因为罂粟籽可以用在烘焙食品中，所以出售罂粟籽是合法的。这便给园艺中心和种子名录编制者留下了钻法律漏洞售卖罂粟的机会。

在荷马的《奥德修记》中可以找到鸦片鸡尾酒的可能的最早记载。在这部史诗中有一种叫“涅彭忒”的药酒，让特洛伊的海伦从忧伤中解脱出来。这里虽然没有专门提到鸦片，但很多学者相信这种混合了“一种能祛除所有烦恼、忧伤和坏心情的药草”的葡萄酒很可能就是一种掺了鸦片的饮料。

直到维多利亚时代，人们还在继续使用这种制剂，把它当成药酒和手

**警告！**

在当下这个自制浸剂和苦精的时代，探索罂粟的黑暗一面对你来说可能是件诱人的事情。但是种植这种植物是非法行为，它的副产物对健康也极为有害。千万别干这种事！

术麻醉药。那个时候有一种叫“鸦片酊”的药用汤力水，系把鸦片浸在酒精中制得，人们用它来镇痛，缓解由多种多样的疾病带来的痛苦。为了减轻痛风症状，英国国王乔治四世喜欢在白兰地里加一点鸦片酊饮用——后来他加的鸦片酊就多了一点，再后来又多了一点……这种高度成瘾性的麻醉药品就这样控制了他。

1895年，德国“拜尔”公司以“海洛因”（原义是“女英雄”）之名出售了一种鸦片糖浆，一下子就获得了很大的名望。这种糖浆在20世纪20年代遭禁，鸦片鸡尾酒也从此成了历史的陈迹。

## 玫瑰

*Rosa damascena*和 *Rosa centifolia*

蔷薇科

“红玫瑰的确可以使心脏、胃、肝脏和记忆力变得强健。它能减轻热力带来的疼痛，消炎，促进休息和睡眠，抑制女人的白带和月经、淋病（或叫漏症）和腹泻；玫瑰汁又可洁净身体，祛除黄胆汁和黏液。”在1652年出版的医学手册《英格兰医师》中，尼古拉·库尔佩珀如此写道。他给长长一串令人担忧的疾病都开出了玫瑰葡萄酒、玫瑰甘露酒和玫瑰糖浆的药方。

玫瑰属于蔷薇类。蔷薇是古老的植物，最早出现在大约4000万年前的化石记录中。我们今天熟悉的芳香的花园玫瑰是在最近几千年里从中国和近东来到欧洲的。用于制作利口酒的最著名的玫瑰是芳香的突厥蔷薇（学名*Rosa damascena*），来自叙利亚。在原产地，人们蒸馏它是为了制造香水。虽然欧洲植物学家把它带回欧洲作为花园玫瑰栽培，并用在他们古怪的医药制剂里面，但是中东仍然是玫瑰香水和玫瑰水生产的中心。

突厥蔷薇的品种往往有浪漫的名字，比如用法文命名的“香博伯爵”或“里昂杂色”等；它们往往是华丽、丰满、开放而极为芳香的花朵，花瓣紧密聚集在一起，具有深浅不同的粉红、玫瑰红和白色色调。百叶蔷薇（学名*Rosa centifolia*）则在17世纪得到了荷兰植物学家的培育，他们获得了具有更浓郁香气的品种。在香水用百叶蔷薇中，浅粉红色的“方丹－拉图尔”是最著名的品种之一。

玫瑰花瓣利口酒的大多数早期配方——比如库尔佩珀的玫瑰花瓣利口酒的配方——要求把芳香的玫瑰花瓣、糖和水果浸泡在白兰地中。玫瑰水是对玫瑰花瓣进行水蒸气蒸馏并分离掉精油之后剩下来的水相部分，在中东烹饪中是一味传统原料。

后来，玫瑰水便成了流行的鸡尾酒原料，通常洒在一杯鸡尾酒的液面上。欧洲和美国如今还有几款高品质的玫瑰花瓣利口酒出产，包括法国的“米克罗”蒸馏坊上好的玫瑰花瓣浸制利口酒，以及美国北加利福尼亚生产的、以苹果烈酒为基酒的“克里斯平氏玫瑰利口酒”。“波尔斯”蒸馏坊的利口酒“完美爱情”则声称玫瑰花瓣为其原料之一，其他成分还有香堇菜、橙皮、扁桃仁和香草。“亨德里克氏金酒”也含有突厥蔷薇精华成分，是在蒸馏加工之后与黄瓜一同添加进去的，为这款金酒赋予了花园的气息。

香叶蔷薇（学名*Rosa rubiginosa*）则是一种不那么华丽的蔷薇，人们种植它不是为了获取花，而是为了获取在花瓣从植株上凋落之后仍然留在枝上的蔷薇果。蔷薇果富含维生素C，可用来泡茶，制作糖浆和果酱，以及酿制果酒。阿尔萨斯有几家蒸馏坊就生产一种香叶蔷薇生命水，还有一种叫“帕林考”的匈牙利白兰地也是用它酿造的。蔷薇果施纳普斯酒和利口酒也有售卖，比如芝加哥蒸馏坊“科瓦尔”就有一款蔷薇果利口酒。

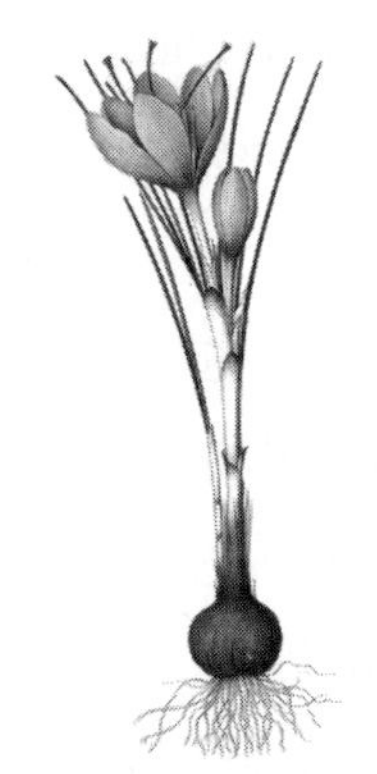

## 番红花

*Crocus sativus*

鸢尾科

番红花又叫藏红花，虽然是一种十分古老和重要的香料，却极难栽培成活，最后收获的香料就更少了。番红花是一种三倍体植物——也就是说，它有三套染色体，而不是两套——因而是不育的。繁殖番红花只能靠让它长出更多的球茎（一种鳞茎状的结构），而从来不靠播种。它很可能是大约公元前1500年出现的突变体，自那以后就延续不断地栽培至今。

在秋天两个星期的时间里，每个番红花球茎只开一朵紫红色的花。花开放之后，就露出珍贵的红色柱头来；这柱头由三部分构成，也就是我们所说的“番红花丝”。每4000朵花只能采集到1盎司番红花丝。每隔几年，番红花球茎就必须挖出来，分株之后再重新栽到地里，这样可以确保有一个好收成。（因为番红花在秋季开放，千万不要把它和学名为*Colchicum autumnale*的秋水仙弄混，后者是一种剧毒植物。）

番红花富含风味和芳香物质。它的苦味主要来源于番红花苦素，这种物质在番红花收获和干燥之后就分解成一种叫番红花醛的油状物质。科学家对番红花醛有很大兴趣，他们发现番红花长期用来入药的用途并非没有依据。有限的研究表明它可能有抑制肿瘤和助消化的作用，还可能有清除自由基的作用。

除了在亚洲（特别是印度）和欧洲的菜肴里做调料之外，千百年来番红花还被用作啤酒和烈酒的调味品。考古学家帕特里克·麦克伽文相信在古代人们把番红花当成苦味剂来使用。他和“角鲨头”发酵坊合作推出了“弥达斯的触碰”，这是一款用白麝香葡萄、大麦、蜂蜜和番红花酿造的酒饮；考古学家对弥达斯王陵墓中发现的饮器中的残余物做了分析，根据分析结果就得出了这款酒的配方。

今天，在伊朗、希腊、意大利、西班牙和法国都有番红花栽培。全世界番红花的总产量据估算是300吨左右；每盎司番红花的零售价则大约为300美元，当然，随其品质优劣，这个价格会有大范围的上下波动。（顶级番红花是更好的生长条件和品种的产物；为了得到好原料，多花一些钱是值得的。）番红花的橙色色素是一种叫$\alpha$-番红花苷的类胡萝卜素化合物，它为西班牙海鲜饭和斯特雷加酒之类黄色利口酒赋予了淡黄的色泽。西班牙、法国和意大利有很多类似沙特勒兹酒的利口酒习惯染成黄色和绿色，其中的黄色款式也用番红花来染色。本尼狄克丁酒的酿造者几乎不会透露这款酒的成分，但也承认其中浸过番红花。

有一个很流行的传闻，说苦味极浓的“菲奈特·布兰卡”酒的大部分风味来自番红花，事实上，全世界出产的番红花里有四分之三用来制作这款酒了。然而，这只是天方夜谭。假定这款烈酒的年产量如同酿酒业的行业期刊所说是385万箱，我们可以计算出每瓶中将含有六分之一盎司的番红花，而这么多番红花的零售价格差不多是25美元。可是，一瓶“菲奈特·布兰卡”的零售价不过是20至30美元，要说其中居然含有这么大量而昂贵的番红花，这看来是不太可能的——就算给总量打个大折扣也不太可能。

## 香堇菜

*Viola odorata*

堇菜科

“飞行”鸡尾酒是玻璃杯中的切尔西花卉展，它把金酒、马拉斯奇诺利口酒、柠檬汁和堇菜激凌酒结合在一起。然而就在几年前，想要调制一杯道地的“飞行”鸡尾酒还是不可能的事情，因为堇菜激凌酒在酒吧柜台上已经消失很久了。

如今这种情况已经有了转变，这要感谢埃里克·西德的努力。他是“阿尔彭茨酒房”公司的所有者，这家公司专门进口罕见的、难于买到的烈酒。为了寻找货真价实的堇菜激凌酒，他来到了奥地利，那里的“普尔克哈特蒸馏坊”一直在限量生产这款鸡尾酒，以满足客户的专门需求——这些客户多是烘焙师，会把这款酒用在巧克力和蛋糕里。这家蒸馏坊选用

### 香堇菜利口酒

**堇菜激凌酒：**这是一款真正具有纯正香堇菜风味的酒，是香堇菜、糖和酒精的浸剂，具有怡人的深紫红色色泽。

**激凌伊薇特：**一款紫红色的利口酒，可能含有香堇菜成分，也可能不含。由“库珀烈酒国际”蒸馏坊（他们也是把“圣日耳曼”酒带给全世界的人）制作的产品是黑醋栗、浆果、橙皮、蜂蜜和香堇菜花瓣浸剂的混合，这给它带来了和堇菜激凌酒迥然不同的风味。

**“完美爱情”：**类似库拉索利口酒的具有柑橘皮味基调的紫红色利口酒，由香草、香料以及玫瑰或香堇菜调制而成。

了两个品种的香堇菜（学名*Viola odorata*）制作这款利口酒，一个是“夏洛特皇后”，另一个是“三月”。

香堇菜（在中文中常被误译为“紫罗兰”）是旧时代的花卉；100年前，人们广泛栽培它，把它做成小花束在鲜花摊上售卖。香堇菜的花在水中只能开放一至两天，这意味着香堇菜花束只能佩戴或携带一个晚上，人们因此便把香堇菜的芳香风味用在女性香水中。

香堇菜有时候也叫“帕尔马堇菜”，但是真正的帕尔马堇菜更可能是和香堇菜非常类似的另一种白堇菜（学名*Viola alba*）的某个品种。香堇菜和非洲堇（英文直译是“非洲香堇菜”）没有关系，但它是另两种花园中的核心花卉——三色堇和杂交堇菜——的近亲。

香堇菜的香气——也即它的风味物质——会跟人耍把戏。其中一种叫“紫罗酮”的物质可以和鼻子中的气味感受器发生相互作用，只要嗅过几回，就让人再也闻不到它的香气了。遗传体质同样可以影响我们对紫罗酮的感觉：有些人一点也闻不到或尝不出它，另一些人却觉得它并不是花香，更像是一种恼人的肥皂般的气味。

### 飞行

1½盎司金酒

½盎司马拉斯奇诺利口酒

½盎司堇菜激凌酒

½盎司鲜榨柠檬汁

1朵香堇菜花

把香堇菜花以外的原料加冰摇和，倾入鸡尾酒杯中饮用。这个配方的一些版本会要求使用较少的堇菜激凌酒或较少的柠檬汁，请按喜欢的口味调整原料比例。用香堇菜花做装饰物。（从植物学的角度来看，杂交堇菜或三色堇的花也是合适的替代品。）

## 接着再介绍树木

**树木：**

直立生长的多年生植物，具有能自我支撑的单独的树干（茎），主要由木质化组织构成，外面包以树皮，常可长到相当高的高度。

# 苦笛香

*Angostura trifoliata*

芸香科

为了保护产品名称的使用权，安戈斯图拉苦精的制造商打了几十年官司，但他们自始至终都拒绝解释这种苦精是否真的由“安戈斯图拉树”——植物学上叫苦笛香——的树皮制作而成。19世纪后期和20世纪前期是商标法刚刚开始成形的时候，他们打的这场官司因而为全世界确定了法律先例。

首先，我来介绍一下这种“安戈斯图拉树”。苦笛香树的学名，几乎和宣称以这种树为原料的苦精一样多。德国探险家、植物学家亚历山大·冯·洪堡1799年至1804年曾在拉丁美洲考察，在此期间他描述了这种树，打算把它叫作*Bonplandia trifoliata*，这是以陪同他旅行的植物学家埃梅·邦普兰（Aimé Bonpland）的姓氏命名的。但这种植物在植物学文献中也叫作*Galipea trifoliata*、*Galipea officinalis*、*Cusparia trifoliata*和*Cusparia febrifuga*。这种灌木状的树木在委内瑞拉安戈斯图拉城（现在叫玻利瓦尔城）周边有野生生长，它的叶子是暗绿色的，每一枚叶由3枚小叶组成（这就是其种名*trifoliata*“具三小叶的”的由来），果实则裂为5瓣——这有点像同属于芸香科的柑橘的果实——每一瓣都包含有1至2枚巨大的种子。

植物学家们在争论它的学名，而药剂师们在争论它的药性。亚历山大·冯·洪堡写道，这种树的树皮浸剂被委内瑞拉的印第安人当成“强身药”，而天主教僧侣们也把它寄回欧洲，希望可以用它来治疗发热和痢疾。整个19世纪的药学文献都把苦笛香树皮描述成可以治疗发热和多种消化疾病的滋补药和兴奋剂。在那时候的医学刊物上很容易找到安戈斯图拉苦精的配方，它是把苦笛香树皮、奎宁和香料浸在朗姆酒中制得的。

按照制造商的说法，我们现在熟悉的“安戈斯图拉”这个品牌始于1820年，那一年，一位叫约翰尼斯·G. B. 西格特的德国医师来到了委内瑞拉一座叫安戈斯图拉的城市。他用当地植物制作了一种药用苦精，以“芳香苦精”的名称出售，并标注其制造地为委内瑞拉的安戈斯图拉。

*The Champagne Cocktail*

## 香槟鸡尾酒

这款经典鸡尾酒可以把苦笛香树的风味绝好地显现出来。“费氏兄弟”公司骄傲地宣称他们生产的苦精的确含有苦笛香树皮。

1块方糖

3至4甩“费氏兄弟”古典芳香苦精

香槟

柠檬卷皮

把方糖置于香槟杯中，在糖上加几滴苦精，倒满香槟。用柠檬卷皮做装饰物。

1846年，为了纪念南美洲独立运动领袖西蒙·玻利瓦尔，这座城改名为玻利瓦尔城。1870年，西格特医生去世，为了不受政治动荡所扰，他的儿子们后来把公司迁到了特立尼达。不过，“芳香苦精”的标签上仍然标注了“安戈斯图拉的西格特医生”之名，此外还有公司的新地址。

那时，欧洲各国和美国开始批准商标法，西格特兄弟决定采取行动。1878年，他们在英国法庭向一个销售“安戈斯图拉苦精”的竞争对手提起诉讼，声称他们自己生产的苦精已经以“安戈斯图拉苦精”的名字广为人知。其实，这些苦精并不是在安戈斯图拉制作的，而他们以前生产的苦精的标签上也确实未出现“安戈斯图拉苦精”的字样，直到竞争者开始使用这个名字之后他们才把这几个字印了上去。

他们的竞争对手是一个叫特奥多罗·迈因哈德的医生，这位医生为自己做了绝妙的辩护。他说他的苦精之所以叫安戈斯图拉苦精，是因为其中含有苦笛香树皮。虽然某个品牌的苦精的制造商在正常情况下都会保守成分的秘密，但是法律也指出，没有人能够把只是反映了产品成分的名称注册成商标。任何人都可以用诸如橙汁、巧克力棒或皮鞋这样的名称来称呼他们的产品，这些名称仅仅是简单如实地表述了这些产品是什么类型而已。迈因哈德并没有试图要求“安戈斯图拉苦精”这个名字仅能为他所用——他只是试图阻止西格特兄弟这么做罢了。他的策略取得了部分成功：一方面，法官判决说他使用“安戈斯图拉苦精”这一名称的做法很明

**苏打水兑苦精**

如果你置身于一间酒吧之中，却不想或不能喝含酒精的饮料，你可以这样摆脱这种尴尬的场面：点一份加苦精的苏打水。它的好处是看上去很像是一杯真正的酒，还有令人惊奇的复原提神功效。

显在试图欺骗消费者去购买他的产品而不是西格特家族的产品；另一方面，法官又判决“安戈斯图拉苦精”这一名称在英格兰法律之下并不受完全的保护。

这场官司继续在美国进行。1884年，在西格特兄弟和C. W. 阿博特公司之间展开了一系列的诉讼，基本也都有着同样的诉讼理由。阿博特同样宣称苦笛香树皮是他制造的苦精中的关键成分，这让他的产品名称获得了法律保护。这一次，西格特兄弟再次对他们自己的配方保持沉默，只是强调这个名称是用城市命名，而不是用树命名。这一次，情况对西格特兄弟来说很不利。

法官判决称，没有人能对一个城市的名称享有垄断权，即使这个城市的名字在几十年前已经变更。同样，没有人能把一种成分的名称或只是简单描述了产品类别的名称注册为商标。此外，判决还指出，在他们的竞争对手使用“安戈斯图拉苦精”这个名称之前，西格特兄弟并没有用过它。他们一直管自己的产品叫“芳香苦精”，不过是大众把他们的产品称为“安戈斯图拉苦精”而已。

在继续检查了事实证据之后，法官对西格特兄弟提出了指责，因为他们的标签上仍然写着“由西格特医生制备”，但医生本人早就死了。西格特兄弟因此败诉，阿博特则继续售卖安戈斯图拉苦精。在后继的判决中，法官在西格特兄弟的案子中发现了更多的令人厌恶的做法，包括他们毫无事实根据地声称苦精可以入药。他们在德国也一点没碰上好运气，一个法官拒绝了他们注册商标的申请，直截了当地指出，因为在安戈斯图拉苦精中使用了苦笛香树皮，所以像这样的名称是不能注册为商标的。

直到1903年，法官才最终做出了有利于西格特兄弟的判决，允许他们拥有 “安戈斯图拉苦精”这一名称的独占权。阿博特公司没有对这个诉讼案发表评论，但是在评论西格特兄弟获胜的其他类似的案子时，他们发表了一番不无沮丧的言论："我们的苦精是用安戈斯图拉树皮制作的。这是我们的案子里的关键点。可是，法庭却没有对此发表意见。"

1905年2月，美国修订了商标法。西格特兄弟只用了三个月时间就根据新法律提出了申请。他们在申请书里说，"在过去的约74年时间里，本商标一直为我们和我们的先人在商业活动中沿用"，因此声称"没有任何其他个人、公司、企业或团体"拥有使用这一商标的权利。这一回，他们的申请被批准了。

今天，西格特公司生产的安戈斯图拉苦精的标签内容，与最初的专利申请书中的内容相比基本没有变化，只有很少几个地方例外。1952年，公司申请了一个更新后的标准设计的专利，其中省略了关于入药的内容，也不再建议把苦精给儿童饮用，相反，其中多了一行字："不含苦笛香树皮。"

那么，苦笛香树皮到底是不是西格特医生的配方中的成分呢？还是说它只是他的竞争对手的配方中的成分？西格特兄弟一连打了30年的官司，却从未在任何公开发表的法庭记录中透露他们的秘方。但是，他们的确声称其苦精可用于治疗胃痛和发热，而这正是人们一般认为苦笛香树皮能够治疗的疾病。（他们还说苦精不宜"用于调制鸡尾酒"，却又补充说可以在葡萄酒杯中略加少量，在上面倒入朗姆酒、葡萄酒或其他烈酒，然后"在早餐或晚餐之前，或在一天中其他任何你想饮用的时候"饮用，这样的配方看上去实在很像鸡尾酒。他们还建议把苦精加到"新朗姆酒"中以改善其味道。）

有关原材料的另一条奇怪的线索，出现在西格特公司1889年在一家剧场杂志上投放的广告之中。这则广告声称西格特医生于1839年在委内瑞拉遇见了亚历山大·冯·洪堡，并在洪堡生病的时候为这位探险家开出了苦精的药方。这个故事只有一个问题：1839年的时候洪堡正在柏林。不过，在洪堡1799年至1804年的考察期间，他在委内瑞拉的确生过病，而且接受了苦笛香树皮的治疗——这个成分西格特公司现在却声明并未在其苦精中使用。

我们很难相信，一种在委内瑞拉安戈斯图拉发明的、声称可以治疗发热和肠胃疾病的药用苦精，其成分中居然并不包含在这一地区生长、恰好也用来治疗这些疾病的那种著名植物。在19世纪的文献中就已经很明确地记载了用苦笛香树皮制备药剂的做法。事实上，当时人们发现苦笛香树皮有时候会用马钱子树的有毒树皮来掺假，因此药剂商普遍都受到警告，在自己制备苦笛香苦精的时候要特别留心掺假问题。显然，这种树皮一度用得十分广泛。为什么西格特医生竟然没有在他的配方中添加这种原料呢？

在19世纪末通过的新商标法对一件事情规定得很明确：任何使用苦笛香树皮制作苦精的人，都可以把他们的产品合法地称为“安戈斯图拉苦精”，因为这是对产品的本质的如实陈述。唯一能够把这个名称注册为商标的办法，就是让这个名称具备其他含义，而和成分无关——这正是西格特兄弟采取的办法。那么，如果他们的配方中本来包含有苦笛香树皮，那又是什么时候把这种原料剔除出去的呢？可能西格特医生很早就意识到这种树皮容易和马钱子树皮相混，因此决定干脆不再用它。也可能他的确一直在用这种原料，但在后来公司搬到特立尼达的时候，或是在西格特兄弟遇到明显的法律困境的时候，配方就被改变了。

除此之外，聪明的读者大致还想到了一种可能——也许配方从来就没变过。毕竟，今天瓶子上的标签只是说产品不含苦笛香树皮。它可没说苦精是不是用了别的什么法律上认可的成分——比如苦笛香提取物，或是这种树的树干、叶、根、花或种子。

## 苦白蹄

*Laricifomes officinalis*

拟层孔菌科

苦白蹄又叫药用落叶松层孔菌，是唯一一种已知可用来为烈酒调味的真菌。苦白蹄是一种层状真菌，常在落叶松上丛生，也能寄生在几个阔叶树种上。多年的过度采集已经让它在欧洲很少见了，因为有潜在的毒性，它的应用也受到了严格限制。在高剂量的时候，苦白蹄可以引发呕吐和其他健康问题，但就像很多蕈类一样，它也可以入药。不过，极少量的苦白蹄被允许用作酒精饮料的苦味剂，它是菲奈特式意大利苦酒中的已知成分。这种真菌有很多名字，但一定不要和具有精神活性的剧毒蕈类毒蝇伞（学名*Amanita muscaria*）相混。

## 纸桦

*Betula papyrifera*

桦木科

美国人本来是不太可能发明桦树啤酒的，但的确是美国人发明了它。桦树分布于整个北美洲、欧洲和亚洲。千百年来人们一直利用它们以获取木材和纸张，也从它们身上获取染料、树脂和药材。考古学家在定年为公元前800年的欧洲饮器中发现过一些残余物，经证实是桦树汁，这意味着那时桦树就和蜂蜜一样用来酿制果酒了。

从17世纪前期开始，一些科学家写到了桦树树液在药酒或纯作消遣的酒饮酿造中的用途。弗拉芒医师约翰尼斯·巴普蒂斯塔·范·赫尔蒙特就写道，桦树树液可以在春天采集，“像大桶中的葡萄酒和艾尔啤酒一样煮沸和发酵并尽可能澄清之后”，倒入艾尔啤酒中饮用。他推荐用这种自然发酵的树液来治疗肾、泌尿道和肠道疾病。

几十年后的1662年，约翰·伊夫林在《森林》这本目前已知的第一部林学专著中提供了如下的配方：“往每加仑桦树汁中加入一夸脱蜂蜜，搅拌均匀；然后加一些丁子香和少量柠檬皮煮将近一小时，不断撇去浮沫。当它已经煮得差不多的时候就让它冷却下来，加入3至4勺优质艾尔啤酒让它发酵（它会像艾尔啤酒一样发酵）；当酵母开始沉淀后，像其他葡萄酒般的酒饮一样装瓶。经过足够的时间，它会变成一种极为清爽的酒精饮料。”

然而，当早期殖民者来到北美洲时，是美洲的纸桦——它的种名很恰当地命名为*papyrifera*，拉丁语意为“产纸的”——为他们提供了充足的甘甜树液，让他们可以喝上一杯。定居者看到本土美洲人在春天割开桦树树皮获取汁液，但没有看到他们拿这些汁液来酿酒。尽管身边有丰富的糖分和谷物资源，北方的部落似乎并没有像美国西南部和拉丁美洲的原住民那样发展出饮酒的传统。但是欧洲人发现纸桦时，却知道它是酒精的良好来源；他们把甘甜的汁液和树皮与水、蜂蜜和任何他们手头有的香料混在一起，就酿成了一种低度数的啤酒。白檫木常常也是原料之一；因为这种香料的加入，这种名为“洋菝葜”的饮品便在宾夕法尼亚州的荷兰人村庄中普及开来。

到禁酒令即将颁布的时候，发酵师又创造了“洋菝葜”不含酒精的款式，称之为“软饮料”，这样便规避了禁酒令。无酒精的桦树“啤酒”在整个20世纪一直是地方土产。今天，在宾夕法尼亚制造的“树根”利口酒中，桦树酒原来的风味又回归了，因为这款利口酒是根据早期美国树皮啤酒和根啤的风味制作的。苏格兰高地的几家葡萄酒坊也专门生产桦树葡萄酒，还有一家乌克兰的伏特加蒸馏坊把桦树风味用到了他们生产的“涅米罗夫桦树特别伏特加”中。

桦树树液还可以用来生产木糖醇，这是一种天然的甜味剂，人们已经发现它可以防止蛀牙。还有一些种的树皮中的水杨酸甲酯含量较高，而这是匍枝白珠油（过去误译为“冬青油”）中的主要成分。正像很多其他传统草药的情况一样，早期的医师把桦树皮开成药方时并没有完全做错——人们正在考察一种叫“白桦脂酸”的桦树提取物作为抗肿瘤药的效果。

## 苦香巴豆

*Croton eluteria*

大戟科

苦香巴豆是一种极为芳香的小乔木，最早见到它的人一定把它看成了烈酒的天然添加剂。苦香巴豆树皮中的精油所含的多种化合物在松树、桉树、柑橘皮、迷迭香、丁子香、百里香、冬香草和黑胡椒中也能找到，这让它很受欢迎，不仅可以用作调味品，而且可以作为香水的基调。

苦香巴豆原产于西印度群岛，在18世纪后期欧洲那一波密集的植物学考察期间得到了欧洲人的描述。当时，产自新世界的任何芳香树皮都会被人们估量其入药的可能性；这一种树皮便被用在了各种苦精和汤力水中。起先人们把苦香巴豆描述成一种有银色树皮的树，但是植物学家很快意识到那种白色其实是来自在树上大量生长的地衣。在地衣层之下才是暗色、木栓质的树皮，可以用作褐色颜料。成枝成枝的微小粉白色花朵和深色有光泽的叶子让苦香巴豆成为一个颇具姿色的树种，但就像大戟科的其他植物（包括观赏植物一品红）一样，它的树液可能会对手有刺激性。

苦香巴豆的树皮今天仍然是苦精和味美思酒中的重要成分，有传言说金巴利酒也用它来调味。它还长期被作为烟草的添加剂；当香烟制造商在1989年被要求公开其原料成分时，苦香巴豆仍然在原料名单之上。

## 金鸡纳

*Cinchona* spp.

茜草科

在鸡尾酒的历史中，没有其他任何树扮演的角色能比金鸡纳这类南美洲树种更重要。从金鸡纳树皮中提取的奎宁不光用来为汤力水、苦精、调香葡萄酒和其他烈酒调味，也把全世界从疟疾的魔爪下拯救出来，还把植物学家和植物猎人推到了几场全球性战争的旋涡中心。

金鸡纳树属由23种不同的乔木和灌木组成，其中大多数种都有显眼的深色有光泽的叶片，以及白色或粉红色、被蜂鸟和蝴蝶频频访问的管状芳香花朵。安第斯山的部落把它红褐色的树皮作为一味药材使用，用来治疗发热和心脏疾病，可能也用来治疗疟疾——尽管一些历史学家相信疟疾其实是欧洲人带到南美洲的，他们遭受这种疾病的侵扰已经有千百年之久了。

耶稣会的传教士在1650年发现了金鸡纳树皮治疗疟疾的功效，但直到半个世纪之后，欧洲人才充分重视起这种树皮磨制的苦味粉末的价值，开

*The Mamani Gin&Tonic*

## 马马尼金酒兑汤力水

以这个配方中的墨西哥辣椒和番茄向曼努埃尔·英克拉·马马尼致以敬意——为了把奎宁带给世界其他地方，他失去了包括生命在内的一切。

1½盎司金酒（请尝试“飞行”或“亨德里克氏”）
1枚墨西哥辣椒（喜欢的话也可以用1枚不太辣的辣椒），去籽，去芯，切片
2至3枝鲜芫荽或罗勒
1根黄瓜（需要切出1个瓜块和1根调酒棒形状的切片）
高品质的汤力水（请寻找一个不含高果糖玉米糖浆的品牌，比如“发热树”或“Q汤力”）
3个红色或橙色樱桃番茄

在摇酒壶中加入金酒和2片墨西哥辣椒、1枝芫荽和黄瓜块，研磨。

在高球杯中装满冰，在里面分层放置1片或2片墨西哥辣椒、1枝芫荽和黄瓜切片。

过滤金酒，倒在冰上。在杯中倒满汤力水，用插在签上的樱桃番茄做装饰物。

始把船只派往南美洲，成船成船地装载砍倒的金鸡纳树。当地人理所当然地对这种掠夺他们的森林的行为感到忧虑，他们联合起来，把金鸡纳树所在位置当成秘密保护起来。

在金鸡纳树属里并不是每一种都能产出具有药力的足够剂量的奎宁，植物学文献对于这一群树种的鉴定和命名也充满了错误。1854年，法国巴黎出版了一本名为《奎宁研究》的力著，其中配有手工上色的图版，绘制了金鸡纳树的各个类群，这样药剂师就可以把不同种类的树皮区分开来。现在我们知道毛金鸡纳树（学名*Cinchona pubescens*）的奎宁含量最高，黄金鸡纳树（学名*Cinchona calisaya*）和几个杂交种的奎宁含量也与之相仿。尽管金鸡纳树（学名*Cinchona officinalis*，种加词*officinalis*意为“药房的、药用的”）的学名听上去最为正式，似乎是生产奎宁的标准树种，它实际上却只含非常少量的奎宁。

对于在丛林中跋涉、自己常常就患有疟疾引发的热病的欧洲探险者来说，能把这些事实弄清并不容易。在奎宁的传奇故事中，有一位叫查尔斯·莱杰尔的英国商人是一个著名角色。在19世纪60年代，他把采集得到的一份金鸡纳树种子卖给了英国政府，但这些种子种出来的树出产不了多少奎宁。于是他雇用了一个叫曼努埃尔·英克拉·马马尼的玻利维亚人为他采集更多的种子，马马尼却又被当地官员抓获了。按照莱杰尔自己的描述，“可怜的曼努埃尔也死了；他被科罗伊科的行政首长投入了监狱，他们殴打他，要他招认在他身上发现的种子是给谁采的；他在监狱中被拘押了差不多20天，其间不断被殴打，也一直吃不饱，之后他虽然被释放了，但驴、毯子和所有其他东西都被没收了，很快他就死了。”

然而，曼努埃尔还是设法用船运送了一些种子给莱杰尔。这个时候，英国政府对莱杰尔的计划可能已经不感兴趣了，所以他把种子改卖给了荷兰人，赚了相当于20美元那么多的钱。荷兰人把这些种子送到了爪哇，他们在那里一直控制着香料的种植，已经有很长的历史了。与莱杰尔卖给英国政府的种子不同，这些种子长出来的树可以产出足量的奎宁，很快荷兰人就垄断了全球的奎宁市场。他们找到了一种能代替砍伐树木的方法：把树皮剥下来之后，用苔藓把树干包起来，这样就可以为树木疗伤，让它们的树皮再生。

在第二次世界大战期间，一切都变了。日本军队控制了爪哇，而德国人在阿姆斯特丹占领了一个奎宁仓库。在日本攻占菲律宾之前，最后一架逃离菲律宾的美国飞机运送了400万粒金鸡纳树种子——但是这种树生长得不够快，一时还无法为盟军提供疟疾药物。

美国政府孤注一掷，加紧寻求人工合成的替代品，但就在这时，美国植物学家雷蒙德·福斯伯格被美国农业部派到南美洲去寻找更多的奎宁。他追踪了过去的探险者的路线，设法用船运回了1250万磅金鸡纳树皮——但这还是不够。在哥伦比亚时，有一天晚上福斯伯格听到有人敲门，开门一看居然是准备和他做交易的纳粹间谍。福斯伯格在南美洲考察的时候他们就一直跟踪着他，希望能够出售给他一些从德国走私过来的纯奎宁。福斯伯格没有谈判多久就接受了他们的出价。美国军队如果想要继续战斗就需要这种药物，哪怕它是来自道德败坏的纳粹分子。

从奎宁开始作为药物的那一天起，它的苦味就成了服用时的一大难

**为什么奎宁在紫外线照射下会发光?**

在一瓶汤力水上点亮一盏黑光灯，汤力水会发出亮蓝色的光，仿佛是放射性物质一般。奎宁碱可以被紫外线“激发”，也就是说，它的电子会吸收紫外线，获得额外的能量，从而脱离平时的轨道。为了返回原本的位置——也就是它们的“弛豫”态——这些电子会释放吸收的能量，这样就形成了亮光。

题。把奎宁和苏打水混合，有时再加一点糖，有助于减轻苦味给人带来的不适。英国殖民者发现加少许金酒可以显著改善这种药的适口性，于是“金酒兑汤力水”就这么诞生了。奎宁还是苦精、芳草利口酒和味美思酒中的重要成分。“比尔”（英文发音和“啤酒”一词相同）就是葡萄酒和奎宁的混合物，“莫兰金鸡纳”是加有奎宁、野樱桃、柠檬和樱桃白兰地的白葡萄酒餐前酒，“金鸡纳马天尼酒”和“金鸡纳甜酒”之类的意大利餐前酒也都以奎宁为基本原料，还有西班牙柑橘利口酒“卡利塞”也是如此。如今，多种多样用奎宁浸香的餐前酒要么全新上市，要么获得了复兴；所有这些酒饮都值得尝试。

打开一瓶“利莱”酒，你会找到奎宁在饮品中最怡人的用途之一。利莱酒是用柑橘皮、芳香和少许奎宁浸香的葡萄酒，有白色、玫瑰色和红色三种款式。像葡萄酒一样，春天坐在法国的街边咖啡馆里慢品一杯冰镇的利莱酒，是享受它的最佳方式——不过，调酒师们让它在鸡尾酒中也得到了很好的利用。

## 锡兰肉桂

*Cinnamomum verum*

樟科

没有人知道肉桂棒是哪里来的。有一种鸟叫作肉桂鸟，会从一些无人知晓的地方采集肉桂的芳香嫩枝，用它们来建造鸟巢。为了收获肉桂，人们便在箭头顶端附上重物，然后把肉桂鸟的巢射下来。

这当然不是真的，但亚里士多德在他公元前350年撰成的《动物志》中描述肉桂的时候，却把上述说法当成肉桂来源的最可能情况。今天我们已经知道了肉桂资源的产地，也就不需要再相信把一种传说中的鸟儿的巢射下来的传闻了。

肉桂实际上是原产于今天我们叫作斯里兰卡的那个国家的一种树的树皮。阿拉伯的香料贸易商竭力想把这种香料的产地当成秘密，但是一旦葡萄牙的水手发现了那个地方，消息也就不胫而走了。他们从当地人那里知道，要到雨季才能切下幼枝——这个操作叫作“平茬”，可以延缓肉桂树的生长，迫使它接连不断地萌生年幼的树干，而不是成长为完全成年的大树。人们先划破这些切下来的枝条的表皮，剥除灰色的外层树皮，经过这样的处理后，再把浅色的内层树皮切成长条时就可以容易一些。把切下来的长条在太阳下晒干，它们就蜷缩成卷曲的条块，这就是我们今天买到的肉桂棒。

起先，肉桂都是从野生树木中获得的，但是从18世纪后期开始，人们开始在种植园里种植肉桂树。今日品质最好的肉桂仍然产自斯里兰卡，但国际市场上也有来自印度和巴西的产品。这些肉桂通常被标为“真肉桂”或“锡兰肉桂”。

另有一种肉桂树原产于印度和中国，其学名为*Cinnamomum aromaticum*，这是中文典籍里所指的“肉桂”。在美国，这种肉桂也广泛出售，但很容易和真肉桂相区别：中国肉桂棒的桂皮较厚，通常形成较大的双层皮卷，而真肉桂棒看上去更像是由较薄的树皮紧密卷成的皮束。如果把这两种香料都碾成粉末，那它们彼此是较难区分的，但是人们仍然有必要检查其名称标签，这是出于一个有关健康的原因——中国肉桂可能会含有较多的香豆素，对于易感的人来说可能导致肝损伤。因此，对于肝有问题但又仍想吃很多肉桂的人来说，真肉桂（也就是锡兰肉桂）是一个较为安全的选择。不过，中国肉桂在美国并未像另一种香豆素含量相当高的香料香豆那样被禁止或限制使用。

肉桂叶的丁子香酚含量很高，顾名思义，丁子香也含有丁子香酚。在肉桂树皮中，主要的成分则是名为“肉桂醛”的物质，此外还有在香料中常常可以碰到的带有花香风味的香辛化合物——芳樟醇。肉桂在鸡尾酒世界中可谓无处不在，无论是金酒、味美思酒、苦精还是香料利口酒中都可以见到它的身影。可能最为人熟知的肉桂利口酒是“金棒”酒，这是一种澄净的德式肉桂烈酒，瓶里悬浮有少许金屑。法国蒸馏师保尔·德沃伊则酿造了一款叫“香料饼利口酒”的姜饼利口酒，可以说是肉桂风采在酒瓶中的完美表达。

## 花旗松

*Pseudotsuga menziesii*

松科

阿尔萨斯的传统松树利口酒给波特兰的蒸馏师斯蒂芬·麦卡锡留下了深刻印象，他因此也想酿造一款浸过本土针叶树花旗松的烈酒。花旗松在英文中叫“道格拉斯杉”，是一种气势轩昂的常绿树，在俄勒冈州太平洋沿岸可以长到200英尺多高，是俄勒冈州的州树。花旗松还是很多蛾子和蝴蝶的寄主植物，其坚实的木材在木材业中也备受称誉，它还能用来制作上好的圣诞树。

为了酿造这种烈酒，麦卡锡走进森林，从枝梢手工摘下树芽，想要从中提取风味物质，结果没有成功。他没法创造出符合自己口味的酒饮，这部分是因为花旗松的芽——就是将在来年发育成针叶的深色年幼枝条——在采摘和手拿的时候就已经氧化了。

最后，他把自己酿造的高度数中性葡萄烈酒装在粗桶里搬到了树林中，在那里把酒倾倒在提桶里，拎着提桶径直走向大树。“我们直接把芽丢进提桶里，”他说，“我们实际上是在树林里制作这种生命水的。”他把浸过香的烈酒带回蒸馏坊，静置两个星期，然后过滤，再把这混合物重新蒸馏。“酿造生命水的过程是很严苛的，”他说，“因为它不用橡木陈化，所以酒和原料中任何不良风味都没法用橡木桶来矫正。”

*The Douglas Expedition*

## 道格拉斯的考察

斯蒂芬·麦卡锡建议最好是在正餐之后，以一客1盎司的分量单独饮用这种花旗松生命水。但是，用它也可以调制一款怡人的鸡尾酒。这款鸡尾酒用戴维·道格拉斯的名字命名，他是一位苏格兰植物学家，曾经在1824年到太平洋西北地区进行了一次著名的采集植物的考察。他往英格兰引种了将近250种新植物，其中就包括在英文中以他的名字命名的“道格拉斯杉”——花旗松。后来他在攀爬夏威夷的一座火山时不幸遇难，年仅35岁。道格拉斯早年在伦敦皇家园艺学会工作，正是这个学会赞助了他的考察。谨以这款鸡尾酒向他这段早年生涯致敬。

1盎司伦敦干金酒　　½盎司“圣日耳曼”接骨木甘露

1盎司花旗松生命水　　1片柠檬角的果汁

把所有原料加冰摇和，置于鸡尾酒杯中。

最后，他对最终产品的风味总算是满意了，但颜色还是不行。“这种酒是源自一种常绿树，”他说，“那它就应该是绿色的。但是二次蒸馏过程却把颜色除掉了。”只有一种办法可以把酒染成他想要的颜色：他把二次蒸馏后的酒带回树林中，在那里把酒倾倒在提桶里，拎着提桶再次走向大树。“我们再次摘下树芽，丢到提桶里，就让它们在里面浸着，一直到颜色回来为止。”

麦卡锡花了几年时间才想到把酒色、澄净度和风味结合在一起的办法，但是他的尝试还没有结束。他还得让这种酒的标签通过联邦的批准。“我想把花旗松（学名*Pseudotsuga menziesii*）的拉丁学名放到标签上，因为这款酒就是为它而生的。”他说，“但是联邦的烈酒管理部门不相信有一种树叫作花旗松，实际上他们根本不理解拉丁名是什么东西。”不过，最终这种酒的标签还是成功获得批准，上面除了花旗松的名字，还有一个特色是麦卡锡的妻子、艺术家卢辛达·帕克绘制的花旗松素描画。如今，麦卡锡的“清溪蒸馏坊”每年能出产250箱这种绿色的烈酒。

## 桉树

*Eucalyptus* spp.

桃金娘科

1868年，罗马附近的特雷冯塔纳修道院几乎要被废弃了。那里的地力已经耗竭，周边的社区已是人去屋空，更糟的是，疟疾的发病率已经达到了令人无法容忍的程度。那个时候人们不相信疟疾是由蚊子携带的一种寄生虫引起的，仍然相信它是空气中的什么东西造成的；事实上，疟疾的英文“malaria”这个词在拉丁语中的本义就是“坏空气”。修道院的僧侣们突然想出了一个解决这些难题的奇招。他们在修道院周边种下桉树林。桉树这种生长迅速的澳大利亚树种首先闻起来就是药的气味，他们相信它一定可以净化空气，为修道院根除疟疠，改良土壤；又因为它本身就是一种农作物，还可以让僧侣们赚取一点收入。他们甚至还用桉树叶制作了一种药茶，据信可以让人免受疟疾侵扰。

美国医学会则在1894年的一篇题为《桉树之死》的学报文章中讽刺了这些做法。这篇文章指出，疟疾的暴发，其实是在种植了桉树之后。文章还嘲笑了桉树“传说中的药用价值”。不过，僧侣们也没有全错。2011年，柠檬桉（学名*Eucalyptus citriodora*）的提取物——柠檬桉油成功获得美国疾病控制与预防中心的批准，推荐作为驱蚊剂使用。

不过，僧侣们后来还是不得不苦苦琢磨怎么对付几千株根本没有达到当初真正目的的桉树。就像一切优秀的农夫一样，他们找到了用酒瓶来盛装这种农作物的办法。今天，来这所修道院参观的游客可以顺道买一瓶甜味的“特雷冯塔纳桉树酒”，这是一款浸过桉树叶子的利口酒。他们也可以买一瓶苦味的“桉树精”，里面不再额外加糖，建议在寒冷的冬夜饮用。

### 喝醉的吸蜜鹦鹉

澳大利亚的鸟类学家每年都要在电话里为观察到这个国家东南地区的红耳绿吸蜜鹦鹉种群的奇特行为的人答疑解惑。这些羽毛亮丽的鹦鹉有时候会发现自己飞不动了。它们在地上踉跄走动，活似醉鬼；甚至到第二天，那种上头的劲儿还没过去。原来，它们的日常食物资源——桉树蜜会在树上发酵，这会让它们喝醉。这似乎是野生动物醉倒于野生酒饮的仅有的真实报告之一。不幸的是，这个现象让红耳绿吸蜜鹦鹉很容易受伤，或是被捕食者捕食。所以鸟类救助组织的一项常规工作是收容喝醉的鹦鹉，帮助它们清醒过来。

比起给烈酒调味来，桉树大概更像是适合用于咳嗽药的调味品；然而，它那薄荷醇或樟脑的清凉味调却有助于凸显松树或刺柏的森林风味。桉树常用于苦精、味美思酒和金酒。尤其是“菲奈特·布兰卡”意大利苦酒，因其浓烈的桉树风味而知名。

在原产地澳大利亚，桉树作为一种令人沉醉的植物已经有悠久的历史了。酒胶桉（学名*Eucalyptus gunnii*）可以分泌一种又甜又黏的树液，在它顺树下流的时候就得到了天然的发酵。单独一棵树每天可以流出多达4加仑的树液，这些树液得到了土著居民很好的利用。英国植物学家约翰·林德利在1847年就写道，酒胶桉“能够为塔斯马尼亚的居民提供丰沛的清凉提神而有轻泻作用的液体，发酵之后可具备啤酒的特质”。如今，澳大利亚的“丹百林山蒸馏坊”出品的“桉叶伏特加”和“澳洲芳草利口酒”已是屡获奖项，它们都用桉树叶来调味。

还有调酒师，也开始用桉树糖浆和浸剂来做调酒试验了。不过一定要注意，只有在美国西部广泛分布的蓝桉这个种（学名*Eucalyptus globulus*）被美国食品药品监督管理局认定为一种安全的食品成分，而且只有叶子的使用得到了批准，精油提取物则不在批准之列。

## 乳香黄连木

*Pistacia lentiscus*

漆树科

乳香黄连木原产于地中海地区，是阿月浑子（开心果）的近亲。自古以来人们就收获它的树脂——洋乳香，其用途多得令人惊奇。当这种树的树皮被割开后，洋乳香树胶就从树干渗出来，干后形成硬而半透明的黄色物质，但在咀嚼后就软化成像口香糖一样的东西。它的一大用途是制作清漆；事实上，画家们现在还在把它往画布上涂抹。作为一种黏合剂，它还可用于可溶性手术缝合线、绷带和外用油膏的制造。这种树胶似乎还能控制蛀牙，所以在一些牌子的牙膏里也能见到它。尽管它尝起来完全是药味——想象一下一种介于松脂、月桂和丁子香之间的味道——一些希腊烈酒仍然用它来调味。“马斯蒂卡酒”就是一种茴芹风味的高度数烈酒，通常用白兰地当基酒，作为餐后酒饮用。

乳香黄连木是一种极为芳香的灌木状小乔木，结的果实很小，起初为红色，老时则转为黑色。希腊的希俄斯岛即以盛产洋乳香而闻名；要知道，希俄斯岛所产的洋乳香甚至得到了欧盟的认证，就像香槟或卡尔瓦多斯酒一样，成了一种原产地受保护的产品。

## 兵木

*Colubrina elliptica*

鼠李科

到加勒比海地区特别是特立尼达和巴巴多斯周边旅行的人可能会碰到兵木糖浆，这是用两种树木——绿心兵木（*Colubrina arborescens*）和兵木（*Colubrina elliptica*）——的树皮制作的一种甘苦兼备的糖浆。它的配方变式很多，但通常都要把树皮和糖、水混合，再添加肉桂、多香果、肉豆蔻、香草、柑橘皮、月桂叶、八角和茴香籽，这为它赋予了一种香辛味浓

郁的洋甘草口感。倒在纯水或苏打水里的兵木糖浆传统上被视为一种万用药剂。虽然岛民们相信它可以治疗糖尿病，又可以做开胃药，但只有《西印度医学杂志》上的一个小型研究发现它有缓解高血压的作用，这是在它对健康的种种益处里面唯一得到坚实证明的功效。

兵木属于蛇藤属，全世界的蛇藤属植物有30多种，全都生长在气候温暖的地区。兵木是广泛用来制作兵木糖浆的一种，本来原产于海地和多米尼加共和国，但它的树皮在邻近的岛屿也多有流通。另一种原料树绿心兵木则是巴巴多斯的特产。兵木的木材相当坚硬；事实上，有几种兵木另外还有“铁木”的别名。其树皮含有单宁和苦味皂苷（即兵木皂苷），很可能是为了保护树木免遭动物摄食。在佛罗里达，绿心兵木也叫“野咖啡”，这告诉我们其树皮以前曾被用作茶或咖啡的替代品。

在20世纪前期，“兵木女郎”们头顶着这种盛在锡制容器里的自制饮料，在街边随意售卖。如今，这种糖浆已经得到了大规模生产和商业销售，你还可以买到像“兵木费兹”之类的瓶装软饮料。自然，兵木糖浆已经在加勒比式的鸡尾酒里出现了，其中就包括由北美洲一些最好的提奇酒调酒师调制的鸡尾酒——尽管他们中间没有一个愿意泄露自己的配方。

## 没药树

*Commiphora myrrha*

橄榄科

没药树是一种丑陋的小乔木，它看上去瘦骨嶙峋，满是棘刺，几乎没

有叶子。它生长在索马里和埃塞俄比亚的贫瘠浅土之上，在那里荒芜的景观之上构成黯淡的灰色一笔。如果不是因为从它的树干能滴出香醇的树脂的话，没有人愿意再看它第二眼。

干燥的没药树脂小块的大小和形状都与葡萄干相若，对于古埃及人、古希腊人和古罗马人来说，它们是价格高昂的香水和熏香原料。因为树脂过去被用来密封酒坛，古人很容易就能把没药和葡萄酒结合在一起。古罗马人在给犯人钉十字架时，会给他们喝一些混有没药的葡萄酒；他们也给耶稣准备了一份，但是被他拒绝了。

没药的味道发苦，并多少带一些药味。它的精油所含的化合物也可以在松树、桉树、肉桂、柑橘皮和孜然中找到。法国蒸馏师贡比埃在他家出产的上好橙味利口酒“皇家贡比埃”中把没药也列入其原料表中，而它在味美思酒、调香葡萄酒和苦精中也是常见成分。“菲奈特·布兰卡”酒的酿造者也懒得隐瞒其秘方中有没药的事实，那种强烈古朴的没药风味可以说明为什么菲奈特酒能够有如此震撼人口的力量。

## 松树

*Pinus* spp.

松科

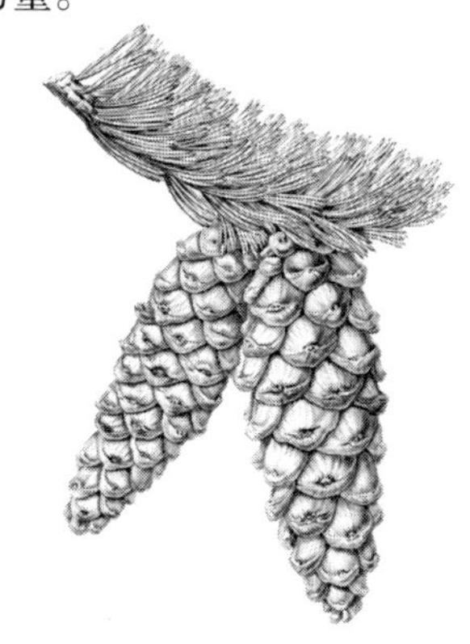

早在新石器时代的考古遗址中就发现了掺有树脂的葡萄酒的残余物。可能树脂是用来作为防腐剂，或是像把葡萄酒置于木桶中陈化那样，为其增添一种森林风味。树脂也可能有医药用途——它看起来能够为树木疗病，既然如此，饮下树脂可以治疗肠道疾病似乎也就顺理成章。古罗马酿酒人会往葡萄酒里加一大堆古怪的原料，其中不光有松脂，还有乳香、没药和笃耨香的提取物——从笃耨香树上还可以提取一种类似松节油的油脂。

直到今天，在希腊仍然可以找到一种浸有松脂的葡萄酒，这就是蕾契娜酒。希腊一家名叫“盖娅庄园”的葡萄酒坊出品一款名为“高贵树脂”的蕾契娜酒，就是用地中海松（*Pinus halepensis*）的提取物来调味的。“菲奈特·布兰卡”酒据传言说也含有少量松脂。

不过，最有趣的松脂风味的烈酒肯定是名唤“冷杉芽”的阿尔萨斯松树利口酒。虽然不是每个人都喜欢它，但它却是调酒师们喜欢用来做调酒实验的一款具有历史意义的珍稀酒品。（你可以把它想象成一棵生生放在短饮杯中饮用的醉人而甜蜜的圣诞树。）另有一种松脂烈酒，是奥地利出产的“齐尔本茨五针松利口酒”，它利用在阿尔卑斯山区高高生长的瑞士五针松（*Pinus cembra*）营造出了淡淡的肉桂色彩和花香氛围。按照蒸馏师的说法，这种松树的球果每5到7年才能收获一次，即使如此，人们采摘回来的球果连四分之一还不到。这个工作是由7月初到阿尔卑斯山徒步的

Royal Tannenbaum

**皇家冷杉**

（由《饮品》杂志2008年11/12月号登载的拉拉·克里西的配方修改而来）

1½盎司伦敦干金酒

½盎司“齐尔本茨五针松利口酒”之类的松树利口酒

1枝鲜迷迭香

把金酒和松树利口酒加冰摇和，滤入鸡尾酒杯。用迷迭香枝做装饰物。

勇猛的登山者完成的，他们爬上枝叶稠密的松树，然后把正好处在颜色最红、气味最烈时期的球果摘下来。

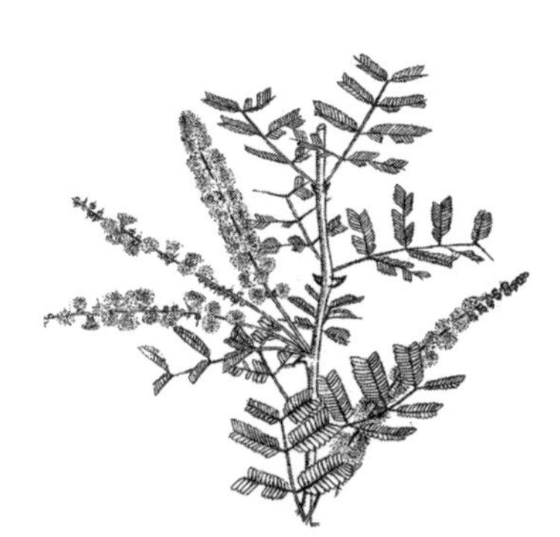

## 阿拉伯胶树

*Senegalia senegal*
（异名：*Acacia senegal*）

豆科

阿拉伯胶树是一种小而多刺的乔木，生长在苏丹的荒漠里，却有着多样的用途，从让报纸的墨水附着在纸上，到为古埃及木乃伊防腐，到稳定软饮料里的糖分和色素，不一而足。它还是古典的“树胶”糖浆的关键成分，可以为鸡尾酒增添一种丝般柔滑的质地，还可以防止糖浆中的蔗糖结晶。

阿拉伯胶树以前认为属于金合欢属。长期以来人们都认为全世界有一千多种金合欢，其中绝大多数都产于澳大利亚。也有少数一些种类原产欧洲、亚洲、非洲和南北美洲的较为温暖的地区。然而，最近分类学家却把金合欢类植物分成了几个不同的属。这个决定引发了很大争议，要求避免这样做的请愿在学界传播，植物学家们公开相互中伤，在通常一本正经的植物命名会议上，有人气势汹汹地控诉科学家是如何贪婪而腐败。作为分类学家们对金合欢属重组的结果，苏丹的农民种植的那种树已经不再是一种金合欢了；他们现在种的是学名为*Senegalia senegal*的东西。人们很可能需要给金合欢胶——也叫阿拉伯胶——换一个名字了。

植物学方面的争论并不是有关这种树的唯一争议。因为它生长在苏丹，这样它就处于一场残暴战争的中心。当地人通过刮破树皮、手工采集分泌出的胶块来收获生胶，而因为这个地区的战争，生胶的供应便受到了威胁。美国国务院在1997年提出警告，怀疑奥萨马·本·拉登有可能对苏丹的“阿拉伯胶公司”投入了大笔资金，而这家公司是由苏丹政府控制的向欧洲出口供加工用的阿拉伯胶的垄断企业。阿拉伯胶公司则否认他们和恐怖分子有联系。在软饮料工业企业极力游说之后，美国修改了施加给苏丹的经济制裁，同意阿拉伯胶的出口不在制裁之列。

对这种树的另一个威胁是气候变化——因为干旱加剧，它的分布局限在贯穿苏丹的一条愈加狭窄的地带之中。农业援助工作人员努力想要扩大这种树的生境，教给当地农民如何用特殊的集水方法种植“胶园”的技术，以便让这些树可以在降雨极少的情况下存活下来，产出足够支撑一个家庭生计的树胶。农民还要学会与蝗灾、白蚁、真菌病害及贪吃的山羊和骆驼斗争。

阿拉伯胶树高20英尺，向地下扎下100英尺长的主根，这就是它能够在严酷的荒漠条件下存活的原因。它微小的叶子有利于避免水分流失，而阔大的伞形树冠又让这些叶子能够最大程度地暴露在阳光之下，以弥补叶形过

*Gomme Syrup*

### 树胶糖浆

2盎司粉末状的食品级阿拉伯胶
6盎司水
8盎司糖（依个人口味可减少用量）

把阿拉伯胶和2盎司水在平底锅中混合，加热至近沸，使胶溶解。待其冷却之后，再把糖和剩下的4盎司水在平底锅中混合，以制备单糖浆。加热至沸，使糖溶解。加入胶水混合物，加热2分钟，然后冷却。有的人喜欢由等量糖和水制备的单糖浆，所以可以先尝试制作一小份，再根据个人口味调整用量。请冷藏保存，一般至少可以存放几周时间。

小的不足。阿拉伯胶树之所以要分泌甜而黏稠的树胶，也自有其目的——这是为了疗治伤口，保护树木免受昆虫伤害，还可以用来抵抗病害。

大约公元前2000年时，古埃及人发现刮伤阿拉伯胶树树皮之后，树木在这种胁迫之下会被迫产出更多的树胶。他们用阿拉伯胶制造墨水，把它混入食物，还在制作木乃伊的时候用它做黏合的胶水。（古法语单词*gomme*就是来自更古老的表示“胶”的词汇——古埃及语的komi及古希腊语的*komme*，这也是树胶糖浆的英文gomme syrup的由来。）阿拉伯胶如今仍一直被用作墨水、颜料和其他工业产品中的黏合剂，以及药用糖浆、膏药和含片中的增稠剂、乳化剂。烘焙师把它用在冰激凌、糖果和糖霜之中，而人们把甘甜的树胶糖浆当成一种有用的鸡尾酒辅料也不过是个时间问题。它可以为鸡尾酒增添一种丝般的质地，这是单糖浆绝对办不到的事。

如今，阿拉伯胶已经重新成为一些专门的鸡尾酒糖浆的成分，但在家里自制这样一份混合糖浆也非难事。请从香料铺或专门面向烘焙师和糖果师的商店购买食品级的阿拉伯胶。（在手工艺品店售卖的阿拉伯胶的级别较次，仅供艺术设计之用。）

## 云杉

*Picea* spp.

松科

在20世纪30年代之前，人们并不完全明白维生素C缺乏会导致坏血病的事实，但是在一段漫长的航程开始之前，船长们却不时通过在船上储藏柠檬和来檬的方法努力避免这种疾病的发生。当柑橘不易得的时候，他们又不明就里地用其他的维生素C源作为替代品，其中就包括云杉树的幼嫩枝梢。

詹姆斯·库克船长从植物学家约瑟夫·班克斯那里获得了一个可尝试用来拯救其船员的配方。这个配方是：在水中烹煮云杉嫩枝，加上一些增进风味的茶叶，然后再加入糖蜜和少许啤酒或酵母开启发酵过程。库克在他的日志中写道，浆果和云杉啤酒都可以治疗患了坏血病的船员。

简·奥斯汀对云杉啤酒最为熟悉，她在1809年写给姐姐卡桑德拉的信中提到了她正在酿造“一大罐”云杉啤酒。小说《爱玛》情节的一个重要关头甚至就是围绕一个云杉啤酒配方展开的，奈特利先生把配方讲给了埃尔顿先生，后者从爱玛那里借来一支铅笔，把这个配方写了下来。在小说后面将显现出其重要性的一个经典的奥斯汀式情节逆转中，爱玛的朋友哈里特偷走了埃尔顿先生用来记下配方成分的铅笔，作为用来纪念他的物件。

在18世纪和19世纪的日志中，云杉啤酒的配方俯拾皆是。人们广泛相信本杰明·富兰克林创造了这种啤酒的一个配方——但这个配方实际并非他的发明。当富兰克林担任法国大使的时候，他从一本叫《简单轻松的厨艺》的烹饪手册上抄录了几个配方，而这本出版于1747年的书的作者是一位叫汉娜·格拉斯的女士。（顺便说一句，格拉斯写了很多有趣的配方，却被富兰克林忽略了，其中一个配方叫“歇斯底里水”，原料包括欧防风、芍药、槲寄生、没药和干燥的百足虫，把它们浸入白兰地之后，再“按个人口味增加甜度”。）富兰克林从未想要把她的配方据为己有，他只是出于个人使用的目的抄录一下罢了。不过，这份配方的确出现在他的论文中，而美国国父之一曾经创造过一个云杉啤酒的配方这样的故事实在是太容易流传了。这个配方的现代重建版本就只归功于富兰克林，而没有归功于汉娜·格拉斯。

云杉树是古老的生命，在1.5亿年前的晚侏罗纪就已经在地球上存在了。云杉的种数随你咨询的植物学家的不同而不同，最多可达39种，它们遍布于亚洲、欧洲和北美洲的气候较寒冷的地区。就像其他很多针叶树一样，云杉树生长缓慢，而且如果没有葬身于链锯之下的话，足可以活到一个惊人的岁数。已知世界上最古老的活树就是一棵挪威云杉，其根系已经生长了9950年。

云杉树可以产生维生素C和其他有助于抵抗坏血病、促进吸收维生素C的营养物质，这是一种防御机制，有利于它们活过冬天，长出球果。红云杉（学名*Picea rubens*）和黑云杉（学名*Picea mariana*）的维生素含量是最高的，但是美国食品药品监督管理局只批准了黑云杉和另一种白云杉（学名*Picea glauca*）作为安全的天然食品添加剂。对于未受过植物识别训练的人来说，云杉树和诸如红豆杉之类的其他有高度毒性的针叶树的外观很相似，因此自酿酒爱好者应该先向专家咨询，之后再在森林中采摘嫩枝。

## 糖槭

*Acer saccharum*

槭科

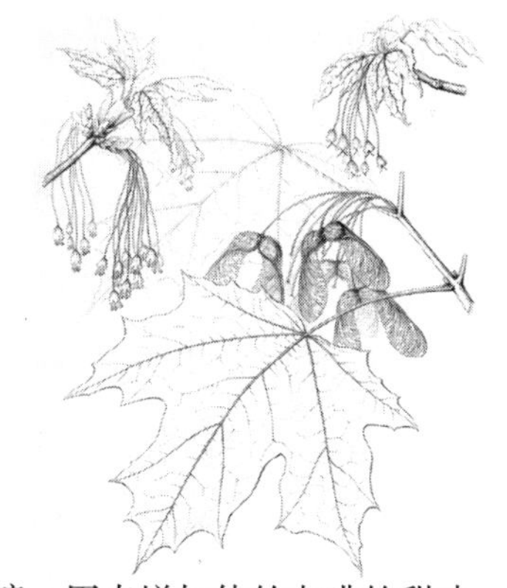

1790年，托马斯·杰斐逊买了50磅槭糖，用来增加他的咖啡的甜味。与其说这是一个饮食上的抉择，不如说是政治上的决定——他刚被他的朋友、《独立宣言》的签署者之一本杰明·拉什医生施加压力，要求他提倡

使用本地产的槭糖（也叫枫糖）来代替蔗糖，因为后者是依赖奴隶劳力生产的。

尽管杰斐逊自己就是个奴隶主，他还是洞见了这个想法背后的智慧。他写信给他的朋友、英国外交官本杰明·沃恩，说美国的大片土地“都被糖槭覆盖，你能想象有多稠密就有多稠密”，而糖槭的收获需要的“不过是妇女和女孩们能够提供的劳力……能够用只需要儿童劳力就生产出来的糖，代替据说必须动用黑人奴隶生产的糖，是何等的福分！”。

用儿童劳力替换奴隶劳动的可能性并不是早期美国人对槭糖感到兴奋的唯一原因。槭糖也被视为是一种醇厚而健康的甜味剂——事实上，槭糖浆含有铁、锰、锌和钙，还有抗氧化剂和多种挥发性的有机风味物质，这为它带来了黄油和香草般的味调，以及在用橡木桶陈化的烈酒中也能感受到的森林般的温暖香辛味道。尽管拉什医生因为也提倡戒酒的缘故不会乐见槭糖与酒的关系，但是槭糖浆的确可以用来酿造上好的啤酒。一些人报告说，他们曾见易洛魁人用糖槭树液酿造一种轻度发酵的饮品，尽管这对于一个北方部落来说本来是罕见之事，因为在他们与欧洲人接触之前，这些部落对酒精并不熟悉。不过，定居者显然知道应该怎么办——1838年的一份配方就提到可以把糖槭树液煮沸，在大麦不可得的时候与小麦或黑麦混合，加上啤酒花，然后便可在发酵之后置于酒桶中陈化。

糖槭是北美洲的原产，是全世界已知的120种槭树中的一种。大多数槭树实际上都产于亚洲（比如学名为*Acer palmatum*的鸡爪槭就是一种来自日本的常见红叶槭树树种），虽然欧洲也有不少槭树，却没有一种能出产如此甘甜的树液。直到定居者看到了易洛魁人从糖槭中汲取糖的做法，他们才意识到这种树的潜力。

糖槭树之所以独特，在于它的边材——树干仍在生长的外侧部分——

含有空心细胞，白天的时候其中充满了二氧化碳。在冷凉的夜晚，二氧化碳退缩，其中就形成一种真空状态，可以把树液向上抽提。如果第二天天气转暖，树液便又重新向下流动——这时候槭农就该汲取树液了。树液在煮沸之后就成为糖浆，糖浆还可以进一步加热，结晶出粒状的槭糖来。

魁北克以其出产槭糖的传统而闻名。有一种流行的冬日饮品叫作“驯鹿”，就是用葡萄酒、威士忌和槭糖浆调制而成。魁北克出产的浸有糖槭风味的威士忌利口酒和生命水也都值得尝试，还有糖槭葡萄酒和糖槭啤酒也是如此。美国的佛蒙特州也出产用糖槭酿造的优质烈酒，其中包括创新永无止境的“佛蒙特烈酒”蒸馏坊出品的一款上好的糖槭伏特加。这家蒸馏坊还生产“佛蒙特白”酒，这是一款用乳糖蒸馏的伏特加，它让佛蒙特的乳业生意始终红红火火。

*Caribou*

### 驯鹿

3盎司红葡萄酒

1½盎司威士忌或黑麦威士忌

一甩槭糖浆

把所有原料加冰摇和，过滤。这个配方的一个变式要求使用等量的波尔图酒和雪利酒、少许白兰地和一甩槭糖浆。请随意试验，但请使用真正的槭糖浆，而不是仿制品。

## 再接下来是水果

**果实：**

花受精之后形成的成熟子房，通常由肉质或硬质外皮和包于其内的一或多枚种子构成。

# 杏

*Prunus armeniaca*

蔷薇科

给你自己倒一杯安摩拉多酒，你会马上辨识出它的风味——扁桃味。真是这样吗？不见得。“萨龙诺安摩拉多酒”是世界上最流行的安摩拉多酒，它的扁桃味道实际上来自杏仁。

就像扁桃分甜扁桃和苦扁桃一样——苦味品种的苦杏仁苷含量较高，它会在肠胃中生成氰化物——杏仁也分甜杏仁和苦杏仁。在美国，人们栽培大多数杏的品种是为了食用其果，而它们的种仁都是苦的。但是在地中海地区，则可以较为容易地找到所谓的甜仁品种。敲开甜仁品种的坚硬果核，里面的果仁——种子——无论是长相还是味道都非常接近和杏有紧密亲缘关系的甜扁桃。

在中国，大约公元前4000年人们就栽培杏树了；到公元前400年的时候，果农们又选择出了专门的品种。杏树引入欧洲已经有超过2000年历史了。如今杏已经有了数百个品种，其中很多都专门适应于某个地区的环境。最古老的甜仁品种之一是“荒野公园”，它的起源至少可以追溯到1760年的英格兰。在“荒野公园”之前最流行的品种则叫“罗马”，它的确是在古罗马时代培育而成的。

似乎在杏树本身引种之后只过了差不多十分钟，人们就创造了用杏仁为酒饮调味的传统。拉塔菲亚酒的一些最早的配方就要求把杏仁浸在白兰地里，另加肉豆蔻衣、肉桂和糖。很快，人们又发明了安摩拉多酒；其中很多款现在还是用杏仁而不是扁桃仁制作。在法国，*noyau*（或其复数

*Valencia*

## 巴伦西亚酒

1927年，国际调酒师联合会在维也纳举办了一场鸡尾酒竞赛。获胜者是一位叫约翰尼·汉森的德国调酒师，他调制的饮品是杏果白兰地、甜橙汁和橙味苦精的兑和物。欧洲的调酒师把这则新闻传播到了美国，借此向“反沙龙联盟”脱帽致敬，感谢这个组织所做的促进美国实施禁酒令的工作——事实上，禁酒令的实施不过是让更多的饮酒者涌向欧洲罢了。

这款“巴伦西亚”鸡尾酒成功入选了1930年出版的经典的《萨沃伊鸡尾酒手册》。下面的配方使用了一款真正用杏果制作的奥地利利口酒。当然，鲜榨果汁也是必需原料。

1½盎司“罗特曼和冬日果园”杏果利口酒

¾盎司鲜榨甜橙汁

4甩橙味苦精

橙皮

把除橙皮之外的所有原料加冰摇和，滤入鸡尾酒杯。用橙皮做装饰物。《萨沃伊鸡尾酒手册》要求把酒倾入高球杯，用干的卡瓦汽酒或香槟盖顶。埃里克·埃尔斯塔德是一位鸡尾酒写手，他的“猛踩萨沃伊”博客（savoystomp.com）记录了他仔细钻研整本《萨沃伊鸡尾酒手册》的经历。他提出了这个配方的一个变式，可能风味更好。他建议用等量（各¾盎司）的橙汁、杏果利口酒和雅文邑酒调和，用安戈斯图拉苦精代替橙味苦精，然后再用卡瓦酒做盖顶。

*noyaux*）这个词指的是核果的果核，而名称中带有这个词的利口酒实际上都是用杏仁制作的。在一些鸡尾酒旧配方中可以见到“果核激凌酒”这种利口酒，但在美国基本不可能找到它。法国的蒸馏坊“普瓦西果核”生产这种利口酒的两个款式，但是为了保证能搞到一瓶，可能还是需要你到法国去一趟。

当然，杏果本身也用来酿造白兰地、生命水和利口酒；在瑞士，杏果烈酒被叫作“杏汀酒”。按照“白兰地”这个词的现代用法，被称为“杏果白兰地”的烈酒应该是用杏果本身蒸馏而成的。但是在19世纪以及20世纪前期，杏果白兰地和梨白兰地都是以葡萄白兰地为基酒加入果汁之后制作而成的。事实上，在根据1906年通过的《美国纯净食品药品法》进行的早期执法行动中，有一个案例就是1910年的一起涉嫌用仿冒原料制作掺假杏果白兰地的案件。这个历史细节，对试图重新调制禁酒时期的酒饮的鸡尾酒迷来说具有一定的重要性，因为那时候要求用到杏果白兰地（或在那个案件中用来掺假的桃果白兰地）的配方，实际上可能只是要求你使用一种甜味利口酒，而不是高度数的干白兰地。

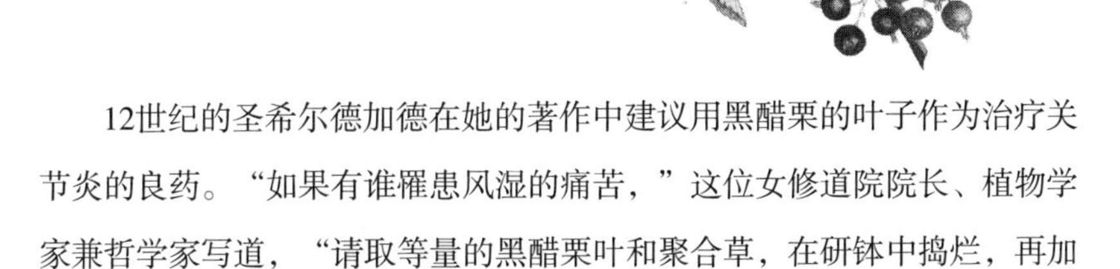

## 黑醋栗

*Ribes nigrum*

茶藨子科（或虎耳草科）

12世纪的圣希尔德加德在她的著作中建议用黑醋栗的叶子作为治疗关节炎的良药。“如果有谁罹患风湿的痛苦，”这位女修道院院长、植物学家兼哲学家写道，“请取等量的黑醋栗叶和聚合草，在研钵中捣烂，再加入狼脂。”虽然把这种植物和狼的脂油和在一起是治人疾病的方法，但是把它和酒精混在一起却被证明是更受人欢迎的做法。黑醋栗——在法国叫“卡西”（cassis），在中文里有时也音译为“黑加仑”——是名为“黑醋栗激凌酒”的利口酒中唯一的风味成分，这种利口酒呈暗红色，有糖浆般的甜味。

黑醋栗并不是法国第戎的原产——它来自较寒冷的北欧国家以及北亚、中亚部分地区——但是第戎的农夫却非常善于鼓捣这种植物，让它结的果实虽然更小，颜色却更深更浓，风味也更为浓郁。

除了中世纪的药剂之外，用黑醋栗制作的最早的利口酒是黑醋栗拉塔菲亚酒。这是白兰地和黑醋栗的调和酒，黑醋栗要先浸泡6个星期，过滤之后再与糖浆混合。如今，黑醋栗激凌酒的制作方法是：先把果子压碎，在纯烈酒——通常用中性的葡萄烈酒——中浸泡两个月；然后，再继续压榨其中的果子，让它把剩余的果汁也排出，随后将其滤去。制得的粗利口酒用管子导入另一个大桶中，与甜菜蔗糖和水混合，在调整其甜度的同时，也将酒精稀释到大约20度的体积百分含量。

用一夸脱容量的酒瓶装的黑醋栗利口酒可含有略少于1磅的黑醋栗的提取物。对于高端的“超级黑醋栗”利口酒来说，其中的水果提取物含量会是这个浓度的2至3倍，这让利口酒变得更稠，也更具水果风味了。在判断一瓶黑醋栗激凌酒的品质的时候，可以摇晃酒瓶，观察利口酒在酒瓶内壁上挂壁的情况。超级黑醋栗酒会挂上一层酒红色的浓稠糖浆。第戎的厨师

**醋栗还是葡萄干?**

在美国，“醋栗”（currant）这个词有时用来指一种无核小葡萄干。顾名思义，葡萄干是晾干的葡萄，和茶藨子属（学名*Ribes*）的醋栗绝无关系。

不光饮用黑醋栗利口酒，还把它们倒在法国白奶酪上，或是在“红酒炖牛肉”这道法国名菜中使用。

黑醋栗激凌酒在19世纪后期突然流行起来。在法国的咖啡馆，店员常常在每张桌子上预先放一小瓶，让主顾们自行添加到所点的酒饮中。第二次世界大战之后，第戎市市长菲利克斯·基尔为到访的显要人物倒的酒也是由黑醋栗激凌酒和白葡萄酒兑和而成的。这款鸡尾酒后来变得全世界皆知，为了纪念他，人们现在就管它叫“基尔”鸡尾酒。

差不多同样的时候，黑醋栗真正的医药用途也变得广为人知。在第二次世界大战期间和战后，英国的柑橘出现了短缺，于是人们把一种叫“利宾纳”的黑醋栗果汁免费提供给儿童饮用。利宾纳含有丰富的维生素C、抗氧化剂和其他健康物质，让很多儿童免于患上营养不良症。如今，这种水果在营销时仍会被冠以“超级食品”的名号，据说有很多抵抗疾病的益处。

在美国，人们对黑醋栗以及用黑醋栗制作的利口酒还不太熟悉，这部分是因为在美国农业法中有个古怪的规定。黑醋栗是一种叫作“白松疱锈病”的植物病害的寄主，这种病害会造成北美乔松死亡。但是病原真菌不会从一棵松树直接传播到另一棵松树；它必须先在一棵黑醋栗上略作停留，产生一种特殊的孢子，然后才能再去感染松树。在20世纪20年代，木材业的游说集团成功禁止了黑醋栗的种植，然而，其实只要采取简单的森林管理措施就可以阻止这种病害的循环发作。原来，病原真菌的孢子在从松树向黑醋栗迁移时可以传播350英里远，但从黑醋栗迁回松树时却只能传播1000英尺远。这个特点使人们很容易就可以阻断病害的扩散，护林员只要保证让黑醋栗离开松树至少1000英尺远就行了。还有一点也使这种病害的发作并不会特别严重：至少20%的北美乔松对它有天然抗性，剩下的松树也只有在病害真菌孢子传播期间碰上特别潮湿的天气时才会被感染。

## 栽培你自己的黑醋栗

全光照 / 部分光照

少量 / 常规灌溉

可耐–25° F / –32° C

黑醋栗是一种笔直向上生长的灌木，可长到大约6英尺高，结出的果簇很像小串葡萄。它们在肥沃潮湿、常常用护盖物覆盖的微酸性土壤上表现良好，更喜爱全光照和常规灌溉，可以忍耐零下32摄氏度的低温。

黑醋栗的果实只结在一年生的茎上，也就是说，要让新枝条生长一整年，然后它才能长出果实来。请在黑醋栗又干又硬的时候采摘。一株成年黑醋栗树每年可产出10磅黑醋栗。请在冬天把2至4根较老的茎齐地面截去，再挑选几根老枝，修剪到可以让较年幼的侧芽萌发为止。如果黑醋栗树停止结果，请把它的地上部分全部砍掉，两年之后它便可重新结果。

请与本地果树苗圃商量，选择最适合你所在的气候区、对本地病虫害最有抵抗力的品种。“勃艮第黑”是法国利口酒最常使用的品种，但在美国很难找到，也并不适合所有的气候区。“本·洛蒙德”和“山顶鲍德温”则是两个生长力旺盛的好品种。美国本地也有一些像香茶藨子（学名*Ribes odoratum*）和美洲茶藨子（学名*Ribes americanum*）这样的野生茶藨子属树种，结的果实也可食用，但在利口酒中用得还不多。

如果只是想收获鸡尾酒装饰物或直接从树上采下鲜食的水果的话，红醋栗和白醋栗（红醋栗的品种）也值得一种。具有梨般风味的“布兰卡”白醋栗可以用来酿造醋栗酒，而“乡绅范泰茨”则被认为是生长最旺盛、风味最佳的红醋栗品种之一。

Kir

## 基尔

4盎司“阿利歌特”之类干白勃艮第葡萄酒（或其他干白葡萄酒）

1盎司黑醋栗激凌酒

把黑醋栗酒倾入葡萄酒杯，兑入白葡萄酒。边尝边调整二者的比例。用香槟替代葡萄酒则是“皇家基尔”鸡尾酒；如果用的是博若莱红葡萄酒，就成了“共产主义者基尔”鸡尾酒；“诺曼底人基尔”则是黑醋栗酒和苹果酒的兑和物。如果希望酒味清淡一些，请将1份黑醋栗激凌酒与4份气泡水兑和。

1966年，黑醋栗的禁植令在美国国家层面上被撤销，但是很多州仍然延续了这一禁令。康奈尔大学的农学家斯蒂文·麦克凯在学生期间曾到欧洲游历，黑醋栗给他留下了美好的记忆。后来他就一直致力于废除针对黑醋栗的限种令，鼓励农夫种植这种作物。如今，抗病的品种、现代杀真菌剂和人们对白松疱锈病传播方式的更好理解已经让这种病害成为过去的事物了。然而，美国东海岸的几个州现在仍然继续把黑醋栗种植作为非法行为对待。

在欧洲，黑醋栗则被牵涉到另一桩有名的法律纠纷之中。在欧盟筹备过程早期的那些最重要的法庭诉讼中，有一桩诉讼案的争论中心就是黑醋

### 为什么黑醋栗激凌酒不含激凌（奶油）？

**激凌酒：**在欧洲，“激凌酒”（crème de）这个词组后面加上水果名构成的名称指的是每升至少含有250克转化糖（一种糖浆）、酒精含量按体积百分含量算时至少为15度的利口酒。但是，黑醋栗激凌酒每升必须至少含有400克转化糖。

**激凌：**过去，一些非常甜的利口酒会以“crème cassis”（黑醋栗激凌）或“crème”（激凌，在法语中本义是奶油）加水果名的名称出售，借以指示其中极高的含糖量。如今，对这个术语并无官方法定定义，但它通常仍用来指那些特别甜的利口酒。

**奶油：**在瓶子上写有“奶油”（cream）的利口酒（如“爱尔兰奶油”）则含有牛乳固形物。

**利口酒：**在美国，按照法定定义，“激凌”这个术语必须用“利口酒”或“甘露酒”代替，后二者可以指任何调味的、以重量计算含有至少2.5%蔗糖的甜味蒸馏酒。

栗。在法国，黑醋栗激凌酒以15至20度的酒精体积百分含量装瓶，但是有出口商发现，这种酒在德国无法以“利口酒”之名出售，因为按照德国标准，利口酒的酒精含量至少要有25度。于是在1978年，一桩今天称为“第戎黑醋栗酒案”的诉讼案便因此而起。判决结果规定，欧盟一个成员国制定的法律必须在另一个成员国也得到承认，这样就建立了相互承认的原则，为欧盟国家之间更坚固的贸易联系奠定了基础。

## 可可

*Theobroma cacao*

锦葵科

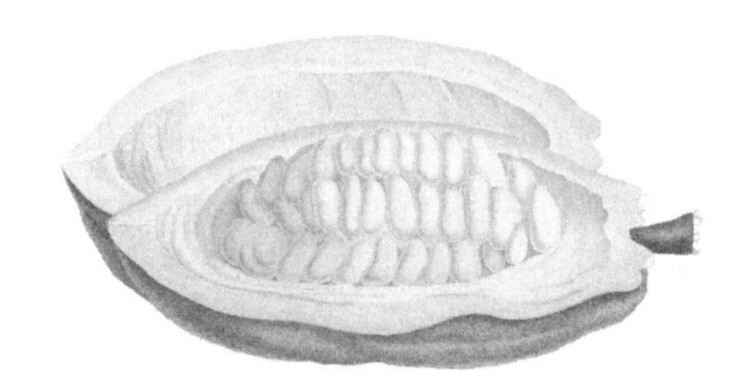

可可是最难结的果实。出产可可果的可可树是一种热带常绿树种，喜欢生长在赤道南北10个纬度以内的地区。成年可可树在一个花季中可以开出上万朵花，但是其中只有不到50朵花在得到飞蚊或某些特别种类的蚂蚁的传粉之后能结出果实。

可可果的形态像是一个巨大的豆荚，大小和形状都与橄榄球相仿。每个果实里有多达60枚的可可豆，外面包有柔软的果肉。果肉对鸟类和猴子有很大的吸引力，因为它们富含糖分和脂肪。可可豆本身因为具有苦味，则不太能引起哺乳动物的兴趣，所以动物会把可可豆排泄出来，这样就给可可树播了种。

丛林动物不是唯一喜欢可可多汁果实的生灵。如果可可果留在地上没有被吃掉的话，它会自发发酵。西班牙探险者到达危地马拉之后，看到填满了可可果的独木舟，不禁大为意外。这些果实会一直发酵，直到独木舟的底部满是“大量味道极柔顺、介于酸甜之间，又极为清凉提神的美酒”为止。西班牙佬来新大陆为的是寻找黄金，但是他们也发现了巧克力——仅次于黄金的第二好的东西。

巧克力和酒饮在自然界中居然能同时出现，这不是一个小奇迹。甚至在今天，人们在制造巧克力时还是先把可可豆发酵几天，让更醇厚复杂的风味得以出现。然后，发酵的可可豆被晾干、烘烤并压开口，这样里面的可可豆肉——种子中的肉质部分——就可以提取出来。可可豆肉再被碾磨成粉或糊，给它加上一点点糖就是黑巧克力。如果加入牛奶，制得的就是牛奶巧克力。而如果把其中名为“可可脂”的脂肪提取出来再与糖混合，得到的便是白巧克力。

今天，在任何糖浆般甘甜的利口酒中都可以找到巧克力的身影。不幸的是，太多太多的酒吧在售卖一种叫“巧克力马天尼酒”的可怕调和物。在不得已的时候你可以喝这种东西，但享受巧克力酒饮本来还有更柔和、更精妙的方法。“角鲨头”就制作了一款名为“可可属”（或按属名本义直译为“神食”）的可可啤酒，意图在现代恢复一个古老的奥尔梅克配方的原貌。对定年为公元前1400年的陶器残余物的分析，加上从西班牙探险者的报告中得来的一些线索，使人们可知这个配方中包括蜂蜜、辣椒、香草和胭脂树橙——这是从红木（学名*Bixa orellana*）中得到的一种淡红色的香料，也可以作为奶酪和其他加工食品的天然食品色素。这款啤酒具有泥土味和香辛味，只带有一丁点巧克力风味。

能够体现巧克力在烈酒中更优雅、更现代的应用的酒品，来自波特兰的“新政”蒸馏坊。他们出品的“泥坑”系把烤可可豆肉浸在伏特加中制成，而且没有加甜味剂。这样得到的就只有纯粹的巧克力风味，而不杂一丝腻人的甜味。

## 无花果

*Ficus carica*

桑科

无花果树是一种古怪而古老的造物。我们中大多数人称为无花果“果实”的东西实际上根本不是果实，而是一个隐头花序——由肉质的植物组织构成的泪滴状结构，内含很多成簇的微小花朵。我们要看到这些花的唯一方法是把它剖开，但是体形细小的榕小蜂却知道怎么从微小的孔洞爬到花序里面，为花朵传粉。由这些花结出的果实实际上主要是花序中肉质多筋的组织，它们就是我们在咬开所谓“无花果”时见到的东西。

觉得这些真相很有颠覆性？这还没有完。有些无花果必须被榕小蜂传粉之后才能结出种子、繁殖下一代。但是榕小蜂会在无花果那果实状的结构里产卵，而且常常就死在里面。这就意味着无花果会含有榕小蜂的尸体——这听上去可不怎么舒服。不过，在大约公元前11000年的时候，有人发现有些无花果树不需要传粉也能结果。当然，不传粉意味着这些果树无法有性生殖，所以人们不得不通过扦插的办法让它们的生命延续下来——这样，这些无性繁殖的无花果树就存活了成千上万年。

多亏了这些中东石器时代的祖先的努力，我们现在既不必非得吃到塞满了榕小蜂尸块的无花果，又不必非得把它们从蒸馏设备中拣干净。今天的无花果要么完全不需要传粉，要么可以开出更长的花，让榕小蜂不需要爬到花里也能完成它们的工作。

无花果在1560年传到墨西哥，如今已经遍植于全世界较温暖的地区，且已经有了数以百计的栽培品种。无花果干一直都是便于携带的、可长期保存的营养来源：它的蛋白质含量以及必需维生素和矿物质的含量都十分可观。

就像几乎所有水果一样，无花果也可以拿来蒸馏。突尼斯就有一种叫“布哈”的无花果白兰地，在土耳其有一种叫“拉奇”的澄净茴芹风味烈酒也可以用无花果酿造。1737年，一个无花果利口酒配方要求把无花果浸在白兰地中，同时加入肉豆蔻仁、肉桂、肉豆蔻衣、番红花和洋甘草，“直到其中的全部精华都提取出来”。那个时代更为古怪的一个配方则要求把蜗牛与牛奶、白兰地、无花果和香料同煮，然后可以让患有痨病的人饮用。这种饮料就算无法治疗他们的病，喝下去产生的身体反应肯定也能让他们暂时不需要再担忧自己的病。

好在现代无花果利口酒已经大为改良了。你不妨去寻找法国的无花果激凌酒、无花果阿拉克酒、无花果浸香黑伏特加——以及在任何种植无花果的地区酿造的当地生命水。

## 马拉斯卡酸樱桃

*Prunus cerasus* var. *marasca*

蔷薇科

在遥远的、嗜酒的古代，马拉斯奇诺樱桃还不是那种人工染色的、甜得腻味的丑恶玩意。它本是一种叫“马拉斯卡”的果肉致密的深色酸樱桃，在克罗地亚扎达尔城的周边长得特别好。这个地区的知名传统是把马拉斯卡酸樱桃加一点糖发酵，酿造出一种叫“马拉斯奇诺利口酒”的澄净烈酒。然后这种樱桃又可以浸在这种利口酒中保存——这才是真正的马拉斯奇诺樱桃。

我们总是把马拉斯奇诺樱桃和意大利联系在一起，要明白这种联系的原因，需要上一堂简短的历史课。扎达尔是亚得里亚海的一座港口城市，因为它具有如此优越的地理位置，历史上便不断遭到攻占，几乎每一个邻近的国家都曾在不同的时期控制过它。“路萨朵”公司是马拉斯奇诺利口酒最著名的酿造商，它的历史便反映了这一地区的历史：它是1821年在扎达尔成立的，此后便处于无休无止的政治动荡的中心，直到第一次世界大战的时候为意大利所控制。这时，很多克罗地亚农民发现自己成了意大利公民，于是他们做了唯一一件合理的事情，就是随身携带着樱桃树的插条——当然还有他们的酿酒配方——偷偷跑到了意大利。

在经受了第二次世界大战期间的重复轰炸之后，路萨朵蒸馏坊损失惨重。路萨朵家族中只有一位成员幸存，他也跑到意大利，并把家族企业重建起来。如今，很多意大利蒸馏坊都在生产马拉斯奇诺利口酒，这有部分原因就是拜克罗地亚久经战乱的历史所赐。

1912年，美国食品药品监督管理局的前身食品药品检查委员会发布了一项裁定，认定只有保存在马拉斯奇诺利口酒中的马拉斯卡樱桃才能注明是“马拉斯奇诺樱桃”。但是，美国的樱桃种植者更喜欢个大的欧洲甜樱桃（这是另一个种，学名*Prunus avium*），他们发明了一种腌渍加工方法，即用二氧化硫漂白樱桃，这在除掉樱桃的全部颜色的同时，也让它们软如糊浆。为了解决这个问题，他们又加入碳酸钙（在那个时代在灰泥店和颜料店普遍有售）让樱桃硬化。按照一份美国农业报告的描述，这样加工之后剩下来的东西不是别的，不过是“樱桃形状”的漂白纤维素罢了，而它们接着又被用煤焦油染成红色，用从核果类水果中提取出的名为苯甲醛的化学物质调味，再浸泡在蔗糖糖浆里。这样制成的玩意不管叫什么都不应该叫作马拉斯奇诺樱桃。

然而，部分是因为禁酒令的实施，这项规定发生了变化。发起戒酒运动的人与碳酸饮料制造商联合起来抵制浸在烈酒中的欧洲樱桃，宣传它的危害。他们大力支持用化学方法处理过的不含酒精的“美国樱桃”，说它“不带外国滋味，也没有纠缠不清的结盟”，要胜过“某些外国省区的蒸馏液，它们是用薪酬过低的农民采摘的水果蒸馏的，无论是保存环境还是售卖环境都会让这些产品的供应商和采购商恶心反胃”。因为他们这种鼓吹，浸泡在纯酒中的真正的马拉斯卡樱桃在美国人心目中变得让人厌恶，而漂白染色的樱桃反倒成了健康的东西。1940年，食品药品监督管理局放弃了抵抗，同意把装在坛子里的任何经过化学处理的、人工染色的樱桃状纤维素以“马拉斯奇诺樱桃”之名出售。（更糟糕的是，食品药品监督管理局还允许每坛樱桃中至多可以有5%含有蛆虫，称之为“不可避免的缺陷”。）幸运的是，由路萨朵和其他公司制作的真正的马拉斯奇诺樱桃现

*Homemade Maraschino Cherries*

## 自制马拉斯奇诺樱桃

鲜樱桃（最好是酸樱桃）洗净，去核。
在一个洁净的美胜瓶中松散地装入樱桃。
在樱桃上倾入马拉斯奇诺利口酒（或白兰地、波本酒），直至樱桃全部被浸没。
将美胜瓶密封，冷藏保存。请在4周内食用。

在已经可以从土产食品店中买到，作为那种化学加工的玩意的替代品——而且在家自制也很容易。

欧洲甜樱桃要么原产于亚洲，要么原产于中欧；早期考古学证据指明了这两个起源地点。到古罗马时代，得到栽培的欧洲甜樱桃品种至少已经有10个。欧洲酸樱桃在欧洲至少也已经有2000年的栽培历史了。

尽管全美国都有樱桃种植，但还是俄勒冈州的气候最适合它们生长。俄勒冈樱桃产业的早期先驱之一是塞特·勒韦林，他在1850年携全家从

## 用樱桃酿造的烈酒的品鉴指南

和几乎其他所有水果一样，樱桃也可以用来发酵和蒸馏，制成款式无穷无尽的烈酒。下面列举的只是值得一试的几种：

**樱桃白兰地** 指的通常是樱桃利口酒，也就是说，其制作方法是把樱桃和糖浸泡在白兰地之类烈酒基酒中。“樱桃黑林”就是一个上好的例子，它另外还用扁桃仁和香料调味。“美国水果酸樱甘露酒”是另一款出色的樱桃利口酒。

**樱桃酒** 是用樱桃代替葡萄酿造的果酒。克罗地亚的“马拉斯卡”樱桃酒是其中最有名、可能也是最道地的一种。

**吉尼奥莱酒** 是一种法国樱桃利口酒，通常用欧洲甜樱桃（法语中管野生甜樱桃叫“吉尼”）硕大香甜的红色或黑色品种制作。

**基尔什酒或基尔什水** 是在发酵时加入了樱桃核（德语中“樱桃”一词发音与“基尔什”相近）的一种澄净的白兰地或生命水，樱桃核为它赋予了温和的扁桃仁风味。这种酒产于德国、瑞士和其他国家，有时也直接以“樱桃生命水”的名义出售。

**马拉斯奇诺酒** 是用马拉斯卡樱桃蒸馏或浸制而得的不太甜的利口酒，为了保持酒体澄净，通常要双蒸。“路萨朵”是制作马拉斯奇诺利口酒的几家蒸馏坊之一。

印第安纳州迁来。勒韦林是一位废奴主义者，帮助一个新的反奴隶制政党——共和党在当地建立了分部。因为他反对奴隶制的立场，人送一绰号“黑共和党人”。他正告他的批评者，说他会采取手段，让他们好好享用这个名字，于是他就把樱桃的一个新品种命名为“黑共和党人”，这样他的批评者就别无选择，只能“食言”了。在用于罐装和腌制的樱桃品种中，“黑共和党人”一度最为流行，不过，“皇家安娜”和“雷尼尔”现在则更为常见了。

*The (Hybridized) Brooklyn Cocktail*

## 布鲁克林（杂配）鸡尾酒

1½盎司黑麦威士忌或波本酒

½盎司干味美思酒

¼盎司马拉斯奇诺利口酒

2至3甩安戈斯图拉苦精或橙味苦精

1枚马拉斯奇诺樱桃

把除樱桃之外的所有原料加冰搅拌，滤入鸡尾酒杯，用樱桃做装饰物。纯正主义者会反对上述配方，认为布鲁克林鸡尾酒传统上应该用“阿美尔·皮孔”这款酸橙餐前酒调制，而不用安戈斯图拉苦精或橙味苦精。当然，如果你能搞到“阿美尔·皮孔”酒，那请加¼盎司。否则，这个配方变式仍然相当不错，能够以两种形式充分利用马拉斯卡樱桃。

## 栽培你自己的樱桃树

全光照

少量 / 常规灌溉

可耐–25° F / –32° C

全世界的樱属植物至少有120种，很多种并非为了收获果实而栽培。比如说，美国首都华盛顿春天盛开的樱花树大部分都是“吉野樱”（学名*Prunus × yedoensis* 'Yoshino Cherry'）和“关山”樱花（学名*Prunus serrulata* 'Kwanzan'），这两种日本樱属植物就是观花树种。大部分樱属树种的品种要么只能结出不可食的小果实，要么是不育的，因而结不出任何果实。欧洲酸樱桃（学名*Prunus cerasus*）则无法和欧洲甜樱桃杂交，事实上它是一个自交可育树种，也就是说它不需要附近有另一株树为它授粉。

欧洲酸樱桃的诸多品种可以大致分为色深的“桑酸樱”和色浅的“苦酸樱”两类。每一类都包含数以百计的品种，大多数品种只适应某种专门的气候。马拉斯卡酸樱桃就是桑酸樱的一类，在美国卖得不多，但是后院果树栽培者们很容易就能找到其他品种的酸樱作为替代；“蒙莫朗西”“北极星”和“英格兰桑酸樱”都是在各自的地区表现良好的品种。

樱桃树在出售时都会连着矮化或正常高度的砧木。根据花园中的可用空间选择砧木是很重要的。切记，鸟类喜欢从树上啄食成熟的樱桃，所以种一棵矮树会更容易用防护网保护它。一定要确定你种的品种是否需要另一棵树为它授粉。

樱桃树在晚春必须加以轻度修剪，确保各枝条都能获得差不多大小的空间；请向本地园艺中心或农业推广站咨询修剪方法。一定不要在冬天修剪，那会导致樱桃树发生病害。

## 欧洲李

*Prunus domestica*

蔷薇科

和美国人说李子这种水果，在他们脑海中浮现的都是东亚的李子（学名*Prunus salicina*）。这些又大又甜、果肉色泽鲜红或金黄的李子是20世纪最著名的植物育种家路德·布尔班克的发明。布尔班克在他位于加利福尼亚州圣罗莎的农场育成了数目惊人的800多个植物新品种，其中包括“沙斯塔”雏菊、“拉塞特·布尔班克”马铃薯和“圣罗莎”李。事实上，美国今天种植的几乎所有李子都是布尔班克的创造，是他用1887年从日本进口的幼树杂交出来的品种。

虽然这些李子品质极佳，我们却食之不多。美国人每年所吃的李子平均还不到1磅重，在酒饮中使用的李子则更少。这真是一场悲剧，需要一些勇敢的蒸馏师努力去改变。

欧洲栽培的欧洲李（学名*Prunus domestica*）在酒精饮料中的使用却有悠久的历史。欧洲李的品种有950多个，分属于很多亚种，所有这些品种和亚种都常常被重新命名和重新分类。酒精饮料的饮家最感兴趣的李子有四种类型，全都属于欧洲李这个种。这四类李子是：卵形、蓝紫色的西洋李（英文名“damson”，来自地名大马士革“Damascus”，说明它的老家在叙利亚），小形、金黄色的黄香李，圆形、颜色丰富多样的布拉斯李，暗柠绿色的青梅李。（前三类通常分到亚种subsp. *insitita*之下，青梅李则通常分到亚种subsp. *italica*之下，但在分类学界连这一点都是有争议的。）无论是西洋李、黄香李、布拉斯李还是青梅李，都有极多的品种，甚至连果树栽培者都没法分清；如果你在果园里向一位农夫询问他种的西洋李是什么品种，他可能只能耸耸肩，没法给你任何回复。

然而，所有这些李子都能制作出怡人的利口酒、生命水和白兰地。"美国金酒公司"新上市的"阿弗雷尔西洋李金酒利口酒"就是上好西洋李利口酒的长名单上的最新一款，它是用纽约州日内瓦栽培的西洋李制作的。西洋李酒和西洋李浸制的白兰地的配方最早可以追溯到1717年，到19世纪后期，西洋李金酒在英国乡下已经成了常见饮品。西洋李金酒可谓甜而不腻；制作考究的现代西洋李金酒清纯而干净利落地表达了野生天然李子的风味。西洋李、青梅李和布拉斯李可以在英格兰的绿篱中自由滋生，无论是自制还是商业化生产的利口酒都是用这些李子中的某一类制作的。

对青梅李（greengage）来说，在它身上还有一些植物学的谜团。很多19世纪的植物学杂志都声称它的名字是用盖奇（Gage）家族中的一个成员命名的，是他在1725年和1820年间的某个时候从法国沙特勒兹修道院把这种果树带回了英格兰，具体时间取决于你看的是杂志上的哪篇文章。这一传说足以让任何头脑灵活的调酒师急于想要创造一种新鸡尾酒，把李子生命水和沙特勒兹利口酒兑在一起——但是很不幸，这个传说是无法证实的。1820年的一本英格兰果树栽培史声称盖奇这个贵族家族的某个成员从沙特勒兹修道院带走了一些果树，用船把它们运回了英格兰索福克郡的亨格雷夫庄园。但是据说果树的标签在运输过程中遗失了，结果法国的李子品种"克罗德皇后"被简单贴了个"绿色盖奇"（Green Gage）的标签，而标签所指的不过是这种李子的颜色和种植它的庄园罢了。还有其他记载讲述了类似的故事，但这一回是发生在盖奇家族另一支系身上和他们的名叫弗尔勒的庄园之中。

我们唯一能确认的事实是，在1726年之前，这种李子在英格兰就有栽培了，因为在那一年出版的园艺文献中首次出现了这种李子的名字。这就意味着如果上面那个与盖奇和沙特勒兹修道院有关的搞错标签的故事真的发生了的话，那也肯定是在1725年之前，否则就根本不可能给这种果树留下栽培、结果和吸引园艺学家注意的时间。更何况，早在1693年就有一个英格兰植物名录提到了绿色的欧洲李，这意味着在盖奇家族中还会有更早的某一代人被牵涉到这个故事中来。阿瑟·西蒙兹在20世纪前期是皇家园艺学会的副秘书，他为澄清这些混乱付出了艰苦卓绝的努力。他最后得出的结论是，当盖奇家族中的某人进行这场前往沙特勒兹的神秘旅行、接着又搞混了标签的时候，植物学文献中所提到的那些盖奇家族的成员要么已经不在人世，要么垂垂老矣，要么还是孩童。这样看来，任何把盖奇家族和青梅李联系在一起的故事都不过是猜测罢了。

在法国，深金黄色的黄香李是洛林地区的特产。在邻近的阿尔萨斯地区则有一种叫“奎彻”的地方品种，果皮是紫色的，果肉则是黄绿色的。这两种李子都被用来制作果酱、水果馅饼、糖果、利口酒和出色的生命水。东欧国家则以出产斯利沃维茨酒著称。这是一种合乎犹太教教规的蓝色李果白兰地，通常用整枚李子连核一起蒸馏，这为它赋予了轻微的杏仁蛋白糖风味；这种酒有时还要在橡木桶中陈化，这样又可以为它增添香草和香料的味调。尽管用简陋的加糖烈酒和李子汁兑和而成的斯利沃维茨酒仿冒品理所当然为这种酒带来了坏名声，但是制作考究的李果白兰地或生命水却能带给人非凡的口感。

李属（学名*Prunus*）其他树种的果实也可以用在利口酒中。譬如说日本就有一种李子酒叫“梅酒”，通常是用梅（学名*Prunus mume*）制作的。梅本是中国树种，与杏的关系更紧密。在饮用这种酒之前，梅果要在加有糖的烧酎（一种用稻米、荞麦或番薯酿造的烈酒，以25度的酒精体积百分含量装瓶）中浸泡达一年之久。虽然商业化酿造的梅酒在市场上也可以买到——有时候在瓶子里还会漂浮着一个梅子——但是在梅果成熟的时节，人们还是会习惯在家自制梅酒。

## 檀香桃

*Santalum acuminatum*

檀香科

檀香桃原产澳大利亚，是一种半寄生植物，这就是说它有部分而不是全部养料是从别的植物那里抢来的。檀香桃生长在贫瘠的土壤上，它的根向附近的任何乔木或灌木伸去，刺穿它们的根系，从中汲取水、氮素和其他养分。它自己当然也会合成糖分，但这不足以让它自给自足。如果周围没有其他植物，檀香桃就很难生长，因此它也很难栽培。

檀香桃的小红果是澳洲的一种独特美味。它尝起来就像是偏酸的桃、杏或番石榴。这种本土佳果现在已经被人们做成了果酱、糖浆和饼馅。它的果仁又是一味传统药材；因为果仁外面包有硬壳，它们可以完好无损地通过鸸鹋的消化道，因此可以从鸸鹋的粪便中采到。

不过，享受一杯檀香桃鸡尾酒却不需要去扒拉鸸鹋的粪便。有些颇具创造力的澳大利亚蒸馏师急切想要赞颂本土植物，他们现在正在挖掘檀香桃的用途。“丹百林山蒸馏坊”制作了一款檀香桃和龙胆苦味利口酒，这些和其他应用了檀香桃的酒品让这种野果在全澳大利亚的上好鸡尾酒的菜单上有了越来越多的出现机会。

## 欧亚花楸

*Sorbus aucuparia*

蔷薇科

欧亚花楸在英文中也叫“欧洲山白蜡树”，但这种开花时繁花满枝的树木和真正的白蜡树（梣树）完全没有关系，反倒是蔷薇和黑莓的亲戚。欧亚花楸在英格兰全境和欧洲大部分地区的绿篱和野外都有生长，它结出的橙红色小浆果因含有丰富的维生素C而备受重视。这些果子可用于自制乡村果酒，或是给传统艾尔啤酒和利口酒调味。奥地利有一款生命水就叫“花楸”，系用欧亚花楸蒸馏而得，是一大类“花楸施纳普斯酒”中的杰出代表。阿尔萨斯的蒸馏师也制作了一款怡人的“花楸生命水”，比起奥地利的同类产品来毫不逊色。

## 黑刺李

*Prunus spinosa*

蔷薇科

把已经默默无闻的黑刺李重新拿来制作酒饮，体现了人们对野生的本地应季水果重燃起来的兴趣。黑刺李金酒在19世纪叫作“尖刺金酒”，那时它不过就是浸过这种长满尖刺的灌木那又小又酸涩的果实的加糖金酒，有时还会加一些香料。这样制得的黑刺李金酒是一种红色的甜味利口酒，人们过去常常用从乡下采摘的果子自行酿造，这与西洋李金酒非常相似。20世纪出现了新款黑刺李金酒，其中添加了糖浆味的人工风味物质，这就把它的名声搞坏了。不过，新鲜的原料和真正的配方现在又重见天日了。通过在国际范围内销售其西洋李金酒，普利茅斯金酒的酿制者成功拯救了这种利口酒的名誉；与此同时，手工蒸馏师们毫无疑问也在拿黑刺李做试验。

黑刺李是李子和樱桃的近亲，但和这些怡人的果树不同，在果园和花园里通常见不到黑刺李的身影。这是因为它会长成15英尺高的巨大灌木，满是坚硬的多刺枝条。虽然它可以长成很好的密灌丛或绿篱，但它那凌乱的生长习性和又小又酸的果实却使它成了一种最好是留在乡下任其滋长的植物。黑刺李生长于英格兰全境和欧洲大部分地区，在北美洲则只有专注于种植无名果树的栽培者才会种它。

黑刺李的星状白花是最早开放的春花之一，到秋天它就结出黑紫色的果实来，可以在初霜期间收获。黑刺李还没有甜到可以单独鲜食的地步，所以人们都是用它来做果酱和馅饼——不过，它的最高级、最好的用途是制作黑刺李金酒。人们把采摘下来的黑刺李洗净，用刀划破表皮，然后在加了糖的金酒或中性谷物烈酒中浸泡一年之久。这种利口酒可以单独饮用——在冬天，它能起到很好的提神作用——也可以调制成黑刺李金酒费兹之类的经典鸡尾酒。

在西班牙的巴斯克地区和法国西南部有一种叫“帕恰兰”或“帕特哈兰”的利口酒，系把黑刺李浸泡在茴香甜酒或加有茴芹籽的中性酒中制作而成，有时候还会再加香草和咖啡豆之类的其他香料。虽然这种利口酒有商业化生产——“索科”就是其中的一个牌子——但是当地家庭还是常常自己制作，这种自制利口酒现在在小餐馆里面还能买到。类似的酒饮还包括德国的“黑刺李火”酒及意大利的“巴尔尼奥利诺”和“普鲁尼奥利诺”酒，均是把黑刺李与高度数烈酒、糖和红葡萄酒或白葡萄酒结合在一起的产物。“野李子生命水”则产自法国阿尔萨斯地区。

在黑刺李金酒掺入人工风味物质之前，它自己就是一种掺假物：把它加到劣质葡萄酒里，可以冒充波尔图酒在廉价的葡萄酒店出售。在1895年的著作《新森林：传统、居民和风俗》中，两位作者萝斯·尚皮昂·德·克莱斯皮尼与荷拉斯·哈钦逊就注意到：“在波尔图葡萄酒过气之后，我们被告知，它是用采木（一种可提取红色染料的树）染料和旧靴子制作的。现在既然它又重新成为一种时尚，对黑刺李的需求也已经成比例增长，这就为我们提供了强有力的证据，表明在‘采木’染料和靴子之外，还有其他东西也是波尔图酒的成分。”

Sloe Gin Fizz

### 黑刺李金酒费兹

2盎司黑刺李金酒

½盎司柠檬汁（大约半个柠檬的汁）

1茶匙单糖浆或糖

1个新鲜蛋清

苏打水

把除苏打水以外的原料倾入不加冰的摇酒壶，用力摇至少15秒钟。（这种“干摇”可以让蛋清在摇酒壶中变成泡沫状；如果你不愿意在配方中使用蛋清，请略过这一步。）然后加冰再摇至少10至15秒钟。倾入装满冰块的高球杯，用苏打水做盖顶。为了减少这款鸡尾酒的甜味，有些人把一半黑刺李金酒换成干金酒，但是请先尝试上面的配方——那种令人精神为之一振的清爽酸味一定会让你感到惊奇。

## 栽培你自己的黑刺李

遮阴／光照

常规灌溉

可耐−20° F / −29° C

虽然黑刺李在英格兰是常见绿篱植物，但在北美洲专门经营果树的苗圃里却很难找到（尽管并非完全找不到）。只要给它机会，这些健壮坚韧的灌木可以长成无法穿越的密灌丛。你可以期待它们长到15英尺高，枝条也伸到5英尺外，但也可以修剪它们，保持较小的株形。

种植黑刺李时，请保持全光照或轻微遮阴，土壤要潮湿、排水良好；最好远离经常有人经过的地区，因为它们的刺可能会成为公害。黑刺李是落叶灌木，也就是说它们在冬天会落叶；它在早春开花，秋天结果。黑刺李可耐大约零下29摄氏度的低温。

如果一直让果实挂在枝头，直到初霜之后再采摘，它的味道会变甜一些。不过，让黑刺李在黑刺李金酒中表现良好的恰恰是它的酸味。

## 柑橘

柑橘：植物学上柑橘属水果的统称，包括柠檬、橙子、来檬、香橼、柚子以及其他一些品种和变种。因为其果肉分瓣，柑橘的果实在植物学分类上单独分为“柑果”，是一种具厚革质果皮的浆果。

# 柑橘：调酒师的柑橘园

*Citrus* spp.

芸香科

如果把所有使用到柑橘的配方都去掉，可以想象调酒师的工作会有多难做。莫希托酒？鲜来檬是必需的。玛格丽特酒？它需要来檬和三干酒，这是一种橙味利口酒。马天尼酒？这是用柑橘皮调味的金酒。柑橘为大多数酒饮增添了特别的光彩和特别的活力。那些持续时间不长的花香和芳草风味，本来会在复杂的蒸馏加工中丧失殆尽，却多亏柑橘激发了它们作为前调的风采。特别要指出的是，一些最酸的不可食的柑橘，却可用来制作最好的利口酒。

今日的柑橘品种是几百年来的试验和杂交的结果，这让它们的精确谱系变得难于追踪。不过，我们今天已知的所有柑橘树——包括柠檬和来檬——追溯回去可能都源于三个彼此并不相像的祖先：像葡萄柚一样个大皮厚的柚子；果皮巨厚、味道不佳的香橼；味甜皮薄的宽皮橘。有些植物学家相信现代柑橘可能还有若干现已灭绝的其他祖先。

人类对柑橘最早的记录来自中国，在4000年前的文献中就记载了人们运送成捆的小橙子和柚子之事。2000年后，香橼传入了欧洲。现在我们很难想象地中海地区和北非如果没有了柑橘树会是什么样子，但实际上只是在800到1000年前，阿拉伯贸易商才把酸橙、来檬和柚子引入了这些地区。甜橙传入欧洲的时间更是晚至400年前，是由葡萄牙贸易商从中国带去的。从那时起，柑橘就在全世界广为传播——有时候竟会产生令人意想不到的古怪产物。

1493年哥伦布第二次航赴美洲之时，他随船携带了甜橙，试图让它们在加勒比海地区扎下根来。仅仅几十年过去，第一批橙子树就出现在佛罗里达。但是，这些探险者只熟悉他们在地中海气候区的老家的种植条件；当他们把柑橘种到炎热的热带加勒比海地区之后，却出现了一些意外状况。

首先，很多柑橘树不再结出橙色的果实了。在极热的天气下，柑橘始终顽固地保持绿色。现在已经知道柑橘的那种最生动的颜色只有在晚风带有一丝寒意的情况下才能发育出来，就像它在加利福尼亚州或在这些殖民者的老家西班牙和意大利表现的那样。较为凉爽的温度可以破坏果皮中的叶绿素，从而让橙色色素的颜色显现出来。在炎热的气候之下，果实可能尝起来是甜的，但果皮却一直带有绿色和黄色色调。

另一个意外是什么呢？有些树在种到热带岛屿之后，变成了突变的怪物，结出了果髓很大的苦味果实，果皮也很厚，看上去完全没有食用价值。然而，殖民者不顾一切要给他们如此辛辛苦苦搞来的果树结的果子找到用途，他们终于发现，把这种变异的果子浸到烈酒里，可以在很大程度上改善后者的风味。

## 酸橙 [芸香科]

*Citrus aurantium*

酸橙，也叫“塞维利亚苦橙”，是8世纪的摩尔人带到西班牙的。历史上人们很可能从未生吃过它，但很快就发现可以把它的皮用在利口酒、香水和果酱中。酸橙汁单独尝起来虽然味道可能很可怕，但它却是“臭霍”的关键成分——这是一种结合了酸橙汁、芳草和大蒜的腌菜。

酸橙也用来给三干酒调味。尽管很多橙味利口酒都冠以“三干酒”之名，一家名叫“贡比埃”的法国蒸馏坊却声称最早的配方是他们发明的。他们提供了一个解释这种甜酒由来的皇家传说：这家公司的故事和一个叫弗朗索瓦·拉斯帕伊的化学家有关，他在和拿破仑三世的竞选中失败，之后决定发动一场推翻拿破仑的叛变，因此被捕入狱。拉斯帕伊还是一位知名的植物学家——他是最早用显微镜鉴定植物细胞的人之一——据说用芳香植物制作了一种药剂。在监狱中，这个故事继续进行：他遇到了糖果商让－巴普蒂斯特·贡比埃，后者也因为公开谴责拿破仑三世的威权统治而入狱。贡比埃当时已经和妻子一起发明了一种橙味利口酒配方。狱中这两个人决定在出狱之后一起做生意，把他们的配方结合起来，最后的产物就是“皇家贡比埃”利口酒。

如果不去理会什么坐牢的化学家的传说的话，现代饮家需要了解的是，贡比埃公司生产的三干酒是用糖用甜菜酿造、用酸橙皮调味的烈酒。但就是这种高品质的三干酒，其味道也不足以让人单独饮用；所有好的三干酒尝起来都多少像是橙味糖果。然而，为了给玛格丽特酒、边车酒和其他配方的鸡尾酒调味，选择一种高品质的橙味利口酒仍然是值得的。

我们要感谢西班牙探险者把塞维利亚苦橙带到了库拉索，这是委内瑞拉海岸附近的小安的列斯群岛中的一个岛屿。从最早那些被随意丢弃的种子长出的变种，后来被叫作库拉索酸橙（或音译为“拉拉阿”，学名*Citrus aurantium* var. *curassaviensis*）。它们极为难吃，但是在经过漫长的横跨大洋的旅程之后，抵达库拉索的绝望的水手们却通过吃这种果子来治疗坏血病。事实上，这个岛屿的名字可能就是来自葡萄牙语中表示“治愈”的词。

当然，库拉索酸橙也被用来制作利口酒。最初，人们把果皮在太阳下晒干，与其他香料一同浸在烈酒中。现在，按照道地的库拉索利口酒制造商的说法，岛上还有当年留下来的柑橘园，种有45棵库拉索酸橙树。这些树一年收获两次，只能获得900个橙子。用5天时间在太阳下把橙皮晒干之后，人们把这些干橙皮用黄麻袋装起来悬挂在蒸馏器内，以提取其中的柑橘风味。之后，在酒中还要加入其他调味品——精确的配方还是秘密，但其中很可能有肉豆蔻、丁子香、芫荽和肉桂。在装瓶前，有时还要加食用色素，但有时也不加。库拉索利口酒以其活泼的加勒比海风格的蓝色色调

**就植物分类唠叨几句**

制作柑曼怡酒的蒸馏商声称他们是用一种学名叫*Citrus bigaradia*的柑橘的果皮为这种酒调味的，但你在苗圃里却别想找到这种果树——这个名字是1819年发表的，但现在植物学家已经不用它了。充其量，它只能用来指酸橙（学名*Citrus aurantium*）的一个变种*Citrus* × *aurantium* var. *bigaradia*。

著称，但这只是一种人工添加的颜色，你也可以买到不含色素的纯粹的库拉索利口酒。

在“柑曼怡”这款以干邑为基酒的利口酒中也加有酸橙提取物。人们把果皮在太阳下晒干，然后浸在高度数的中性酒中提取其中的风味。这样制得的橙精再与干邑和其他几种秘密原料结合，之后再置于橡木桶中陈化。任何需要柑橘利口酒的鸡尾酒都可以用柑曼怡酒做辅料，它可以提供一种其他橙味利口酒所缺乏的醇厚而优雅的风味。

*Red Lion Hybrid*

## 红狮杂酒

这个配方是经典“红狮”鸡尾酒的变式，除了像原始配方一样用来展现柑曼怡酒的风味外，也凸显了新鲜的应季橙汁的特色。在冬天橘子正在上市高峰的时候，来这样一份酒实在是好极了。

1盎司普利茅斯金酒或伏特加

1盎司柑曼怡酒

¾盎司鲜榨橙汁或橘子汁

一个柠檬角的鲜榨汁

一甩“石榴定”

橙皮

把橙皮之外的所有原料加冰摇和，置于鸡尾酒杯中。用橙皮做装饰物。

## 在橙子外皮上都喷了什么?

在佛罗里达和得克萨斯，在温暖的加勒比海岛屿，柑橘林不会经历果实由绿转橙黄所必需的冷凉的夜晚。由此结出来的果子即使完全成熟后也是绿色的，显得不怎么吸引人，这就迫使种植者去寻找其他利用这些绿柑橘的方法。也许这就是为什么佛罗里达的果汁工业如此闻名的原因之一；相比之下，加利福尼亚因为夜晚较凉，这里出售的鲜果也更多。有的种植者通过把果实暴露在乙烯中来改变柑橘的绿色。乙烯是植物天然制造的一种气体，可以加速果实的成熟并破坏叶绿素。

在美国，农夫还被允许在柑橘上喷洒一种叫“柑橘红2号”的合成染料。加利福尼亚州禁止这种染料的使用，但是得克萨斯和佛罗里达的种植者却可以使用。不过，这种染料仅能用于那些剥皮后食用或榨汁的柑橘，而不能用于那些需要在食品和饮料加工中利用其果皮的柑橘。因为在副食店出售的柑橘通常都用来食用和榨汁，那里的柑橘因而可能会喷有这种染料——但并不总会在标签上标出来。

柑橘上可能还喷有果蜡，用于有机柑橘的果蜡不能是合成品或由石油提炼出的产品。如果你不想让鸡尾酒、柠檬切罗酒或其他浸剂中出现合成染料或果蜡，请选择有机柑橘。

## 精油

精油是通过蒸馏、压榨或浸提法从植物中提取的挥发油。就柑橘而言，最常见的精油有：

| | |
|---|---|
| 橙花油 | 由酸橙花提取，通常用水蒸馏法。 |
| 橙叶油 | 柑橘叶和幼枝的蒸馏提取物。 |
| 甜橙油 | 甜橙皮的提取物，通常用冷榨法。 |

## 四季橘 [芸香科]

*Citrofortunella microcarpa*

（异名：*Citrus microcarpa*）

四季橘可能是橘子和金橘的杂交，它保持了两个亲本的最佳品质——果小皮薄，果汁酸而不苦。四季橘是所有柑橘类树种中最耐寒的，甚至在气温跌破冰点时仍能存活；它又十分容易在室内的花盆中栽种，因此是十分流行的室内观赏植物。菲律宾就广泛栽培四季橘，当地又管它叫"卡拉曼西"。

四季橘的果汁酸度与来檬相仿，足可在鸡尾酒中代替来檬。四季橘果皮又可以浸在加了糖的伏特加中制成利口酒。在菲律宾，人们把四季橘果汁当成辅料加到伏特加和苏打水中。

## 奇诺托橙 [芸香科]

*Citrus aurantium* var. *myrtifolia*

奇诺托橙的果实大小与高尔夫球相仿，叶片微小而呈钻石形，它是每一个柑橘收集家都希望在柑橘园里种植的品种。尽管奇诺托橙的味道常常被说成是既苦又酸，实际上它并没有来檬或柠檬那么酸，很适合生食。奇诺托橙树在地中海地区种得很多，在那里，1月份是果实成熟期。

人们普遍认为奇诺托橙那种与众不同的风味是金巴利酒的关键成分，而金巴利酒的最佳饮用方式是调制成“内格罗尼酒”鸡尾酒，或取少量加在苏打水中。在意大利全境以及世界各地的意大利市场中，你还可以见到一种就叫“奇诺托”的不含酒精的碳酸饮料。请一定打消把金巴利酒和奇诺托汽水兑和的念头——把它们混在一起，对于它们那种独特风味来说，肯定是过犹不及。

*Negroni*

**内格罗尼酒**

1盎司金酒　　1盎司金巴利酒

1盎司甜味美思酒　　橙皮

把除橙皮之外的所有原料加冰摇和，置于鸡尾酒杯中。用橙皮做装饰物。

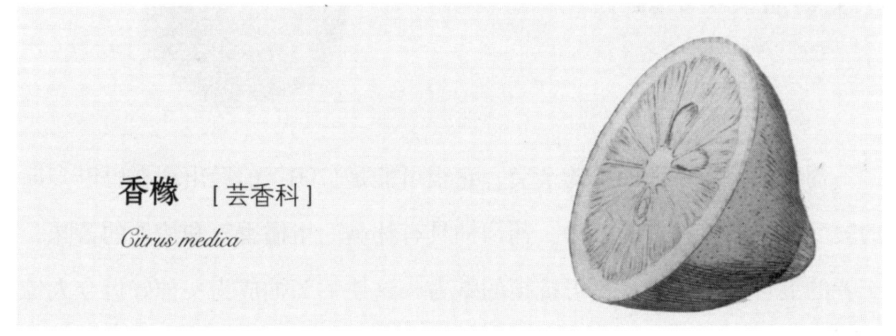

## 香橼 ［芸香科］

*Citrus medica*

香橼（也叫枸橼）是柑橘中最古老的种之一，是其他很多柑橘的祖先，其特征是果皮巨厚，果肉奇酸，几不可食。维吉尔大约在公元前30年写道：香橼“具有持续性的恶劣味道，然而是毒药的绝好解药”。香橼皮曾被作为一种药材加到葡萄酒中；但因为它会催吐，一般不建议作为鸡尾酒的原料。

香橼是柑橘类水果中的恐龙。它在外表上就完全是爬虫的样子，具有厚而发皱的皮和古怪的畸形外貌。香橼的一个变种佛手（学名*Citrus medica* var. *sarcodactylis*）的形状就像是一只多指的手，里面几乎全都是皮，几乎没有一点果肉。就像香橼的其他品种一样，佛手也可以用盐和糖腌制，做成一种叫“香橼蜜饯”的透明晶状果皮甜食。不过，因为佛手具有如此大面积的颇具风味的果皮，它也可以整个用来浸在伏特加中。

巴巴多斯长有大量香橼树，在那里，“香橼水”的配方在1750年前就有记载，过去可能是用来给味美思酒调味的。香橼还可以在切碎后用香料调味，浸在多种烈酒中，再与糖混合，制成一种很像柠檬切罗酒的甘露酒。

## 葡萄柚 [芸香科]

*Citrus x paradisi*

葡萄柚是甜橙和柚子的杂交，它很可能是1790年前后出现在巴巴多斯的突变体或偶然形成的杂种。葡萄柚具有扑鼻的柑橘香气和怡人的苦味，二者的混合产生了令人不可抗拒的魅力，这使葡萄柚成为一种好得令人惊异的鸡尾酒辅料——在各种内格罗尼酒中它都表现出色，无论是和朗姆酒还是和特基拉混合也都十分美妙。

葡萄柚利口酒则比较难见到。“日法尔葡萄柚”是一个例子，它是通过浸泡粉红色葡萄柚制成的。阿根廷一家叫“塔帕乌斯”的蒸馏坊也制作了一款叫“柚子利口酒”（Licor de Pomelo）的酒饮，其中“pomelo”这个词在西班牙语中指的就是葡萄柚。这两种利口酒都可以单独品尝，或是试验性地用在需要柑橘利口酒的任何鸡尾酒中。

*Ciao Bella*

### 再见，美人（内格罗尼酒的变式）

1盎司金酒
1盎司甜味美思酒
1盎司金巴利酒
1盎司葡萄柚汁
葡萄柚皮丝

把除葡萄柚皮丝之外的所有原料加冰摇和，置于鸡尾酒杯中。用切得较宽的葡萄柚皮丝做装饰物。

## 柠檬 ［芸香科］

*Citrus limon*

柠檬极可能是来檬、香橼和柚子的杂交。意大利的“索伦托”柠檬和“费米耐劳卵形”柠檬皮厚味酸，很明显地体现出了香橼的特征。

为了让风味保持纯正，人们用一种叫作“帕利亚莱勒”的草垫为索伦托柠檬树遮阴，最近几年也用塑料遮阴布。它们可以保护树木免受寒冷天气的影响，让果实的成熟过程放慢，从而可以在夏季收获果实。因为柠檬树一年到头都可以结果，每一次收获的柠檬都有各自的专门名称：第一批叫“利莫尼”，是冬天采摘的，之后是“比安切蒂”，然后是夏季采摘的“维尔德利”，最后是秋季采摘的“普利莫菲奥利”。

另一个叫“尤里卡”的柠檬品种——更准确的名字是“加利氏尤里卡”——是从西西里柠檬选育的品种，其味更酸，皮也较厚。家庭园艺爱好者、厨师和调酒师最常用的柠檬品种则是甜而多汁的“迈尔”柠檬，它实际上是柠檬和橘子的杂交。因为“迈尔”柠檬果皮的精油含量较低，对调和酒饮来说，它的外皮不如果汁本身那么令人满意。

## 植物猎人弗兰克·N.迈尔

19世纪80年代，日本移民开始往美国进口味甜的柠檬和橘子的杂交品种。然而，“迈尔”柠檬却是用迈尔这位正式向美国引种了这类柠檬的人命名的。弗兰克·N. 迈尔1875年生于阿姆斯特丹，1901年到纽约。他先后4次替美国农业部到俄国、中国和欧洲考察，采集可能为美国农业所用的种子和植物。他一共引进了2500种新植物，其中包括中国柿、银杏树及数量惊人的谷物、水果和蔬菜。在考察过程中，他还承受了难以想象的各种艰辛，包括受伤、生病和抢劫，以及因为船运问题和过海关的耽搁造成的不计其数的植物标本损失。

1908年，他在北京发现了后来叫作“迈尔”柠檬的树种，设法把它带回了美国。几十年后，果农们发现这种树的无性系携带了一种叫柑橘腐根病的病害，发病时毫无征兆；结果，他们不得不销毁了很多最初引种的迈尔柠檬树。20世纪50年代，加利福尼亚一家叫“四风种植者”的苗圃在选育过程中发现了一个抗病毒的品系。今天，改良的迈尔柠檬再一次得到了广泛的栽培。

迈尔先生的植物考察在1918年不幸以悲剧收场。他在顺长江前往上海的途中遇难，时年43岁。一周之后，他的尸体在江中被发现，但他真正的死因已经成为不解之谜了。

The Frank Meyer Expedition

## 弗兰克·迈尔的考察

这款鸡尾酒是纯烈酒、糖和迈尔柠檬的混合，它很好地显现了柠檬的味道。上层的香槟则为它赋予了良好的起泡感。请为你的朋友们调制一份，并为迈尔先生和他大胆的冒险干杯！

1½盎司伏特加
¾盎司单糖浆
¾盎司“迈尔”柠檬汁
干葡萄汽酒（西班牙的卡瓦酒表现出色）或气泡水
柠檬皮

把伏特加、单糖浆和柠檬汁加冰摇和，滤入鸡尾酒杯。倾入葡萄汽酒作为盖顶，用柠檬皮做装饰物。如果希望成品不易使人沉醉，请滤入加冰平底杯，用气泡水代替葡萄汽酒作为盖顶。

### 柑橘皮：正确的剥皮工具

用于剥取柑橘皮的最好工具是手持剥皮器，它看上去像是一把短小粗壮的叉子。剥皮器末端的齿用于刮制柑橘皮丝，但是刮齿之下则是一个具有锋利边缘的洞，可用来剥取又长又薄的完美柑橘皮。

## 来檬 ［芸香科］

波斯来檬（又名比尔斯来檬或塔希提来檬）：*Citrus latifolia*
普通来檬（又名墨西哥来檬或西印度来檬）：*Citrus aurantiifolia*
箭叶橙（又名非洲来檬）：*Citrus hystrix*

来檬又名来姆、青柠，起源于印度或东南亚，在15世纪的时候传到欧洲。它们成熟的时候实际上是黄绿色的；但是，因为在成熟之前就必须采

摘，来檬因此保持了买家所期望见到的那种柠绿色。来檬的糖分含量只有柠檬的一半，又比柠檬略酸一些，它在鸡尾酒中扮演了一个特别的角色。来檬的化学分析表明它富含芳樟醇和α–松油醇，这是两种醇厚的花香风味物质；来檬皮则含有可以为酒饮增添温暖辛香味调的精油。

味道更酸的普通来檬是调酒师的最好朋友，它可以为玛格丽特酒和莫希托酒增添那种纯正的热带风味。普通来檬在容器中也能长得相当好，始终保持矮小的株形，并且几乎一年到头都可以结果。不那么酸的波斯来檬被视为“真来檬”，所结果实较大，能忍耐较冷凉的气候。人们种植箭叶橙则主要为了收获它的叶子，可以用来给泰式菜肴调味，或用在浸香伏特加中。把它的皮搓碎可以加到咖喱之中，但它的果肉却几乎不可食用。

市场上有很多来檬利口酒出售，其中最有用的是“天鹅绒法勒南酒”，由来檬、糖和香料制成。（此外还有一种不含酒精的来檬、香料和糖的混合物，也作为“法勒南酒”出售，在酒饮中的用途是一样的。）迈泰酒、丧尸酒和其他一些热带鸡尾酒都要靠法勒南酒来调制。一种名叫“莫宁原味来檬”、始创于1912年的法国利口酒直到最近才重新上市，在

**柑橘类水果的解剖结构**

**外果皮或“黄皮”**　这是用于制作皮丝的部位，包含油腺、脂肪酸、风味物质、酶、色素和一种叫“柠檬烯”的苦味芳香物质。

**中果皮或“白皮”**　也叫“果髓”，是海绵状的白色层，通常不能食用，尽管其中含有对人健康有益的植物化学物质。“果髓”这个词也用于指附着在可食用的果瓣之上的纤维状薄膜——柑橘络。

**内果皮**　直接包裹种子的果皮内层。对柑橘来说，这是它的食用部位。（对诸如桃之类的其他一些水果来说，食用部位是中果皮，内果皮只是附着在果核上的一层纤维状的厚膜。）

美国很难找到它，但为了调制那些以柑橘味道为主的酒饮，这款利口酒是值得一寻的。此外，“圣乔治烈酒”蒸馏坊制作了一款浸过箭叶橙的“一号机库”伏特加；这是调制泰国风味鸡尾酒的完美基酒。

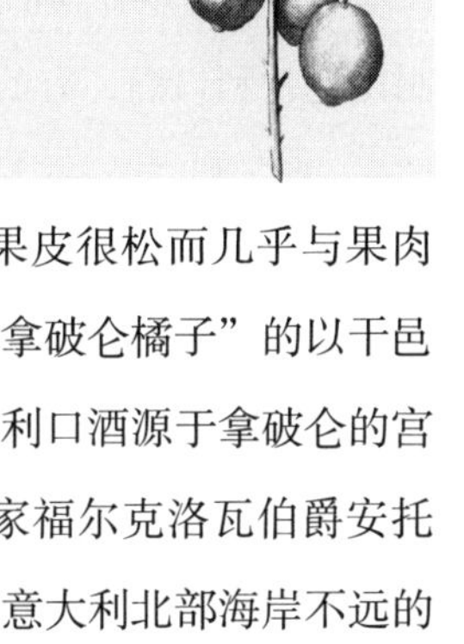

### 橘子 [芸香科]

福橘、克莱门汀橘及其他橘类：*Citrus reticulata*
沙柑（又名中国橘）：*Citrus nobilis*
温州蜜柑：*Citrus unshiu*（异名：*Citrus reticulata*）

高度杂交的橘子是一类在秋季或冬季结果、果皮很松而几乎与果肉相脱离的甜味柑橘类水果。它被用来为一种叫作“拿破仑橘子”的以干邑为基酒的利口酒调味。按照其生产商的说法，这种利口酒源于拿破仑的宫廷。拿破仑喜欢浸有橙皮的白兰地，据说是化学家福尔克洛瓦伯爵安托万·弗朗索瓦为他发明了这个配方。事实上，在离意大利北部海岸不远的科西嘉岛上就种有橘子树，而科西嘉正是这位法国皇帝的出生地。“圣乔治烈酒”蒸馏坊还把橘子花连同少量的橘皮一起用来为“一号机库”伏特加调味，这是一款宜人的橘子味浸香烈酒。

### 柚子 [芸香科]

*Citrus maxima*（异名：*Citrus grandis*）

柚子（pomelo）在英文中也叫“shaddock”，是现代的葡萄柚和酸橙的祖先种之一。它的果实又大又沉，重可达4磅。柚子的皮很厚，常为绿色，广泛栽培柚子的东南亚出产的品种更是如此。

“夏尔·雅坎与西”蒸馏坊是“香博”覆盆子利口酒的生产商，他们曾经制作过一款以白兰地为基酒的柚子蜂蜜利口酒，取名为“禁果”。这款利口酒是一些经典鸡尾酒——包括“坦塔洛斯”这款兑有等量柠檬汁、“禁果”利口酒和白兰地的鸡尾酒——的必需辅料。（有些调酒师试图通过把柚子或葡萄柚皮、蜂蜜、香料和香草浸到白兰地中的办法重新调制出这款利口酒，有的人比较成功，有的就不那么成功。）在英文中，“pomelo”和“pummelo”这两个词应用比较广泛，既可以指真正的柚子，又可以指葡萄柚，所以名字中含有“pomelo”一词的利口酒既可能是用柚子调味，又可能是用葡萄柚调味。

## 甜橙 ［芸香科］

*Citrus sinensis*

甜橙很可能来自柚子和橘子的杂交，它是世界上栽培最广的果树之一，在全球柑橘的总产量中，甜橙的产量就占了几乎四分之三。“巴伦西亚”橙、脐橙和血橙是甜橙最知名的品种。虽然人们普遍将甜橙拿来鲜食或榨汁，但是对于制作柑橘风味利口酒的蒸馏师来说，甜橙却不是最佳选择。这些利口酒主要是用味道更复杂的苦味酸橙来调味的。然而，在香料经销商那里却普遍可以买到甜橙皮，所以甜橙皮常常用来给金酒和芳香利口酒添加一种清亮的味调。

有一种用甜橙调味的橙味利口酒叫作“柑橘园”，按照其蒸馏商的描述，它是把手工刮取皮丝的“纳瓦利诺”甜橙（植物学家并没有发表过叫作“纳瓦利诺”的品种，不过也许蒸馏商指的是“纳瓦利那”脐橙，这是在1910年首次描述的一个来自西班牙的甜脐橙品种）、肉桂和丁子香浸在苏格兰威士忌中制成的。另一种用甜橙调味的利口酒是“索莱尔诺血橙利口酒”，这是用“桑基内罗”血橙制作的一款甜味利口酒，血橙的果肉、果皮和柠檬皮先分开蒸馏，再把这三种风味结合在一起。它是三干酒的高级代用品，可以为金酒增添活泼的甜蜜味调。

*Blood Orange Sidecar*

## 血橙边车酒

这是经典边车酒的变式，用血橙汁代替了柠檬汁。请自由调节各原料的比例，调制不同口感的成品。如果你不是白兰地爱好者的话，也可以用波本酒代替它。（如果你也不是波本酒爱好者的话，那去看别的书吧。哦，我只是调侃一下，严肃地说，你大可以试验用其他烈酒调制的版本。伏特加？金酒？朗姆酒？试试呗！）

1½盎司干邑或白兰地

¾盎司血橙汁

½盎司“索莱尔诺血橙利口酒”（或三干酒等其他的柑橘利口酒）

一甩安戈斯图拉苦精

把除苦精之外的原料加冰摇和，滤入鸡尾酒杯。加入苦精作为盖顶。

## 香橙 [芸香科]

*Citrus x junos*
(异名: *Citrus ichangensis x C. reticulata* var. *austera*)

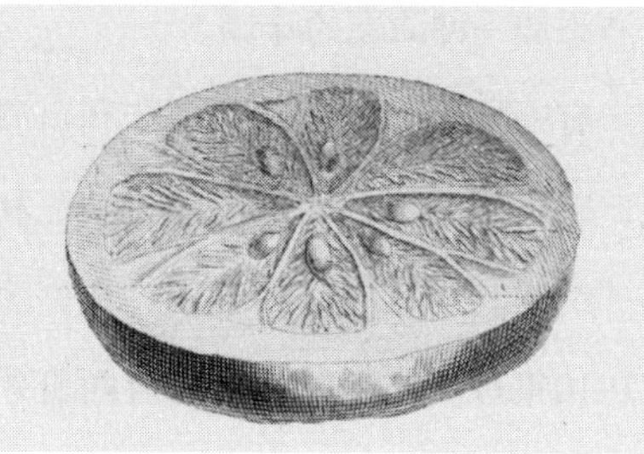

皮厚味酸的香橙，是橘子和另一种比较少见的果肉发苦的宜昌橙的杂交，它原产中国，大约公元600年的时候传到日本。尽管这种水果并不特别好吃，但它的果皮却散发出一种复杂的、圆润的柑橘芳香，日本的厨师很喜欢它。在一种叫作“橙醋”的大豆酱中可以见到香橙皮，它也被用来给味噌汤调味。日本人还用它来沐浴，传统的日式冬至浴的特色就是温热的洗澡水上浮着香橙果。

香橙是用来给清酒和以烧酎为基酒的利口酒调味的迷人添加剂。还有一种朝鲜半岛的香橙糖浆叫作“柚青”（汉语一般译为“柚子茶”），在亚洲副食店里可以买到，可以兑上热水当茶饮用，但偶尔也被当成一种奇妙的鸡尾酒辅料使用。

因为香橙树可耐零下12摄氏度的低温，它们可以在其他柑橘树无法生存的山区存活下来。英格兰和美国较冷地区的园艺师如果想在室外种植柑橘树，当其他的柑橘品种都无法存活的时候，他们也许还能幸运地把香橙种活。

**宜昌橙**

宜昌橙（学名*Citrus ichangensis*）：世界上耐性最强的常绿柑橘，在喜马拉雅山脚能禁受低至零下18摄氏度的气温。宜昌橙的果实常常完全不含汁液，只有种子和果髓，因此它虽然气味芳香，但几乎不可食用。

## 栽培你自己的柑橘

全光照

常规灌溉

可耐30° F / –1° C

任何住在有温和冬季的气候区的人，如果不在后院种一棵柑橘树，那就真是浪费了这好机会。没有什么比拿一个鲜柠檬或鲜来檬加在鸡尾酒中更美妙的事了；甚至就是那些结出几乎不可食用果实、因而不为人所重视的柑橘树，也仍然可以剥制绝妙的果皮作为装饰物。

有可能的话，请拜访一家专门经营柑橘树的果树苗圃，挑选一棵结的果实是你喜欢的、在你住的地方又生长良好的柑橘树。在一般的花木中心，请多方打听，找一位富于柑橘栽培经验的员工来咨询，他可以教你如何防范在你住的地区有分布的病虫害，告诉你幼树是否需要防霜冻保护。

四季橘、“改良迈尔”柠檬和大多数来檬树在容器中生长良好，如果给它们明亮的光照（只有一扇透阳光的窗户是不够的，需要种在一间四面通光的玻璃温室或一般温室里，或者用生长补光灯照明），在冬季又保证它们所处的房间有一定湿度的话（须知壁炉会让空气过于干燥，这是不合它们习性的），它们在室内也能存活。不过，盆栽柑橘树在冬季又不能放在太湿的地方，因为湿冷的根系可能会腐烂。

请在生长季中每个月都施用柑橘专用肥，但在冬季万勿施肥，因为这样会烧坏已经处在寒冷气温胁迫之下的根系。几乎所有的柑橘都是自花结实植物，这意味着你不需要在附近另种一棵用于授粉的树。

Ramos Gin Fizz

## 拉莫斯金酒费兹

新奥尔良的调酒师亨利·拉莫斯据信在1888年左右发明了这个鸡尾酒配方。在1915年的马尔迪格拉斯狂欢节期间，他创造了一道奇特的景观——由35位膀大腰圆的调酒师站成一排，同时摇制这种鸡尾酒。很多酒吧不愿意制作这种鸡尾酒，要么是因为觉得使用生蛋清可能会负上法律责任，要么害怕由此带来的巨大工作量。不过，在伦敦的“格拉菲克”这个出色的金酒酒吧里，你仍然能经常见到这样的场景：一杯拉莫斯金酒费兹在屋子里传来递去，调酒师、女招待和顾客都在摇它，直到摇出完美的泡沫为止。

1½盎司金酒（原始配方要求使用“老汤姆”金酒）
½盎司柠檬汁
½盎司来檬汁
½盎司单糖浆
1盎司奶油
1个蛋清
2至3滴橙花水
1至2盎司苏打水

把除苏打水之外的原料共置于摇酒壶中，不加冰摇和至少30秒。然后加冰，继续摇和至少2分钟，在必要时可以让摇酒壶在酒吧里来回传递，让它一直不断被摇和，以免其中的蛋清凝结。把苏打水倾入高球杯中，然后再把费兹滤入杯中。

### 橙花水

橙花水是甜橙花的水溶胶（以水为溶剂）提取物。它是拉莫斯金酒费兹的关键成分。有些水溶胶是蒸馏橙花油的副产品——蒸馏所得的馏分被收集起来作为橙花油出售，剩下的水相就是橙花水。在其他情况下，人们也会用水或水蒸气来处理橙花，专门提取出橙花水，而无须蒸馏其油分。无论哪种制法，在橙花水中总会有少量的精油存在，此外还有一些在精油中找不到的水溶性风味和芳香物质。比起中东的牌子来，调酒师更喜欢应用“A. 蒙特”之类的法国牌子的橙花水，但二者其实都很适合用在调酒试验中。

*Mai Tai*

## 迈泰酒

1½盎司黑朗姆酒（有的配方用黑朗姆酒和白朗姆酒的兑和酒）
½盎司来檬汁
½盎司库拉索利口酒或其他橙味利口酒
一甩单糖浆
一甩奥尔扎糖浆
马拉斯奇诺樱桃
菠萝角

把所有液体原料摇和，过滤，置于加有碎冰的高脚杯或高球杯中。用樱桃和一片菠萝角做装饰物。如果你曾经忍不住想在酒杯上放一把纸伞的话，现在是时候了。

**奥尔扎糖浆**（这是它的正确发音，虽然很多美国人把它读成“奥尔扎特”糖浆）：一种用扁桃仁、糖和橙花水制作的常不含酒精的甜味糖浆，有时还要再兑到大麦水里。奥尔扎糖浆是迈泰酒的关键成分，尽管太多的迈泰酒都没有加它。

## 橙味利口酒入门

| 利口酒名 | 基酒 | 辅料 | 是否在橡木桶中陈化? |
|---|---|---|---|
| 君度 | 甜菜烈酒 | 甜橙和酸橙皮 | 否 |
| 贡比埃 | 甜菜烈酒（皇家贡比埃也包含干邑） | 海地酸橙和巴伦西亚甜橙 | 否 |
| 库拉索之老库拉索 | 甘蔗烈酒 | 库拉索酸橙 | 否 |
| 柑曼怡 | 干邑 | 酸橙、香草、香料 | 是 |
| 拿破仑橘子 | 干邑 | 干橘皮、芳草、香料 | 是 |
| 柑橘园 | 苏格兰威士忌 | 甜橙皮、肉桂、丁子香 | 是 |
| 索莱尔诺血橙利口酒 | 精馏酒 | 血橙汁、血橙外皮和西西里柠檬 | 否 |
| 一般三干酒或库拉索利口酒 | 随蒸馏师不同而不同，通常用精馏酒、甜菜烈酒、甘蔗烈酒或葡萄烈酒 | 甜橙皮和酸橙皮 | 否 |

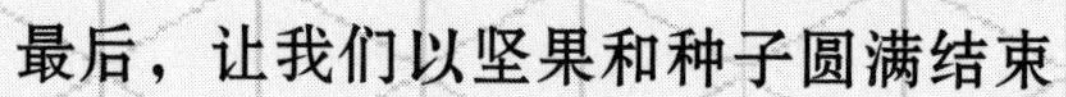

## 最后，让我们以坚果和种子圆满结束

**坚果：**

成熟时不开裂并散出种子的干果；通常覆有坚硬的木质果壳，仅含一枚种子。

**种子：**

在植物受精之后，在其子房中形成的结构，其中含有胚。

## 扁桃

*Prunus dulcis*

蔷薇科

“有一种像奶一样的白色果汁，是从甜扁桃中提取的，并添加了烈酒。”英格兰理发师兼手术师、本草学家约翰·杰拉尔德在他1597年出版的《本草，或植物通志》这部生动而稀奇古怪的植物知识和野史汇编中如是写道。他在书中宣称栗子可以止住马的咳嗽，而罗勒叶的汁可以治蛇咬——但他有时也的确说对了一些东西。甜扁桃？烈酒？杰拉尔德在这里恰巧谈到了我们现在关心的东西。

扁桃和杏、桃是近亲，很可能起源于亚洲。1.2万年前中国人就栽培扁桃树了，而在公元前5世纪的时候，扁桃传到了希腊。扁桃更喜欢冬日温和、夏日漫长炎热的地中海气候，这使它们得以成功地在亚洲扩散，一直种到南欧、北非和美国西海岸。在加利福尼亚就种了很多扁桃树，为了替它们传粉，需要在果园里放养欧洲蜜蜂，把蜂箱在果园间搬运。

并不是所有的扁桃都那么好吃。苦扁桃（学名*Prunus dulcis* var. *amara*）含有氰化物，吃50到70枚就足以致人死地。幸运的是，人们是不太可能误食苦扁桃的；它们从不在商店里出售，种植的目的主要是为了压榨扁桃仁

**扁桃**

严格地说，扁桃不是坚果。从植物学的角度来看，坚果是一类具有干燥硬壳的果实。扁桃本身是核果，这类果实的特点是中间有一个硬核，核壳里面是肉质的种子。但和桃、杏及其他核果不同，扁桃的“果肉”不过是一层令人倒胃口的革质外膜。

油，在压榨的时候有一道工序可以把毒素除去。

把那种不会让人认错的香甜果仁味带给利口酒的，是甜扁桃（学名 *Prunus dulcis* var. *dulcis*）。果农们不断把偶然产出较甜、较不苦的扁桃仁的树选育出来，通过千百年来的选择，这个变种已经全然不含毒素了。

扁桃仁利口酒从文艺复兴时期开始就很流行了，那是一个大发现的时代，人们意识到如果把水果、香料和坚果浸泡在白兰地中，可以制作出很多绝妙的饮品。本来，人们的目标可能是要制作药剂，或只是想把粗蒸的烈酒的口感弄得柔和一点。安摩拉多酒（也叫意大利扁桃酒）就是最为人熟知的例子，尽管“萨龙诺安摩拉多酒”已经畅销全球，这种酒其实完全不含扁桃仁，其中那种果仁味实际上是来自扁桃的植物学近亲杏的种仁。不过，要找到用真正的扁桃仁制作的安摩拉多酒也并不困难——试试名为“路萨朵萨斯基拉安摩拉多酒”的利口酒吧。

尽管安摩拉多酒这种利口酒单独饮用极佳，但它也常用来给意大利脆饼干调味。要终结一顿正餐，几乎没有什么比来一道用安摩拉多酒调味的咖啡和意大利脆饼干更好的办法了。

## 咖啡

*Coffea arabica*

茜草科

我们称之为“咖啡豆”的东西实际上是一种红色小果子——咖啡果里面的一对种子。这种果子长在埃塞俄比亚的一种灌木之上，这种灌木与金

鸡纳树和龙胆是亲戚。（它们在分类学上都属于龙胆目。）这种灌木可以合成一种著名的毒素，能够麻痹或杀死那些胆敢咬它的昆虫。这种毒素便是咖啡因，它也正是700年前让我们对这种植物着迷的原因。人类对于这种毒素是没有抵抗力的，但只有在以极快的速度连续灌下50杯以上的咖啡时才会致人死亡。

在1500年前的某个时候，阿拉伯贸易商第一次把咖啡从它原产地非洲带到了欧洲。虽然它用了一个世纪才流行起来，但是到了17世纪中期，在英格兰和整个欧洲已经遍地都是咖啡馆了。有一个广为流传的有趣的故事说，一位埃塞俄比亚的牧羊人发现他的山羊在吃了咖啡树的果实之后变得充满活力，一天下来都跳跃嬉闹个不停，到晚上也不睡觉。尽管这很可能只是商人们讲述的一个夸大其词的故事，它还是一直流传到了19世纪。事实上，如果有一种植物可以让人不用睡觉也能精力充沛的话，那可真该算是科学上的重大突破了。

在18世纪前期，荷兰和法国贸易商把咖啡的很少几个品种引种到了美洲的种植园，无意中制造了遗传上的瓶颈。咖啡极度缺乏遗传多样性的状况一直持续到了今天。尽管咖啡属已知的种已经超过一百种，可是全世界种植的咖啡几乎全都来自咖啡（学名*Coffea arabica*）这个种的无性系，其次则是中粒咖啡（学名*Coffea canephora*，有时叫*Coffea robusta*）。这种单一作物的病虫害问题迫使植物学家去寻找咖啡属里其他的种，但有些种在其原生生境中已经近乎灭绝了。英国邱园的植物资源考察者们在最近10年中已经发现了30个以前不知道的新种，每一种都有显著的特征：有的种几乎不含咖啡因，有的种的种子是所有以前发现的种的两倍大，还有的种有望能够更好地抵抗病虫害。

收获咖啡不是件易事。咖啡果只能手工采摘，因为果实不是同时成熟的。然后，需要把绿色的种子和果实分离开来，这可以通过“湿”法或“干”法来完成。湿法是把种子从果实中剔出来，浸在水中发酵以除去果肉残余；干法是把果实烘干，这样它就比较容易和种子分离。（湿法据信能够产出味道更好的咖啡豆，所以也卖得贵些。）一旦绿色的种子都择干净了，就可以拿来烘制了。

如今，咖啡在50个国家都有栽培，而且已经超过茶叶，成为排名第一的世界性饮料——每年出产的咖啡是茶叶的3倍。不过，学会磨咖啡豆和在水中煮咖啡豆粉只是第一步。从19世纪前期开始，咖啡也用来调制利口酒。大多数早期的配方只用烤咖啡豆、糖和某些烈酒。这样的成品于1862年在伦敦万国博览会上展出后，就开始商业化生产。20世纪前期的配方又添加了肉桂、丁子香、肉豆蔻衣和香草。

从20世纪50年代开始，以朗姆酒为基酒的墨西哥利口酒“卡赫卢阿”

*Buena Vista's Irish Coffee*

### 布宜那·威斯塔爱尔兰咖啡

热咖啡

2块方糖

1½盎司爱尔兰威士忌

2到3盎司掼奶油，用搅拌器略微掼打

在一个耐热的玻璃杯或马克杯里灌满热水，使之变热。倒掉热水，倾入咖啡至2/3满处。加入方糖，用力搅拌，然后加入威士忌。小心加上掼奶油盖顶。

酒开始流行。和很多利口酒酒商不同，发明卡赫卢阿酒的公司没有把他们的配方当成机密。这配方是：桶装陈化7年的甘蔗烈酒，加上咖啡提取物、香草和焦糖。现在，全世界销售的咖啡利口酒有数十种，其基酒既有朗姆酒、干邑，也有特基拉。一些手工蒸馏坊正在和专业的咖啡豆烘焙师合作，制作高档的咖啡烈酒。加利福尼亚州圣克鲁斯的"萤火虫"蒸馏坊就是一例。他们把湿法生产的哥斯达黎加咖啡豆和用"穗乐仙"及"仙粉黛"葡萄酿造的白兰地混合在一起。调酒师也会在吧台后面自己制作咖啡浸剂，把捣碎的咖啡豆加入鸡尾酒中，或是在加香料的饮品中加入咖啡苦精。

不过，最有名的咖啡豆和酒精的组合物可能还得算是爱尔兰咖啡。和大多数著名的饮品一样，爱尔兰咖啡的历史也争论得很厉害，不过其中一个说法认为爱尔兰香农机场的一位调酒师是它的发明人。有一位旅行作家从爱尔兰返回美国之后，请求旧金山布宜那·威斯塔餐厅的一位调酒师仿制爱尔兰咖啡。通过大量的试验，这种咖啡、威士忌、糖和奶油的完美组合物终于在玻璃杯里现身了。

## 欧榛

*Corylus avellana*

桦木科

榛子的原产地在亚洲和欧洲部分地区，它实际上已经被栽培2000多年了。法国人管这种坚果叫"filbert"，这很可能是用17世纪的修道院院长圣菲利贝尔（St. Philibert）的名字来命名的。纪念他的节日是在8月20日，这正好是榛子成熟的时候。不过，在英语里榛子却叫“hazelnut”。随着时间的推移，植物学家们用下面这种方法解决了两个名称不一致的问题——他们用filbert这个词称呼大果榛（学名*Corylus maxima*），用hazelnut这个词称呼另一种欧榛（学名*Corylus avellana*）。在美国，尽管大多数果农栽培的是欧榛，但因为这两个词可以互换使用，这就制造了很大的混乱。在美洲也有本土的榛属种类，但它们不像欧洲的榛子那样高产。

尽管榛子树可以长到50英尺高，它们一般还是呈低矮的灌木状，果农也会促使它们长成这种树形。榛子树很适合平茬作业——这是一种园艺技术，把树干的主干整个伐掉，可以促使根部长出更多的短萌蘖枝。平茬可以让榛子变得高产，也更易于收获。

烘烤的榛了最特别之处在于具有一种香甜、焦糖般的风味，是由至少79种不同的风味物质形成的。生榛子所含的风味物质连这个数目的一半都不到，所以烘烤加工对榛子复杂味道的形成具有关键作用。

像“弗朗杰里科”和“弗拉泰罗”这样的榛子利口酒，是榛子和诸如香草、巧克力之类的其他香料混合而成的甜酒。“弗朗杰里科”蒸馏坊把烘烤的榛子碾碎，用水和酒精的兑和物把风味物质提取出来。这种浸剂一部分用来蒸馏，这样最后的成品就同时含有蒸馏精华和浸剂的成分。成品中还加有香草、可可和其他风味提取物。

以上所述是意大利风格的榛子利口酒。法式榛子利口酒多少更像是“埃德蒙·布里奥泰”蒸馏坊出品的“榛子激凌酒”，这是一种淡琥珀色的利口酒，具有清亮澄净的榛子风味。西北太平洋地区的一些手工蒸馏坊也已经开始试验生产用榛子浸制的伏特加和榛子利口酒。在酒吧中，榛子是小量制作的苦精的成分之一，而纯榛子提取物可以用作鸡尾酒的成分，或是在奶油中掼打，用来制作加坚果的咖啡饮品。

## 可乐籽

*Cola acuminata*

梧桐科

可乐树是一种非洲乔木，是南美洲那种可用来制作巧克力的可可树的近亲。它在野生状态下可以长到超过60英尺高，开出精致的带紫红色条纹的淡黄色花朵。开花之后，就结出一串革质发皱的果实，每一个都包含有大约一打种子。这些种子就是可乐籽，含有适量的咖啡因，西非人把它们当成小吃食用，可以让人精神振奋。一旦可乐籽被欧洲人发现，接下来它的旅程就可以预料了——18世纪可以在药房里发现它，19世纪可以在汤力水里发现它，20世纪则出现了其风味提取物。

医生把可乐甜酒作为晕船药和开胃药，通常是和龙胆、奎宁组成复方。可乐苦精的早期配方就是可乐籽、酒精、糖和柑橘类水果的直接组合。到19世纪后期，可乐葡萄酒和可乐苦精已经可以在伦敦的市场上买到了，而法国和意大利的蒸馏师则把可乐籽当成一种成分，用来制作加香葡萄酒和意大利苦酒。“托尼可乐”这款餐前葡萄酒，就是一个现在已经不复存在的著名品牌。

在20世纪前期，汽水机里都灌存有可乐糖浆，可用来制作类似鸡尾酒的不含酒精的泡沫混合饮料；饮用这些精致的饮料被视为是一种帮助戒酒的方法。可口可乐公司为了能够让“可乐”这个名称专指自己的产品，曾经打过不计其数的商标战，但是法庭坚定地认定“可乐”是用于指称由可乐籽提取物制作的任何一种饮料的通用术语，因此不能注册为商标。今天，可乐籽仍然是得到认可的食品调味剂，许多天然碳酸饮料公司仍然会用可乐籽为他们的产品添加咖啡因和那种香甜圆润的可乐风味。

南非人可以购买一种叫“罗斯氏可乐汤力水”的糖浆，而英国、澳大利亚和新西兰的饮家可以去找“克莱顿斯可乐汤力水”，这种鸡尾酒辅料是这样一种商品——即使是不喝酒的人也会在酒吧里订购它（这很像其他任何一种可乐饮料）。英国有一家叫“麦芽大师”的烈酒零售商，把可乐苦精与黑朗姆基酒兑和后出售，他们保证说这种酒会给鸡尾酒带来“深度、浓味和收敛感”。不过，尽管包括“阿维尔那意大利苦酒”和“卡波维乔意大利苦酒”在内的意大利苦酒也被描述为具有“可乐的味调”，这些酒的制造商却从未透露过可乐籽是否的确是他们的秘方成分。

## 胡桃

*Juglans regia*

胡桃科

没有什么比未成熟的青胡桃（通称核桃）更苦涩难吃的了——除非把它泡在酒精和糖里。这就是诺齐诺酒，一种意大利胡桃利口酒，它显然是最富才智的利用过剩农产品的发明创造之一。

胡桃树原产中国和东欧，现在在吉尔吉斯斯坦的森林里还有野生。

大约1769年，方济各会的僧侣把它引种到了美国西海岸，如今在加利福尼亚州布道所的庭院里仍能看到种在那里的胡桃树。黑胡桃（学名*Juglans nigra*）则是美国东部的本土种，因其果仁以及耐久的深色木材而备受珍视。由于黑胡桃对寒冷气候有很强的抗性，欧洲探险家在17世纪时又把黑胡桃带回了欧洲。

胡桃树是美丽的树种，它可以长到比100英尺还高，向地面投下宽广的树荫。春天，树上长出名为“柔荑花序”的细长如绳的雄花花簇，它们释放的花粉随即被明显毫无姿采的绿色雌花所捕获。传粉之后，胡桃树就长

*Homemade Nocino*

## 自制诺齐诺酒

20个青胡桃，各切成四瓣

1杯糖

750毫升瓶装伏特加或“清如许”酒

1个柠檬或甜橙的皮丝

可选香料：1根肉桂棒，1至2个整丁子香，1枚香草果荚

青胡桃可在夏季采集，或在农产品市场上买到。请选用完整无碰伤、容易用刀切开的果实。在切之前把它们洗净。把糖置于平底锅中，用刚刚足量的水没过糖，煮沸，用力搅拌。一旦糖全部溶解，即把它和剩下的原料一齐混合装在一个灭菌的瓶子里，密封。在阴凉处储藏45天，其间偶尔摇晃一下。到第45天末，滤去胡桃和香料，把酒重新装在一个干净的瓶子里，再陈化两个月。

有些人在这最后用于陈化的两个月之前会再加一杯单糖浆。如果你愿意做试验的话，可以把这一份制品分成两份，在其中一份中加入½杯单糖浆。无论采用哪种做法，陈化过程都会改变其风味。

出柔软的绿色果实，到早夏的时候，它已经是果实累累，所结的胡桃已经超过了它能承受的数量。所以在入秋之前，很多胡桃都会掉落地上。

这个现象一定让早年的果农们非常沮丧，因为他们本来是想要充分利用果树产出的每一样农产品的。还好，富含单宁的青胡桃可以用来制造上好的黑色染料、木材染料和墨水——同样珍贵的还有用这些不可食用的果实制作的利口酒。

诺齐诺酒（在法国叫作“胡桃利口酒”）的配方几百年来几乎没有变化。它的制作方法不过就是把柔软的青胡桃切成瓣或碾碎，然后与糖一起浸泡在某种烈酒里罢了。香草和香料有时也会加入其中，有的人还会加入柠檬或甜橙的皮丝。把它存放一到两个月，看到它的颜色变成一种深邃而带有鲜褐色的黑色之后，就可以饮用了。

诺齐诺酒并非必须自制。“阿尔彭茨酒房”就从奥地利进口“阿尔卑斯坚果胡桃利口酒”，而加利福尼亚的“夏尔贝”蒸馏坊也用一种叫作“思乡”的黑品乐白兰地来调制一款黑胡桃利口酒。产自那帕谷的“德拉克里斯蒂那诺齐诺”是加州的另一款以白兰地为基酒的胡桃利口酒，它同样赢得了鉴赏家的盛赞。尽管人们一般把诺齐诺酒作为正餐的餐后酒单独慢品，或是倒在冰激凌上饮用，但是调酒师们也会把它加在咖啡饮品里，或是加在需要带香辛味和坚果味的利口酒作为辅料的鸡尾酒里。

# 下篇

最后，让我们到花园中探幽，在那里我们采撷季节性的各种植物性辅料和装饰物，用在调制鸡尾酒的最后阶段。

园丁是最终极的调酒师。即便是最普通的菜地也能出产制作绝好酒饮的辅料和装饰物。对园丁来说，收获橙香木、香叶天竺葵花、甜黄番茄和土种芹菜的深红色茎秆易如反掌。利用一个食用植物花园提供的食材，上千种的鸡尾酒都能调制出来。

有些植物——比如莫希托酒用的薄荷——毫无疑问肯定能在花园里种植。其他一些植物，比如用于自制“石榴定”糖浆的石榴，只有在你居住在热带气候区，或是拥有一间温室，或是对园艺保有足够的兴趣，既能让它们存活又能满足它们的需求时，才是值得一种的。

在这一篇里，我不打算对每一种可以用作辅料或装饰物的植物的全面历史、生命周期或种植指导都做论述，而是只深入介绍一小部分植物，其他的则只是简单地列成表格，对种植诀窍略作说明。不管怎样，最好的园艺建议都来自本地专家；不管是某种植物对你所在的气候区的适应性，还是你在园艺方面的专业水平和所下的功夫，都应该是你和本地的独立园艺中心讨论的内容，在那里你可以就最适合你所在地区的栽培品种得到深入的指点。

如果想获取更多信息的话，请加入你所在地区的“园艺大师”讨论群（通常由县农业推广站运行），或者向农产品市场上见多识广的农夫请教吧。访问DrunkenBotanist.com网站可以获得邮件订阅资源、种植诀窍和有关食用植物园艺学的进一步阅读材料。

## 让我们从芳草开始

这些芳草可以**研碎后加入鸡尾酒**，用单糖浆浸制或为伏特加调味，或是用作装饰物。

一年生的芳草只能生长一年，它们需要夏日的温暖、阳光和常规灌溉；而木质、多年生的芳草也需要阳光和夏日的热度才能欣欣向荣，并且更喜欢较干燥的土壤，通常冬季温度降到零下15至零下12摄氏度以下就无法越冬。寒冷气候区的细心园丁会把多年生芳草种在花盆里面，在冬天把它们储藏在地下室中，只给予最少的光照和水分。

所有这些芳草都可以在容器中生存，其中大多数在强光条件下还可以在室内生长。如果有玻璃温室的话是最理想的；即使放在有阳光照射的窗户下面，它们也还是需要额外补充的室内光照。把一般的商业荧光管灯泡插在定时器上是最经济的解决方案。园艺中心和水培商店也出售特殊的生长灯和发光二极管灯泡，可以拧在一般的灯座上，并多少能产生更大的审美愉悦感。

收获芳草的最佳方法是把每一株从茎基处切断，得到它的整个茎秆，然后把叶子从茎上摘下来。如果你不需要那么多，截下一半茎秆也可以。千万不要只拔叶子，因为植物很难从光秃的茎秆上再生出新的叶子。一年生芳草一旦开花，通常就停止生长，所以如果你想收获的是罗勒、芫荽之类的芳草，请用镊子摘掉它们的花。

## 栽培提示

### 芳草

| 植物 | 栽培提示 |
| --- | --- |
| 欧白芷<br>*Angelica archangelica* | 二年生（栽培次年开花）。请用茎供浸制之用。当归属其他的种可能有毒性，所以一定要保证种的是欧白芷这个种。（见161页） |
| 茴藿香<br>*Agastache foeniculum* | 多年生。截短花茎可以让它再次开花。请试试亮黄色的“金禧年”或传统的“蓝运”品种。 |
| 罗勒<br>*Ocimum basilicum* | 一年生。“日内瓦”是传统的大叶品种。“永恒香蒜酱”和“至优绿”是小叶的灌木品种，可以在室内越冬。 |
| 芫荽<br>*Coriandrum sativum* | 一年生。“慢闪”或“桑托”不会像其他品种那样迅速开花结籽。如果你种芫荽是为了获取种子而不是叶子，请寻找其变种俄国芫荽（学名*Coriandrum sativum* var. *microcarpum*）。种子应该在彻底干燥并变为金褐色后再使用。（见176页） |
| 莳萝<br>*Anethum graveolens* | 一年生。“杜卡特”在结籽之前可以生出更多的叶子。“蕨叶”是个矮生品种。 |
| 茴香<br>*Foeniculum vulgare* | 多年生。球茎茴香和甜茴香都能产出美味的种子。“完美”和“泽法·菲诺”主要为获取其鳞茎而种植。（见202页） |
| 柠檬草<br>*Cymbopogon citratus* | 多年生。西印度各品种主要为了获取茎秆，东印度品种主要为了获取叶子。二者都适用于鸡尾酒调制。 |
| 橙香木<br>*Aloysia citrodora* | 多年生。木质化的灌木，可以长到4至5英尺高。叶有清亮馥郁的柑橘风味。（见197页） |

| | |
|---|---|
| 留兰香<br>*Mentha spicata* | 多年生。请寻找像“莫希托留兰香”（学名*Mentha × villosa*）或“肯塔基上校”之类的长柔毛留兰香品种。其他可供试验的薄荷属的种还包括巧克力留兰香、柠檬留兰香和椒薄荷。（见345页） |
| 凤梨鼠尾草<br>*Salvia elegans* | 多年生。一种健壮的鼠尾草，具红色号角状的花，以及闻起来很像菠萝气味的叶。 |
| 迷迭香<br>*Rosmarinus officinalis* | 多年生。“阿尔普”是最抗寒的直立品种。“罗马美人”的精油含量更高，植株也更紧密。不要种植匍匐或攀缘品种，它们的味道是一种令人不快的薄荷脑味。 |
| 鼠尾草<br>*Salvia officinalis* | 多年生。“霍尔特猛犸”是传统烹饪用品种。所有银叶品种都适合鸡尾酒调制，紫叶和黄叶品种则不那么可口。 |
| 冬香草<br>*Satureja montana* | 多年生。冬香草的气味接近迷迭香，但却是一种木质化程度更高的芳草。夏香草（学名*Satureja hortensis*）更多用作蛋和沙拉的新鲜调味品。 |
| 香天竺葵<br>*Pelargonium* sp. | 多年生。虽然在英文中通常叫作“老鹳草”（geraniums），但它们实际上是天竺葵属植物。育种者已经创造了能散发各种芳香的惊人品种，从玫瑰、肉桂到杏、姜，不一而足。叶气味芳香，但味道极浓烈；请用在单糖浆和浸剂中。花是很好的装饰物。 |
| 百里香<br>*Thymus vulgaris* | 多年生。英格兰百里香是标准的烹饪用百里香，但柠檬味品种也很出色。匍匐、多绵毛的品种则不那么美味。 |

*Garden-Infused Simple Syrup*

## 浸泡过花园的单糖浆

从柠檬皮到大黄、迷迭香，几乎所有植物原料都可以浸在单糖浆中。这样的做法可以很方便地展现出当季的味道，为一个基本的鸡尾酒配方添加意外之喜。

½杯芳草、花卉、水果或香料

1杯水

1杯砂糖

1盎司伏特加（可选）

把除伏特加外的所有原料共同置于平底锅中。文火煮沸，充分搅拌，直到砂糖溶解。冷却之后，用细目滤网过滤。加入伏特加（可选）作为防腐剂，冷藏保存。2至3周内风味较佳，在冷冻室里可保存更长时间。

## 如何拍打芳草

对唇形科植物（包括薄荷、罗勒、鼠尾草和茴藿香等）来说，获取其精油的奥秘在于弄伤其叶子，但不要弄破它们。这可以让精油从作为变态细胞的毛状物——可以视为微小的毛——中转移到叶片表面，却又不会让不需要的叶绿素把酒饮弄糟。所以，请通过拍打的方式从新鲜叶片中获取最多的风味吧。方法很简单：只需把叶片放在一只手的手掌中，快速拍手一到两次。这会让你看上去像一位专业调酒人士，由此就可以把新鲜的芳香风味释放到酒饮之中。

# 留兰香

*Mentha spicata*

唇形科

如今，提供邮购服务的苗圃已经有“莫希托”长柔毛留兰香出售了，这多亏了一些从古巴旅行回来的人的英雄事迹——他们从当地制作莫希托酒的这个品种的留兰香上撅下嫩枝带了回来。这些苗圃声称，莫希托留兰香和绝大多数留兰香截然不同。“它那温暖的氛围，以一种可能是典型古巴风格的简朴方式久久不散，直到你觉得应该再来一些。”这是从商品目录上直接摘抄下来的广告语。

千万不要在酒吧里点明显不含新鲜薄荷的莫希托酒。薄荷实在太容易生长了，实际上就是一种杂草；连这样能够充足供应的原料都不提供的话，实在说不过去。薄荷可以在停车场的花盆里生存，可以在窗台花箱中生长，甚至可以在排雨沟里或人行道中的罅隙里发芽，可见其生命力之顽强。

如果有机会的话，薄荷甚至能把整个花园都占领。为了减慢它的生长速度，可以把它种在一加仑容量的塑料花盆中，再把花盆埋到地里。当然，薄荷的纤匍枝终归还是能在花盆周围找到突围之处，但在控制其蔓延方面，你至少具备了先发制之的机会。请给薄荷充足的水分——泄漏的软管龙头附近始终保持湿润的地方是它最合适不过的生境——并在它开花或将要结籽之前采摘，因为薄荷子代的性状易于返回到其野生品系的状态，远远不像栽培品种那么好。薄荷植株变老之后，风味也会改变，所以有的园丁每隔几年就会让纤匍枝发根，种出新的植株，替换掉老植株。

*Walker Percy's Mint Julep*

## 沃尔克·珀西薄荷茱丽普酒

有些人相信，优质的薄荷茱丽普酒应该有能喝一整天的分量；他们相信不应该来第二杯薄荷茱丽普酒，而是只有一大杯浓烈的薄荷茱丽普酒，随着冰决不断融化，糖和波本酒一起沉在杯底，味道便越来越甜，酒味也越来越淡。

美国南方的作家沃尔克·珀西坚持认为，一杯好茱丽普酒至少要用5盎司的波本酒来调制，这个量实在是大大超过了任何人每天饮酒应有的限量。下面的配方仍然忠于他的观点，但是如果你更希望感觉自己是一个正直的市民，那也可以少加点波本酒。

5盎司波本酒

几枝新鲜留兰香

4至5茶匙绵白糖

碎冰

把2至3茶匙绵白糖与很少量的水共同置于银制茱丽普酒杯、高球杯或美胜瓶中压在一起，水的量要仅仅能够把糖黏成“糖饼”。加入一层新鲜留兰香叶子。用研杵或木勺轻柔地按压叶子，但不要碾碎它们。在上面堆一层用刚冻制的冰块碾碎而成的细碎冰粒。珀西先生建议你把冰块弄成粉末，方法是用干毛巾把它包起来，然后用木槌砸碎。在这层碎冰中再均匀撒些糖，另加几片留兰香叶子；这些叶子须是在手掌间大声拍打过的，但同样不能碾碎。

在这一层上面再加一层碎冰，如此反复进行，直到杯中已经满得似乎连一滴波本酒都装不下为止。往里倾入尽可能多的波本酒，事实证明，它可以再装大约5盎司波本酒。现在，带上你调制的茱丽普酒到门廊那里，一直待到晚上睡觉的时候再回家吧；这悠闲的一天中没有别的，只有杯中慢慢减少的美酒，以及夏蝉悦人的鸣叫。

薄荷是薄荷属植物的统称，留兰香是其中最常栽培的种类。留兰香具有清爽甜美的风味，很容易与砂糖和朗姆酒融为一体。请寻找“莫希托留兰香”或“肯塔基上校”这两个品种，它们是美国南方人在制作薄荷茱丽普酒时最喜欢用的品种。

留兰香也叫“绿薄荷”，原产中南欧，在原产地已经被栽培了千百年。老普林尼就说过它的气味“的确可以搅动思绪”。它同样还搅动在许多种酒饮里面，为甜味和水果味的鸡尾酒增添了青翠的、近乎花香的馥郁味调。如果没有留兰香的话，这些鸡尾酒便难免令人腻味。

## 然后介绍花卉

花卉最常用来直接作为装饰物，或是冻在方冰里作为装饰物，但有的花卉也可以添加到单糖浆或伏特加浸剂中，为它们增添风味或色泽。芳草类（见341页）植物的花也是可食的，在酒饮调制中的应用是比较安全的。但如果你不确定一种花是否可食，就千万不要把它加到鸡尾酒里。比如绣球花就含有少量氰化物，这使它无法成为理想的酒饮原料。

## 栽培提示

### 花卉

| | |
|---|---|
| 玻璃苣<br>*Borago officinalis* | 一年生。深蓝色的花无论是放在酒杯中还是冻在方冰里都十分夺目。叶子尝起来略有黄瓜味。它是经典的皮姆杯鸡尾酒装饰物。 |
| 金盏花<br>*Calendula officinalis* | 一年生。亮黄色或亮橙色的花冠可用来为浸剂增添色泽。“阿尔法”是稳定的橙花品种，“阳光之闪回”是深黄色的，“霓虹”是橙红色的。 |
| 西洋接骨木<br>*Sambucus nigra* | 多年生，为收获其花或果实而种植。请在浸剂和糖浆中使用花。试试能给人深刻印象的“黑花边”或“萨瑟兰金”，它们具有黄绿色的叶子。接骨木属的一些北美种含有氰化物，因此一定要从果木苗圃选购其苗木。（见230页） |
| 金红久忍冬<br>*Lonicera × heckrottii* | 多年生。“金焰”是个皮实健壮、香花满株的品种。 |
| 素方花<br>*Jasminum officinale* | 多年生。可忍耐零下18摄氏度左右的低温。素馨则需要较温暖的气候，但可以在室内生长。（见241页） |

| | |
|---|---|
| 薰衣草<br>*Lavandula angustifolia* | 多年生。“希德科特”和“蒙斯泰德”之类英国薰衣草品种最宜用于烹饪，此外也可以尝试法国薰衣草（学名*Lavandula ×intermedia*）的品种“格罗索”和“弗雷德·布丹”。 |
| 万寿菊<br>*Tagetes erecta* | 一年生。花瓣为亮橙色、红色或黄色，具有尖利辛香的风味。现在有很多新的品种，但是“非洲万寿菊”仍是卓越而热烈的橙花品种。 |
| 旱金莲<br>*Tropaeolum majus* | 一年生。“矮樱”是个丘状品种，植株紧密，足以在容器中种植。其他的品种可能成为蔓生藤本。所有品种都能开出橙色、红色、黄色、粉红色或白色的辣味花朵。 |
| 玫瑰<br>*Rosa* spp. | 多年生。请选择像“林肯先生”这样的极为芳香的杂交茶香品种，供制玫瑰花瓣浸剂；如果你想收获蔷薇果的话，则请选择皱叶品种。（见244页） |
| 桂圆菊<br>*Acmella oleracea* | 一年生。黄色花芽含一种叫“金纽扣酰胺”的化合物，咀嚼时能产生一种类似跳跳糖的化学反应。虽然有点噱头的意味，但仍然是一种有趣的鸡尾酒装饰物。 |
| 三色堇<br>*Viola tricolor* | 一年生。三色堇及与之亲缘关系紧密的几种堇菜可供食用，但不太美味。它们是有用的装饰物。 |
| 香堇菜<br>*Viola odorata* | 多年生。古典的香堇菜品种极为芳香，但其花朵开放时间非常短暂。不要和非洲堇相混。（见248页） |

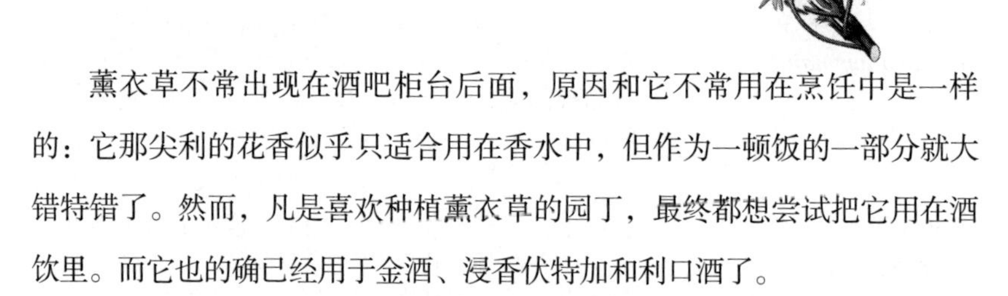

# 薰衣草

*Lavandula angustifolia*
（异名：*Lavandula x intermedia*）

唇形科

薰衣草不常出现在酒吧柜台后面，原因和它不常用在烹饪中是一样的：它那尖利的花香似乎只适合用在香水中，但作为一顿饭的一部分就大错特错了。然而，凡是喜欢种植薰衣草的园丁，最终都想尝试把它用在酒饮里。而它也的确已经用于金酒、浸香伏特加和利口酒了。

一般说的薰衣草又叫“英国薰衣草”，学名*Lavandula angustifolia*，味

Lavender-Elderflower Champagne Cocktail

## 薰衣草—接骨木香槟鸡尾酒

1盎司薰衣草单糖浆（见344页）
1盎司“圣日耳曼”利口酒
香槟或其他汽酒
1枝新鲜薰衣草

把单糖浆和“圣日耳曼”利口酒倾入香槟杯中，用香槟做盖顶。用一枝新鲜薰衣草做装饰物。

道多少较甜，更适合用于调味——薰衣草司康饼和薰衣草曲奇就是用这个品种烘焙的。“希德科特”和“蒙斯泰德”是两个常用品种；二者都可以长到两英尺高，形成密实的绿篱。

除了英国薰衣草，唯一的另一种可以考虑用于鸡尾酒的薰衣草是法国薰衣草，学名为*Lavandula × intermedia*，是法国种植的一个主要用于香水和香皂制造的杂交种。你可以尝试“格罗索”“弗雷德·布丹”或“阿碧拉”等品种。比起英国薰衣草来，法国薰衣草的味道要尖利一些，但其品种忍耐溽暑天气的表现也更出色一些。薰衣草属的其他很多种都含有一定量的有毒化合物，不宜食用。

种植薰衣草时，要将它置于全日照下，保持土壤排水良好，地面的护

Lavender Martini

## 薰衣草马天尼酒

4枝新鲜薰衣草

1½盎司金酒（试试华盛顿州的“飞蝇钓”，其中也含有薰衣草）

½盎司白“利莱”酒（见下面的“注意”）

柠檬皮

在摇酒壶中加金酒研磨3枝薰衣草。加入利莱酒后，加冰摇和，滤入鸡尾酒杯。若要从酒中除去所有薰衣草芽的碎屑，可以在倾倒之前，在酒杯上放置一面细目滤网进行双重过滤。用柠檬皮和剩余的薰衣草嫩枝做装饰物。

**注意：**在冰箱冷藏室中，利莱酒可以保持至少几周的新鲜。如果你手边没有利莱酒，也可以用更经典的干味美思酒来调制这款鸡尾酒。

盖物要使用豌豆大小的砾石，而不是一般的护盖物。薰衣草不需要肥料，只要求额外浇极少量的水。在深秋，必须对薰衣草进行修剪，才能避免它开花；请剪去大部分叶子，但千万不要剪得只剩光秃秃的茎。薰衣草喜欢地中海气候，但只要不是极为寒冷的地方，养护得当一般也都能顺利生长；它可以忍耐低至零下23摄氏度的冬季低温。

薰衣草那干爽、收敛的芳香，与金酒这样的适宜和植物搭配的烈酒结合，便可臻于完美。此外，也可以用它来为单糖浆调味。

## 接着再介绍树木

果树完全不是一种冲动购买物。树木就像小狗：它小的时候很可爱，但它终归会长大，需要你照看它一生。

有些果树在冬季要求一定的需冷量（即气温在冰点附近徘徊时的累积小时数），以便完成其休眠周期。有些果树易受病虫害的侵扰，考虑到鸡尾酒常常要使用果皮的事实，这意味着你必须频繁给树喷雾，而喷雾的次数很可能会超出你能忍受的限度。关于病虫害防治，请多向业务精良的本地树木苗圃或县农业推广站咨询，这些机构都可以举行果木栽培研习会；还要向他们打听能够抵抗病虫害的品种和有机栽培的方法。

包括柑橘树在内的一些果树，如果不能在室外越冬的话，可以在容器内种植，它们是可以在室内越冬的。你只需要知道果树通常都嫁接在砧木之上，而砧木决定了果树的大小，所以如果你想种一棵一直长不大的果树，请找一棵嫁接在矮化砧木上的苗木。

果树的照看和施肥也和其他植物略有不同。有的品种是自花生殖的，这意味着它们不需要在附近种植供配种用的树；但其他一些品种如果在附近地区找不到能够和它配种的树（即所谓“授粉树”），就不会结果。说到授粉，你所在地区的蜂类一般都会承担这项工作，你自己用不着专门为此事操心，但如果是种在室内的果树，就需要你做些辅助授粉的工作了。（请和你那里的园艺中心员工探讨这个有关鸟类和蜂类的话题。）果树还需要专门的含有铁、铜、硼等微量元素的肥料。对它们进行修剪时也要采用特别的方法，有的果树甚至在果实又小又青的时候就得进行疏果操作，这样才能保证有个好收成。

不过，所有这些困难都不会让你失去信心。果树会给你无穷无尽的奖赏。通过在一棵砧木上嫁接几个品种，有的苗圃还能让奖赏再加一倍或两倍。如果要在狭小的地方种植多种水果，栽培这种“三合一”或“四合一”果树是很好的解决办法。只要受过一点培训，而且经人帮助选对了适合你所在地区的果树品种，你一定能享受到从自家花园里摘取水果、榨取新鲜应季的果汁加到酒饮里让它充满活力的极大乐趣。

## 栽培提示
### 树木

| | |
|---|---|
| 苹果<br>*Malus domestica* | 栽培关键在于选择能在你所在地区的气候条件下生长良好的品种。请在农产品市场上大量试吃之后，让本地的种植者帮你挑选一棵苗木。（见21页） |
| 杏<br>*Prunus armeniaca* | 美国栽培的大多种果用杏，其杏仁都是苦的，不能食用。如果你只想使用杏果的话，这些品种都很不错。另有一个叫“甜心”的甜杏仁品种，其杏仁具有扁桃仁风味，可以浸泡在白兰地中。（见283页） |
| 樱桃<br>*Prunus cerasus* var. *marasca* | 若要在家自制马拉斯奇诺樱桃，请寻找味酸色深的桑酸樱品种，这样品种的樱桃也叫“馅饼樱桃”。（见294页） |
| 无花果<br>*Ficus carica* | 虽然“波尔多紫”是优秀的法国品种，但是最要紧的还是选择适合你所在地区的品种。请在确定品种之前，先在本地的果农那里试吃一下。无花果很适合用于浓缩糖浆。（见293页） |
| 柠檬<br>*Citrus limon* | 非常适合盆栽。而需要用果汁的话，请选择“改良迈尔”；而需要其饶有风味的果皮的话，请选择“尤里卡”或“里斯本”。（见317页） |

| | |
|---|---|
| 来檬<br>*Citrus aurantiifolia* | 也叫青柠、墨西哥来檬或西印度来檬，是制作调和酒饮的理想品种。栽培箭叶橙（学名*Citrus hystrix*）则是为了获取其芳香的叶，可以用在泰国风味的酒饮中。（见319页） |
| 荔枝<br>*Litchi chinensis* | 一种非凡的热带果树，果汁在鸡尾酒中显得非常怡人，果实本身也是可爱的装饰物。但它在温度低于零下4摄氏度时就无法存活，高度又能达到30英尺以上，因此不适合寒冷气候区或温室栽培。 |
| 油橄榄<br>*Olea europaea* | “戈尔达尔”是优秀的西班牙品种。“阿尔伯基那”树形较小，耐寒。请寻找果用品种，而不是观赏用品种。注意！对于患有季节性过敏症的人来说，油橄榄花粉会在很大程度上加重他们的病情。（见356页） |
| 酸橙<br>（*Citrus aurantium*）<br>及类似果树 | 栽培所谓的“酸橙”的目的是应用其果皮，栽培香橼的目的也是如此。脐橙和血橙更适于用其汁，有些品种可以在室内栽培。如要盆栽的话，可以考虑金橘和四季橘，它们极易栽培。（见310、322页） |
| 桃<br>*Prunus persica* | 请寻找抗病的矮生品种。桃（以及关系紧密的油桃）是典型的所谓“组合树”，在同一株砧木上可以嫁接几个品种。 |
| 欧洲李<br>*Prunus domestica* | 深蓝色的西洋李、浅黄色的黄香李和绿色的青梅李是用来酿造果酒、利口酒和生命水的经典欧洲品种。试试“大麦基”或“即兴演奏”，它们是康奈尔大学繁育的品种，在北美洲大获成功。（见300页） |
| 石榴<br>*Punica granatum* | 矮生变种*Punica granatum* var. *nana*可在花盆中健壮生长，但是商业化种植者更喜欢“绝妙”，这是果汁公司“POM绝妙”的创办者种植的品种，其鲜果也供应全世界的市场。“天使红”和“格林纳达”果熟期早于“绝妙”，因此更可能在早霜到来之前结果。 |

Brine Your Own Olives

## 自制腌油橄榄

一枚糟糕的油橄榄会毁掉一杯好马天尼酒。如果你方便搞到新鲜油橄榄的话，不妨尝试自制腌油橄榄，所需的其他原料仅仅是水和食盐。

从农产品市场（或者家里有油橄榄树的朋友）那里搞来一些新鲜采摘的青油橄榄，在每个果子上从顶到底都划一道切痕。用清水洗净，置于干净的玻璃瓶或碗中。在选择容器时要仔细；你需要把油橄榄都压在底部，所以要挑选广口的容器，还要找到刚好适合其内径的板子或瓶盖。（也可以用一个坚固的塑料袋装满水，当成压油橄榄的重物使用。）把油橄榄在水中浸泡24小时，要保证它们完全浸没水中。在做这步浸泡加工时，把它们存放在凉爽干燥的地方。

每天换一次水，如此连续换6天。6天之后，为了制作最后一步浸泡加工时用的卤水，把1份腌制用食盐和10份水在平底锅中混合，煮沸，冷却。把油橄榄倒入瓶中，灌满卤水。喜欢的话可以加入柠檬、大蒜、香料或芳草。把瓶口密封，再冷藏4天，之后即可食用。腌油橄榄应该一直冷藏保存，这样可以保持其新鲜的风味。

# 石榴

*Punica granatum*

千屈菜科

1867年的一本医学期刊上对石榴做了如下介绍：“早晚各服用一利口

酒杯的酊剂，绝对能驱除黄色绦虫。”这并不是对石榴的驱虫效力的首次报告，早在1820年，一位葡萄牙医生出于同样的目的，就已经用石榴树皮制作了一款药茶，管它叫“石榴定”（grenadine）。幸运的是，到19世纪下半叶，“石榴定”改而用来指一种甜的、红宝石色的水果糖浆，可用来为苏打水和酒饮调味，这时它就不再是用来驱杀肠道蠕虫的树皮药茶了。

石榴树其实是一种原产于亚洲和中东的大灌木。今天，在那里还有野生石榴树，但是人们已经把它栽种到了全欧洲、南北美洲和全世界其他的热带地区。虽然石榴树的由来相当古老，古埃及人就曾对其进行过大规模种植，但石榴属只包括两个种。这两种石榴在分类学上一度独立成仅包含它们自己的一个科，但是新的分子研究揭示，它们和千屈菜、紫薇、萼距花以及其他一些看上去并不相像的植物有很密切的遗传关系。（起皱的花瓣是它们共有的最明显的解剖特征。）

今天，虽然石榴树在地中海地区以及墨西哥和加利福尼亚州也是一种特色作物，但它的主要栽培地是中东、印度和中国。石榴学名中的种名“*granatum*”来自拉丁语，意为“有种子的”，这真是名副其实，因为石榴的果实的确包含了数百枚被淡红色浆汁包围的种子。由它制作的糖浆的名字“石榴定”则是来自古法语中表示石榴的单词“*grenade*”。16世纪发明了一种手掷的炸弹，也用这个单词来命名，这就是手榴弹。手榴弹之所以由石榴得名，大概是因为它们大小相若，虽然手榴弹里面填充的是一种性质完全不同的爆炸物。

作为加在水中的甜味剂，石榴定糖浆在19世纪80年代风靡法国的咖啡馆，之后没多久，它就出现在美国的汽水机和鸡尾酒酒吧中。1910年，纽约的“圣雷吉斯”酒店开始供应一种由金酒、石榴定、柠檬汁和苏打水调制的名叫“波利”的鸡尾酒。1913年，《纽约时报》派出一位满腹狐疑的男记者到第四十号大街和第六大道路口的“美术咖啡馆”采访，他发现这个只接待女性客人的气氛温柔的咖啡馆具有种种不可思议的美妙特色，其中之一是几款淡色的鸡尾酒；在这些鸡尾酒里面就包括粉红色带泡沫的“美术费兹”，乃是用金酒、奥尔扎糖浆、石榴定和柠檬汁调制而成。

石榴定作为纯石榴糖浆上市的时间出人意外地短。在20世纪前期出现了人造品，到1918年，一些制造商又挑战新的标识法规，试图用任何红色的糖浆来冒充石榴定。其状况就像当时一个记者的描述：“让石榴定得名的那种糖浆和水果完全是稀罕物。”尽管最终胜出的是人造品，但石榴定

*Homemade Grenadine*

## 自制石榴定

5至6个鲜石榴

1至2杯糖

1盎司伏特加

为了方便去皮，用刀在石榴皮上划几道，其方法类似于把橙子切成角。小心剥离石榴皮，保持种子和果膜的完好。用自动水果榨汁机或手动榨汁器榨汁，以筛子过滤。你能得到大约2杯果汁。

称量1杯糖倒入一个平底锅，加入果汁搅拌，文火煮至近沸。把糖冷却之后试试口味；如果你喜欢更甜的糖浆，可以多加糖。加入伏特加搅拌，伏特加可以起到防腐的作用。倒入一个干净的瓶子，在冰箱冷藏室中储藏，可保存大约一个月；也可在冷冻室中储藏。如再加入1至2盎司伏特加，可避免其冻结。

仍继续留在吧台后面，成为数百款鸡尾酒的关键原料，其中就包括“杰克·罗斯”和经典提奇酒“特基拉日出”。

多亏了人们对真材实料重燃的兴趣，如今在好一点的酒水店和土产食品店中已经可以找到用真正的石榴制作的石榴定，以及石榴利口酒和石榴浸香伏特加了。然而，没有什么能够替代用鲜榨石榴汁自制的石榴定。哪怕只是用瓶装石榴汁替换鲜榨汁，都会损害它的风味。每当石榴应季之时，你绝对值得在厨房花费大约一个小时制作一份可在冷冻室里存放的石榴定。

Jack Rose

**杰克·罗斯**

½盎司苹果白兰地

½盎司鲜榨柠檬汁

½盎司石榴定

把全部原料加冰摇和，滤入鸡尾酒杯。

## 再来看看浆果和藤类

几乎所有关于果树的经验窍门，都可用于浆果和藤类，只有一点例外：这些植物厌恶在容器里生长，是不会喜欢室内生活的。

浆果一般不需要太多的看护，只需要一个藤架、一年一次的修剪和偶尔的施肥就可以了。大多数浆果在冬天或早春以裸根的状态种到地里（你买到的就是附在一枚茎秆之下的一坨活根，而不是一棵正在生长的苗木）。

一定要向本地专家请教，寻找那些最适合在你那里的气候条件下生长的品种，并询问是否需要在附近种授粉树。要了解专门适用于你选择的品种的修剪建议——比如说，有的覆盆子品种一年结两次果，而且只在两年生的枝上结果，这就意味着在结完果后必须伐去老枝，同时让幼枝在结果之前能不受干扰地生长两年。

### 栽培提示

### 浆果和藤类

| | |
|---|---|
| 黑莓<br>*Rubus* spp. | 选择一个无刺的品种对你很有好处。挑选一些花期不同的品种可以延长其生长季；比如，“阿拉帕霍”6月中旬始花，“黑钻石”8月开花。洛甘莓、马里昂莓、波伊森莓和泰莓这些杂交品种（通常都是黑莓和覆盆子的杂种）很值得一栽。 |
| 蓝莓<br>*Vaccinium* spp. | 因为蓝莓喜欢酸性、潮湿的土壤，把它们种在容器里可能是让它们得其所在的最佳方式。“大礼帽”和“齐佩瓦”是适于盆栽的株形紧密的品种。有些品种可以忍耐零下29摄氏度的冬季低温。 |

| 黑醋栗<br>*Ribes nigrum* | 美国有的州现在仍然禁止种植用来制作黑醋栗利口酒的黑醋栗，尽管一些新的抗病品种已经不会再传播可怕的松疱锈病了。“本·洛蒙德”是一个健壮的苏格兰品种。红醋栗和白醋栗具有清爽轻盈的风味，是酒饮的漂亮装饰物。（见285页） |
|---|---|
| 啤酒花<br>*Humulus lupulus* | 啤酒花需要特定的白昼长度才能开花，所以在南北纬35至55度之间表现最好。金色的啤酒花品种“金色”具有黄色至青柠色的叶色，是广泛出售的花卉；同样广为栽培的还有“比安卡”，这个品种叶色初为浅绿，成熟后转为较深的绿色。（见234页） |
| 覆盆子<br>*Rubus idaeus* | 寻找那些连续结果的品种，它们的果期可以持续很长一段时间。修剪比较容易，因为每个冬天所有的枝条都要伐去。试试“卡罗琳”或“波尔卡红”。 |
| 黑刺李<br>*Prunus spinosa* | 这种多刺的大灌木可耐零下34摄氏度的严寒。它们结的果实可用来调制黑刺李金酒——如果没有先被鸟儿啄去的话。（见304页） |

## 浸香伏特加

没有什么事情能比把芳草、香料和水果浸在伏特加中自制供调制鸡尾酒用的加香烈酒更简单了。这里面只有一个诀窍：有些植物——特别是像罗勒或芫荽这样的柔嫩翠绿的芳草——如果浸泡的时间太久，会产生苦而怪异的风味。为了避免这一点，先浸一小份作为试验，在开始浸泡几个小时之后，要不时尝尝味道。对于芳草来说，8至12小时差不多就够了。对水果来说，1周差不多够了。柑橘皮和香料可以浸泡一个月。这里的窍门在于只要它尝起来已经很不错了，就赶紧过滤。要提升浸剂的风味，时间并不是必需的。

制作浸香伏特加的说明很简单，如下：

在一个干净的瓶子中装入芳草、香料或水果。倒入像“斯米尔诺夫”这样的价格实惠的伏特加，但不要用最廉价的牌子。把瓶口密封，储藏在阴暗的地方。定期品尝其味道，直到你觉得够好为止，过滤。请在几个月内使用。

*Limoncello and Other Liqueurs*

## 柠檬切罗酒及其他利口酒

下面的配方可以作为制作其他甜味浸剂的范例。可以把其中的柠檬换成咖啡豆、可可碎粒或几乎任何一种柑橘类水果，由此可得到不同的餐后甜味利口酒。

12个鲜柠檬（见下面的“注意”）

1750毫升瓶装伏特加

3杯糖

3杯水

给柠檬削皮，削的时候要小心，只要黄皮部分。（如果你不准备把剩下的部分用在他处的话，可以榨成柠檬汁，在制冰格里冷冻成供鸡尾酒使用的冰块。）把柠檬皮和伏特加置于大壶或大瓶中。盖上盖存放1周。

1周之后，把糖和水混合后加热，冷却后加到伏特加和柠檬皮的混合物中。存放24小时之后过滤。在饮用前请冷藏过夜。

**注意：**请选择有机的或未喷洒杀虫剂的家庭种植的柑橘，以免果皮上有化学品或合成果蜡。

## 最后，让我们以水果和蔬菜圆满结束

任何种类丰富的食用植物花园都可以很容易向调酒师提供他们所需的原料，然而，如果你的目光全集中在酒饮之上的话，你可以放弃像生菜和西葫芦之类的烹饪必需品，把你的园子打造成专门用来种植调制鸡尾酒的果蔬的花园。你要寻找那些在很长的生长季中都能收获的品种，或是寻找同一种果蔬的早季或晚季品种。你还要寻找那些小果品种。毕竟，大多数酒饮只需要少量的水果，而鸡尾酒杯本身也只能承载较小的装饰物，否则就不便饮用了。下面就介绍一些最受人喜欢的果蔬品种。

## 栽培提示

### 水果和蔬菜

| | |
|---|---|
| 芹菜<br>*Apium graveolens* | 信不信由你，如果你那里的生长季比较漫长凉爽的话，芹菜是很值得一种的。家庭出产的芹菜柄要比店售的粗壮品种细，这就让它们很适合做搅拌棒。请找那种引人注目的红色品种“红色冒险”来栽培吧。 |
| 黄瓜<br>*Cucumis sativus* | “空间大师80”和“伊兹尼克”在容器中表现良好；“科林托”可以忍受热浪或突如其来的低温；“香甜成功”能抗病，它是“无嗝”黄瓜或叫英格兰黄瓜的一个品种，据说易于消化。 |
| 甜瓜<br>*Cucumis melo* | 挑选甜瓜品种的最好方法大概是从农产品市场上选买几个品种的瓜，然后把你最喜欢的瓜的种子留下来。“神食”能抵抗白粉病，“夏朗泰”是一个优秀的法国品种。 |

| | |
|---|---|
| 神秘果<br>*Synsepalum dulcificum* | 神秘果是不错的盆栽植物，可以从热带植物苗圃买到。这是一种原产西非的灌木，其浆果个小，暗红色，含有一种能对舌头产生神奇效果的糖蛋白——当你食用它的果肉时，这种蛋白质便与味蕾结合在一起，改变了味觉受体感受味道的方式。在消化酶最终把这种蛋白质破坏掉之前，在大约一个小时的时间里，酸的食物你尝起来都是甜的。调酒师们没有错过利用它的机会：用柠檬或来檬汁调制的酸味酒饮可以用一个神秘果做装饰物，酒吧常客知道它的喝法是先呷上几口，嚼食果子，然后就可以尽情享受一杯口味完全不同的鸡尾酒了。但除非你自己种，否则是很难见到鲜果的。 |
| 辣椒<br>*Capsicum annuum* | 很容易盆栽，只需要热和光。试试像“樱桃精英”和“甘椒－L”这样的甜味品种，以及像“樱桃炸弹”和“佩吉斯墨西哥辣椒”之类的辣味品种吧。做装饰物或用来浸制伏特加都很不错。（见369页） |
| 菠萝<br>*Ananas comosus* | 菠萝是从一种小型、凤梨状的植物的中心长出来的。最好把它种在室内的容器里，从种下到结果需要两年时间。“皇家”是一个更适合家庭种植者的小型品种。 |
| 波叶大黄<br>*Rheum rhabarbarum* | 波叶大黄单糖浆是必备的鸡尾酒辅料。把它一直种在土壤肥沃、富含壤土的地方，可以连着收获好几年。请只食用菜梗，叶子是有毒的。 |
| 草莓<br>*Fragaria × ananassa* | 完美的盆栽植物；只要定期浇水，草莓就可以在挂篮或草莓盆中欣欣向荣。在地面种植的草莓需要用稻草苫盖地面，这样可以避免果实与土壤接触而腐烂。去找那些连续结果或对光照不敏感的品种吧，它们可以结很长时间的果。形态微小的野草莓（学名*Fragaria vesca*）又小又酸，是漂亮的装饰物，也能结很长时间的果。（见367页） |

| | |
|---|---|
| 毛酸浆<br>*Physalis philadelphica* | 这些酸而绿的水果是意大利欧芹酱不可缺少的原料，但是把它研磨之后放进特基拉鸡尾酒里味道也很美妙。“绿托玛”是一个优秀的绿色品种；“菠萝”是淡黄色品种，具有菠萝般的热带风味。 |
| 番茄<br>*Solanum lycopersicum* | 熟透多汁的番茄和伏特加或特基拉是绝配。“太阳金”是人人都喜欢的樱桃番茄品种，“黄梨”也是漂亮的装饰物。新的嫁接品种可以在健壮抗病的砧木上生长；尽管这些品种售价较高，它们却可能更皮实，产量也更高。 |
| 西瓜<br>*Citrullus lanatus* | 西瓜是朗姆酒、特基拉和伏特加中的妙品。“仙子”西瓜是一个黄皮红瓤的品种，果实较小，也较抗病。“小婴儿花”是另一个抗病品种，它能结出大量小西瓜，而不是少量大西瓜。 |

## 花园鸡尾酒：供试验的范例

如果你有一个满是新鲜果蔬的花园，那你几乎不需要什么配方就能调制出惊人美味的鸡尾酒。你只需运用几个基本的比例来组合各种原料，就可以制作出搭配均衡的酒饮。下面是几个例子，照着它们开始做吧。

| 1½盎司的 | 研磨 | 加一点 | 如果想调制得更带劲，还可以再加点 | 然后这样装杯 |
|---|---|---|---|---|
| 波本酒 | 桃和薄荷 | 单糖浆 | 桃苦精 | 倾入加有碎冰的美胜瓶 |
| 金酒 | 黄瓜和百里香 | 柠檬汁 | 圣日耳曼酒 | 摇和后加冰和汤力水饮用 |
| 朗姆酒 | 草莓和薄荷 | 来檬汁和单糖浆 | 天鹅绒法勒南酒 | 加冰，用苏打水或汽酒做盖顶 |
| 特基拉 | 西瓜和罗勒 | 来檬汁 | 君度酒 | 摇和后倾入鸡尾酒杯 |
| 伏特加 | 番茄和芫荽 | 来檬汁 | 芹菜苦精 | 摇和后倾入鸡尾酒杯 |

*Refrigerator Pickles*

## 冷藏腌菜

黄瓜、菜豆、芦笋、胡萝卜、抱子甘蓝、芹菜、青番茄、西葫芦、小洋葱、黄菜头和秋葵，所有这些蔬菜都可以做上好的鸡尾酒装饰物。下面这个便捷的腌菜配方不需要任何专门设备——只是要记住，腌菜必须冷藏储存，而且只能保存2至3周。

2杯切片或切丁的蔬菜

2茶匙不加碘的粗盐

2杯糖

1杯苹果汁或白醋

各1茶匙的腌菜香料（如莳萝籽、芹菜籽、芥末、茴香等）

柠檬皮、洋葱片、大蒜片（可选）

按照你要制作的装饰物类型把蔬菜切片或切丁。与盐拌匀后放置30至45分钟。在平底锅中加热糖和醋，直到糖溶解；冷却。

在干净的瓶子中装入蔬菜和腌菜香料，愿意的话还可以加入可选原料。往瓶中灌满糖醋混合物，密封，冷藏过夜。

## 草莓

*Fragaria x ananassa*

蔷薇科

你在夏日的鸡尾酒杯中遇见的个大多汁的红草莓之所以能呈现这种难得的面貌，要归功于一位法国间谍、一场环球航行和一次严重的性别混淆事件。

1712年，一位叫阿梅代·弗朗索瓦·弗雷齐埃的工程师被派遣到秘鲁和智利，他的任务是为法国政府绘制一份可靠的当地海岸地图。当时这一地区正处在西班牙的控制之下，所以为了获取所需要的信息，弗雷齐埃假扮成一名来此旅行的商人。在绘制大量有用的地图之余，他也在那里做一点植物调查的活。尽管欧洲已经栽培了果实微小的本地野生草莓（包括学名为*Fragaria vesca*的野草莓，以及学名为*Fragaria moschata*的饶有风味的麝香草莓），但是还没人见过哪种草莓的果实有智利草莓（学名*Fragaria chiloensis*）这么大。

弗雷齐埃尽可能多地收集了一些植株，但只有5棵草莓在返回法国的航程中幸存下来。两棵送给了这艘船的货运负责人，因为他允许弗雷齐埃从船上有限的淡水供应中取一些出来用于照料这些草莓，所以需要对他表示感谢；一棵送给了弗雷齐埃的上级；一棵送到了巴黎植物园；弗雷齐埃自己只留了一棵。

欧洲的植物学家很高兴得到智利草莓，但是这种草莓有一个问题：它是不育的。唯一能获得更多植株的方法就是分株。弗雷齐埃所不知道的是，智利草莓的性别可以是雄性、雌性或两性。他挑选的是能结最大果实的植株，而这些植株恰好都是雌性。它们需要附近有雄株存在，这样才能进行有性生殖，产出更大更香甜的果实。

最终，农夫们认识到其他种类草莓的雄株也可以胜任授粉工作。到19世纪中叶，智利草莓又和一种原产于北美东部的草莓（学名*Fragaria virginiana*，当时也已经引种到了欧洲）相杂交，这样，现代草莓就诞生了。

The Frézier Affair

## 弗雷齐埃事件

这款鸡尾酒是代基里酒配方的变式，其中使用了法国产的沙特勒兹酒，借此向阿梅代·弗朗索瓦·弗雷齐埃带来的法国遗产——草莓——致意。这种酒的黄色款更甜，不过如果你手头只有绿色款，也可以与一甩单糖浆合用。另一种不错的替代品是圣日耳曼酒，这是一款接骨木利口酒。

3片成熟草莓

1½盎司白朗姆酒

½盎司黄色沙特勒兹酒

1片鲜柠檬角的果汁

留1片草莓做装饰物。把其余原料混合置于摇酒壶中，用研杵捣碎草莓。加冰摇和，滤入鸡尾酒杯。用剩下那片草莓做装饰物。

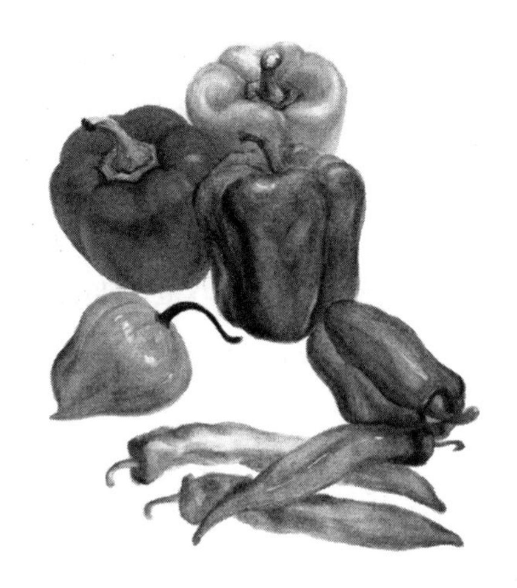

## 辣椒

*Capsicum annuum*

（及：*Capsicum frutescens*）

茄科

这种热带美洲植物是5500年前由当地人驯化的。在中南美洲，至今还有一个叫作“野鸟椒”的野生变种（学名*Capsicum annuum* var. *aviculare*）生长，据信它的性状与辣椒的原始、真正的野生状态非常相近。野鸟椒结的果实很小，只有葡萄干那么大，味道却是非常之辣。

阿兹特克人管辣椒叫“chilli”。然而哥伦布到来之后，因为认为自己来到了印度，却管辣椒干燥皱缩的果实叫“胡椒”（pepper），因为它们有点像印度的黑胡椒。在这种植物到达欧洲之后，西班牙人则试图把它改名为“pimento”，以澄清这种混乱。在英文中，“pimento”这个名字只用于特指今天在西班牙仍十分常见的一种甜椒（西班牙甘椒），其他时候人们

### “椒露”的奥秘

“椒露”是一种腌甜椒的品牌名，其制造商把用作原料的这种甜椒叫作“甜香椒”。按照该公司的说法，一个叫约翰·斯泰恩坎普的人发现这个品种的时候，它正长在他位于南非察嫩的夏日别墅的后院里。这种瓶装的腌甜椒在鸡尾酒和开胃菜中都广为使用，以致园艺师们疯狂地想要搞到它的种子。可是，这家公司却始终把这个品种的名字作为机密，以便控制这个品种的种植，垄断它在全球的育种权。在椒露公司泄露它的秘密之前，我们还是试着种植“樱桃精英”或略辣一些的“樱桃炸弹”吧。

还是沿用了“pepper”（或chili pepper）这个名字。

辣椒这种果实里面没有多汁的果肉，却充填着空气。用更专业的术语来说，辣椒也是一种浆果，是包含种子的单子房的浆果，但说实在的，也只有植物学家才会这么分类。辣椒的辣味源于辣椒素，这种物质在辣椒的内膜和种子里浓度最高。虽然辣椒素并不会导致物理上的烧伤，但它的确

Blushing Mary

### 脸红的玛丽

1½盎司伏特加或特基拉

4至5个樱桃番茄，切半

1个温和或较辣的辣椒，切片

2甩伍斯特郡酱

2至3枚罗勒、欧芹、芫荽或莳萝叶

4盎司汤力水

芹菜苦精

碾碎的黑胡椒（可选）

作为装饰物的辣椒片、樱桃番茄、芳草叶、芹菜梗或油橄榄

把前5种原料在一个摇酒壶中摇和，然后用研杵把蔬菜和芳草捣碎。加冰充分摇和之后，滤入装满冰的古典杯。加入汤力水后搅拌。最后，加入1甩芹菜苦精，喜欢的话可以在上面撒一点碾碎的黑胡椒，再从上述几种装饰物里选择一种加于其上。对于希望避免食用一般伍斯特郡酱里的凤尾鱼的素食者来说，可以试试“安妮天然”这个牌子。

给大脑送去了一个信号——身上有什么地方着火了。大脑通过发出疼痛信号的方式做出回应，试图说服躯体远离火焰——越快越好！

当大脑相信身体受到了诸如灼伤这样的伤害时，它还会释放大量内啡肽，这是天然的止痛物质。因为这个原因，辣椒可以给人带来一种真正的欣快感——哪怕不是添加在鸡尾酒中的辣椒也是如此。

辣椒需要肥沃的土壤、温暖的天气、明朗的阳光和常规的灌溉才能茁壮成长。园艺师会根据口味来选择用于调制鸡尾酒的品种；如果你受不了墨西哥辣椒的辣度的话，那也就用不着种植新鲜的墨西哥辣椒。

---

**卡宴：**用碾碎干燥的卡宴辣椒制作的一种较辣的香料。

**帕普里卡：**用碾碎干燥的甜椒制作的一种较温和的香料。

---

*DIGESTIF*

# 餐后酒

酒商、发酵师、蒸馏师和酒吧调酒师们是创造力永远不会匮乏的一群人。在21世纪伊始，鸡尾酒文化开始复兴，加上人们也恢复了对新鲜的本地原料的兴趣，这都意味着摆在饮家面前的将是一份时时变化的有趣酒饮的菜单。过气的植物会重新变得流行，被遗忘多时的植物原料会复生，而新的、改良的品种也会让你比以前任何时候都更容易在自己后院里种一棵西洋李或黑醋栗。

这本书的结束，恰恰只是植物学和酒之间的对话的开始。请访问DrunkenBotanist.com网站，获取有关植物和烈酒资源、参考文献和推荐阅读书目、植物学鸡尾酒会、从农场到蒸馏坊的观光路线、配方以及园艺技术和调酒技术的信息。如果你有什么问题，或是想和我争论，或是想推荐一种好金酒，或是自己有了什么园艺新发现，都欢迎你在这个网站上给我留言。我很愿意把这有佳酿相伴的会谈继续下去。干杯！

# 余味

# 推荐读物

## 配方

Beattie, Scott, and Sara Remington. *Artisanal Cocktails: Drinks Inspired by the Seasons from the Bar at Cyrus*. Berkeley, CA: Ten Speed Press, 2008.

Craddock, Harry, and Peter Dorelli. *The Savoy Cocktail Book*. London: Pavilion, 1999.

DeGroff, Dale, and George Erml. *The Craft of the Cocktail: Everything You Need to Know to Be a Master Bartender, with 500 Recipes*. New York: Clarkson Potter, 2002.

Dominé, André, Armin Faber, and Martina Schlagenhaufer. *The Ultimate Guide to Spirits & Cocktails*. Königswinter, Germany: H. F. Ullmann, 2008.

Farrell, John Patrick. *Making Cordials and Liqueurs at Home*. New York: Harper & Row, 1974.

Haigh, Ted. *Vintage Spirits and Forgotten Cocktails: From the Alamagoozlum to the Zombie and Beyond: 100 Rediscovered Recipes and the Stories Behind Them*. Beverly, MA: Quarry Books, 2009.

Meehan, Jim. *The PDT Cocktail Book: The Complete Bartender's Guide from the Celebrated Speakeasy*. New York: Sterling Epicure, 2011.

Proulx, Annie, and Lew Nichols. *Cider: Making, Using & Enjoying Sweet & Hard Cider*. North Adams, MA: Storey, 2003.

Regan, Gary. *The Joy of Mixology*. New York: Clarkson Potter, 2003.

Thomas, Jerry. *How to Mix Drinks, or, The Bon Vivant's Companion: The Bartender's Guide*. London: Hesperus, 2009.

Vargas, Pattie, and Rich Gulling. *Making Wild Wines & Meads: 125 Unusual Recipes Using Herbs, Fruits, Flowers & More*. North Adams, MA: Storey, 1999.

Wondrich, David. *Imbibe! From Absinthe Cocktail to Whiskey Smash, a Salute in Stories and Drinks to "Professor" Jerry Thomas, Pioneer of the American Bar*. New York: Perigee, 2007.

## 园艺


Bartley, Jennifer R. *The Kitchen Gardener's Handbook.* Portland, OR: Timber Press, 2010.

Bowling, Barbara L. *The Berry Grower's Companion.* Portland, OR: Timber Press, 2008.

Eierman, Colby, and Mike Emanuel. *Fruit Trees in Small Spaces: Abundant Harvests from Your Own Backyard.* Portland, OR: Timber Press, 2012.

Fisher, Joe, and Dennis Fisher. *The Homebrewer's Garden: How to Easily Grow, Prepare, and Use Your Own Hops, Brewing Herbs, Malts.* North Adams, MA: Storey, 1998.

Hartung, Tammi, and Saxon Holt. *Homegrown Herbs: A Complete Guide to Growing, Using, and Enjoying More Than 100 Herbs.* North Adams, MA: Storey, 2011.

Martin, Byron, and Laurelynn G. Martin. *Growing Tasty Tropical Plants in Any Home, Anywhere.* North Adams, MA: Storey, 2010.

Otto, Stella. *The Backyard Orchardist: A Complete Guide to Growing Fruit Trees in the Home Garden.* Maple City, MI: OttoGraphics, 1993.

Otto, Stella, *The Backyard Berry Book: A Hand-on Guide to Growing Berries, Brambles, and Vine Fruit in the Home Garden.* Maple City, MI: OttoGraphics, 1995.

Page, Martin. *Growing Citrus: The Essential Gardener's Guide.* Portland, OR: Timber Press, 2008.

Reich, Lee, and Vicki Herzfeld Arlein. *Uncommon Fruits for Every Garden.* Portland, OR: Timber Press, 2008.

Soler, Ivette. *The Edible Front Yard: The Mow-Less, Grow-More Plan for a Beautiful, Bountiful Garden.* Portland, OR: Timber Press, 2011.

Tucker, Arthur O., Thomas DeBaggio, and Francesco DeBaggio. *The Encyclopedia of Herbs: A Comprehensive Reference to Herbs of Flavor and Fragrance.* Portland, OR: Timber Press, 2009.

# 鸣谢

在本书写作过程中，有很多蒸馏师、调酒师、植物学家、人类学家、历史学家和图书馆员花费时间回答我的问题，讲述他们的工作，帮助我确定原本模糊不清的事实，我应该向他们敬一巡酒。下面就是我的敬酒名单，虽然这个名单还不完备——

在酒饮领域中我要感谢阿兰·鲁瓦耶（Alain Royer）和他的法国熟人，“SAB米勒”集团的比安卡·谢夫林（Bianca Shevlin），“飞蝇钓蒸馏”（Dry Fly Distilling）的唐·波芬罗特（Don Poffenroth），库拉索的卢斯·范·德·沃德（Loes van der Woude）女士，“绿吧”的梅尔孔·科斯罗维安（Melkon Khosrovian），“彭伯顿蒸馏坊”的泰勒·施拉姆，“新政蒸馏坊”的汤姆·布尔克罗（Tom Burkleaux），“豪斯烈酒”（House Spirits）的马特·蒙特（Matt Mount），“阿尔彭茨酒房”的埃里克·西德（Eric Seed）和斯科特·克拉恩（Scott Krahn），“塔西尔敦烈酒”的乔尔·埃尔德（Jeel Elder）和加布尔·埃伦佐（Gable Erenzo），“沃莱马鞭草”和“黑醋栗博物馆”的伊萨贝拉·丹那（Isabella D'Anna），“清溪蒸馏坊”极负盛名的斯蒂芬·麦卡锡（Stephen McCarthy），“利莱”蒸馏坊无与伦比的雅克林·帕泰尔松（Jacqueline Patterson），“广场一号”的艾莉森·伊万诺夫（Allison Evanow），“圣乔治烈酒”的所有人，国际葡萄酒与烈酒研究所（International Wine & Spirit Research）的何塞·埃尔莫索（Jose Hermoso），苏格兰威士忌联合会（Scotch Whisky Association）的戴维·威廉森（David Williamson），以酿造“高粱姆”著称的马特·科尔格拉齐耶（Matt Colgrazier），“伍德福德珍藏”蒸馏坊的大师级蒸馏师克里斯·莫里斯（Chris Morris），“黑框进口”（Cadre Noir Imports）的斯科特·戈尔德曼（Scott Goldman），“塞拉·阿苏尔”（Sierra Azul）的大卫·苏罗–皮涅拉（David Suro–Piñera），“清酒一号”的格雷格·洛伦茨（Greg Lorenz），“酒饮PR”（DrinkPR）的德比·里佐（Debbie Rizzo），“老糖蒸馏坊”的纳森·格林纳瓦尔特（Nathan Greenewalt），以及“苦人”的艾弗里·格拉瑟（Avery Glasser）。

在学术和植物学领域，我则要感谢：一起精彩地讨论了商标问题的纽约州立大学水牛城分校法律教授马克·巴托罗缪（Mark Bartholomew），帮助我了解大麻的美国农业部的戴维·H. 根特（David H. Gent），密歇根州立大学对樱桃很有见地的艾米·耶佐尼（Amy Iezzoni），仙人掌和龙舌兰专家斯科特·卡尔霍恩（Scott Calhoun）、格雷格·斯塔尔（Greg Starr）和兰迪·鲍德温（Randy Baldwin），介绍了西洋李知识的“斯塔克兄弟苗圃”（Stark Bros. Nursery），不列颠哥伦比亚大学从事甘蔗研究的迈克尔·布雷克（Michael Blake），肯塔基大学的石灰岩专家阿兰·弗莱亚（Alan Fryar），苏格兰作物开发研究所的斯图尔特·斯万斯顿（Stuart Swanston），啤酒花农达伦·加马什（Darren Gamache）和盖尔·戈西（Gayle Goschine），考古学家帕特里克·麦克伽文（Patrick McGovern），明尼苏达大学研究葡萄的詹姆斯·卢比（James Ruby），拉特格斯大学研究龙胆的列娜·斯特鲁维（Lena Struwe）和洛基·格拉齐奥塞（Rochy Graziose），明尼苏达大学的解答了我各种植物学方面的咨询的杰夫·吉尔曼（Jeff Gillman），康奈尔大学果树学家伊安·默温（Ian Merwin）和苏珊·布朗（Susan Brown），康奈尔大学的黑醋栗捍卫者斯蒂文·麦克凯（Steven Mckay），法国国家自然历史博物馆的维罗尼克·范·德·彭塞勒（Véronique Van de Ponseele），洪堡州立大学化学教授歇尔斯滕·威曼（Kjirsten Wayman），纽约植物园提供了苦笛香树信息的汤姆·埃利亚斯（Tom Elias）和雅克琳·卡伦奇（Jacquelyn Kallunki），巴拿马展览会专家劳拉·阿克利（Laura Ackley），“菲罗梅尔”（Filomel）的德语翻译团队及“维克·斯图尔特”（Vic Stewart）和“居伊·维桑特”（Guy Vicente）的法语翻译团队，肯塔基州秘书办公室的坎迪·阿德金森（Kandie Adkinson），加州大学戴维斯分校的超级明星图书馆员阿克塞尔·博格（Axel Borg），密苏里植物园的琳达·L. 乌斯特里（Linda L. Oestry），班克罗夫特图书馆馆员，以及洪堡县图书馆和洪堡州立大学图书馆的马修·迈尔斯（Matthew Miles）及其他所有工作人员。

## 译后记

由于健康原因，我过去很少喝酒，近年来更是滴酒不沾，但是看到这本讲述植物和酒饮之间关系的书之后，我毅然决定接受邀请，把它翻译出来。原因很简单：这种把科学和城市生活紧密结合在一起的科学传播读物，正是我们这个时代所需要的科普。比起那些老掉牙的植物科普来，这样的书更让人觉得了解植物是一件轻松时尚的事情，更值得作为中国科普作者参照的写作范本。

即使不考虑植物学科普，单就对西方酒文化的介绍而言，这本书也值得引进。看过这本书，我才知道世界上烈酒消耗量最大的国家极可能是中国，那些著名的白酒品牌一旦公布其销量，极有可能轻松摘得烈酒品牌销量榜前几名，不仅会超过目前暂居第一的韩国“真露”朝鲜烧酒，而且会超过以豪饮著称的俄罗斯人嗜好的任何伏特加。我对于强喝猛灌、强倒猛劝的现代中国酒文化素来深恶痛绝，不得不承认，就文明程度而言，选材多样、用量节制、调制精心的西方鸡尾酒文化要优雅得多，这正如对食材和技艺十分讲究的中式烹饪也是世界上最优雅的烹饪文化一样。能够发展出如此精致厨艺的民族，我相信不会永远沉浸在低俗的现代酒文化中不能自拔。

翻译这本书对我是一项挑战。首先自然是各种酒名的翻译。中文洋酒名称大致有三套命名“系统”，一套是传统外文辞书上以意译为主的名称（如anisette译为“茴香甜酒”），一套是香港人按粤语发音音译的名称（如cognac译为“干邑”），一套是大陆人主要按普通话发音音译的名称

（如maraschino译为“马拉斯奇诺”）。在没有统一译名标准的情况下，任何人都必须费力在这三套“系统”的不同译名中进行抉择。我在翻译时遵从了中国调酒界的习惯，以大陆音译名为主，并以《经典鸡尾酒调制手册》（孙炜、双福编，北京：中国纺织出版社，2009年）中的译法为主要依据。另外，为了便于不熟悉鸡尾酒的读者理解，除伏特加、特基拉、香槟之类常见音译酒名外，在音译酒名后均加“酒”字（如马天尼酒不省作“马天尼”）。

其次则是植物名称的翻译，这倒轻松一些，因为我本人就专门从事研究和拟定汉语植物名称的工作。有一些非国产植物的名称是我新拟的，如象李（marula）、苦香巴豆（cascarilla）、兵木（mauby）、檀香桃（quandong）等名称即是。我还拟了一种真菌的名称——酒气菌（学名*Baudoinia compniacensis*）。中国自然标本馆（http://www.cfh.ac.cn/）是确定汉语植物名称的权威网站，衷心推荐给感兴趣的人士访问。

关于植物名称翻译，还有一点值得一提：由于文学翻译界多年的传统，有些译名（如玫瑰、橡木、苦艾、黑莓之类）虽然在植物学家看来不尽规范，但已经广为人知，积淀了很多翻译文化在里面。对于这些名称，本书仍然采取了传统译法，而没有强行矫正为植物学界的规范译法，但均在相关地方加以简要说明。

书中既然出现了如此大量的专有名词，为了方便读者查检原文，显然必须得有索引。原书的索引非常详赡，我把它整个翻译过来，改成按汉语字序排列，页码也改为与中译本相应页码一致。编制索引是国外书籍的特色和优点，但在中国出版界还没有形成习惯，希望这个局面能够尽快改观。

为了避免影响读者的阅读体验，译文未加任何脚注或尾注，这意味着书中有大量中国读者可能不熟悉的地名和人名均需要读者自行查询其详细信息。译文也没有把华氏度、英尺、磅、品脱之类英美制单位悉数转化为公制，仅在正文前列出一个简单的换算关系表，麻烦有需要的读者自行换算。当然，有少数地方必须注释，我均已在正文中直接给以补充说明。

本书的翻译正赶上我人生中一段剧烈变动的时期，因而断断续续历时一年才完成。译文不免会有各种瑕疵和错误，敬请读者指正。感谢译言网网友江烈农对个别酒名翻译的指导。

刘夙　谨识

2014年9月14日

# 索引

## A

# B

## C

# D

# E



# F

# G

# H

# I



# J

## K

# L

## M

# N

## O



## P

# Q

# R



# S

# T

# U



# V



# W

# X

# Y

## Z

**图书在版编目(CIP)数据**

醉酒的植物学家:创造了世界名酒的植物/(美)
艾米·斯图尔特著;刘夙译.—北京:商务印书馆,2020
(自然文库)
ISBN 978-7-100-18330-7

Ⅰ.①醉… Ⅱ.①艾…②刘… Ⅲ.①植物—普及读物
②酒—世界—普及读物 Ⅳ.①Q94-49②TS262-49

中国版本图书馆 CIP 数据核字(2020)第 057974 号



自然文库
**醉酒的植物学家:创造了世界名酒的植物**
〔美〕艾米·斯图尔特 著
刘夙 译

---

商 务 印 书 馆 出 版
(北京王府井大街36号 邮政编码100710)
商 务 印 书 馆 发 行
北京新华印刷有限公司印刷
ISBN 978-7-100-18330-7

---

2020年6月第1版　　开本 710×1000 1/16
2020年6月北京第1次印刷　　印张 26¾
定价:88.00元